青藏高原
河流演变与生态

River Morphodynamics and Stream
Ecology in Qinghai–Tibet Plateau

王兆印　李志威　徐梦珍　著

科学出版社

北京

内 容 简 介

青藏高原是地球上地壳运动和地貌演变都非常剧烈的地区,河流生态系统和演变都具有一些独特的性质。本书的主要内容包括青藏高原抬升对雅鲁藏布江河谷发育和高原六大水系河网结构的影响、高原河流尼克点的形成及崩塌滑坡堰塞湖的演变规律、三江源辫状和弯曲河流形态动力学及弯道裁弯机理、若尔盖湿地大面积萎缩的机制和黄河源沙漠月牙泉群的形成、三江源风动沙释放造成沙漠化的机理、高原各种侵蚀与植被的相互作用和风沙侵蚀-植被动力学、高原水生态系统和生态保护的方略等。

本书可以作为高原河流动力学和河流生态学研究生的教材,也可以为从事青藏高原水利水电工程、河流地貌和生态学的研究者提供参考。

图书在版编目(CIP)数据

青藏高原河流演变与生态＝River morphodynamics and stream ecology in Qinghai-Tibet Plateau / 王兆印等著. —北京:科学出版社,2014.10
ISBN 978-7-03-041963-7

Ⅰ.①青… Ⅱ.①王… Ⅲ.①青藏高原-河道演变-研究②青藏高原-河流-生态环境-研究 Ⅳ.①P942.707②X321

中国版本图书馆 CIP 数据核字(2014)第 221637 号

责任编辑:吴凡洁 / 责任校对:韩 杨
责任印制:肖 兴 / 封面设计:无极书装

科学出版社 出版
北京东黄城根北街 16 号
邮政编码:100717
http://www.sciencep.com

中国科学院印刷厂 印刷
科学出版社发行 各地新华书店经销
*
2014 年 10 月第 一 版 开本:787×1092 1/16
2019 年 9 月第二次印刷 印张:13 3/4
字数:311 000
定价:238.00 元
(如有印装质量问题,我社负责调换)

前　　言

青藏高原是地球上地壳运动和地貌演变都非常剧烈的地区,而高原上的河流演变和生态系统都具有一些独特的性质和神秘的色彩。由于印度洋板块与欧亚大陆板块碰撞与推挤,青藏高原一直在不断地抬升,这使得高原河流连续获得更多的势能,需要不断地调整趋向平衡。因此,青藏高原的河流比其他地区的河流具有更快的演变速率。另外,过去几十年里,气候变化和不断增强的人类活动对青藏高原的河流湖泊和湿地演变造成很大影响,甚至显著改变了河流地貌和高原湿地,也对高原陆生与水生生态带来很大的冲击。青藏高原河流演变与生态的研究具有重要的科学意义,也是高原开发和生态保护的基础。

本书的主要内容包括青藏高原抬升对雅鲁藏布江河谷发育和高原六大水系河网结构的影响、高原河流尼克点的形成及崩塌滑坡堰塞湖的演变规律、三江源辫状和弯曲河流形态动力学及弯道裁弯机理、若尔盖湿地大面积萎缩的机制和黄河源沙漠月牙泉群的形成、三江源风动沙释放造成沙漠化的机理、高原各种侵蚀与植被的相互作用和风沙侵蚀-植被动力学、高原水生态系统和生态保护的方略等。本书可以作为高原河流动力学和河流生态学研究生的教材,也可以为从事青藏高原水利水电工程、河流地貌和生态学的研究者提供参考。

作者带领的研究团队从 2007 年开始,每年都去青藏高原考察、采样和测量,一般 5、6 月或者 9、10 月去西藏,7、8 月去青海三江源。我们曾经深入高原腹地,历经艰险,四探雅鲁藏布大峡谷,两次穿越喜马拉雅,在黄河源头采样,在高原沙漠里钻井。可以说本书每一个数据都是勇气和汗水的结晶。本书各章节的主要撰写者如下:第 1 章由王兆印、刘乐、王旭昭、余国安、杜俊撰写;第 2 章由余国安、韩鲁杰、刘乐撰写;第 3 章由李志威撰写;第 4 章由李志威、王兆印、韩鲁杰撰写;第 5 章由李艳富、王兆印撰写;第 6 章由王兆印、施文婧、李艳富撰写;第 7 章由徐梦珍、潘保柱撰写。全书由王兆印、李志威和徐梦珍修改定稿。除了以上作者之外,8 年来作者的多位学生也参与了青藏高原的野外工作,他们是谢小平博士、漆力健博士、张康博士、王春振博士、朱海丽、刘丹丹、赵娜、李文哲、张晨笛、范小黎博士、周雄冬和吕立群等,在此对他们辛苦的付出表示感谢。

本书得到了科学技术部国际科技合作计划(2011DFA20820、2011DFG93160)、国家自然科学基金(41071001、51479091、51479006、51409146)和清华大学自主科研计划课题(2009THZ02234、20121080027)的支持,在此表示感谢。尽管作者几易其稿,但不妥之处在所难免,欢迎读者批评指正。

王兆印

2014 年 7 月于北京清华园

目　　录

第1章 青藏高原抬升与河流地貌发育

1.1 高原抬升概述

根据英国地质调查局的研究，印度洋板块以 50mm/a 的速度向北挤压欧亚大陆板块，导致了喜马拉雅山脉和青藏高原的不断抬升(Zhang et al.，2004；Royden et al.，2008；Chen and Gavin，2008)。青藏高原的抬升伴随着一系列走滑断层和张拉断层，走滑速度平均为 1~20mm/a(Tapponnier et al.，2001)。许多学者指出青藏高原的抬升速率在加快(Harvey and Wells，1987；Coleman and Hodges，1995；Chung et al.，1998；Leigh et al.，2008)。中国地震局测量的青藏高原的现代抬升速率为 21mm/a。青藏高原的隆升是新生代最为重要的地质事件，形成了地球上海拔最高，面积最大，地壳厚度两倍于正常大陆地壳的年轻构造地貌单元。青藏高原的抬升对地壳演化、河流地貌过程及生态环境变迁有至关重要的影响，因而备受地质学家、地貌学家，生态环境学家以及众多学科、领域专家的高度关注。青藏高原隆升的起始时代、过程、速率、机制及对环境的影响一直是高原研究与讨论的热点问题。高原许多地方人迹罕至，其地质地貌过程到目前为止还没有一个能够为公众完全接受的观点。随着研究工作的不断深入，青藏高原的神秘面纱正在逐步揭开。

1.1.1 高原的地貌特征

青藏高原地处我国西南边陲，南自喜马拉雅山脉南缘，北至昆仑山、阿尔金山和祁连山北缘，西部为帕米尔高原和喀喇昆仑山脉，东部以玉龙雪山、大雪山、夹金山、邛崃山及岷山的南麓或东麓为界，总面积近 300 万 km²。在我国境内涉及 6 个省区(西藏、青海、新疆、四川、甘肃、云南)的 201 个县(市)，面积为 257.24 万 km²，占国土陆地总面积的 26.8%(张镱锂等，2002)。在境外，还包括不丹、尼泊尔、印度、巴基斯坦、阿富汗、塔吉克斯坦、吉尔吉斯斯坦等国家的部分地区。因其主体部分位于青海和西藏，故称为青藏高原。

青藏高原的平均海拔大于 4500m(李廷栋，1995；潘裕生，1999)，被誉为"世界屋脊"、"地球第三极"。高原内部地形平坦，并保存有较为连续的高原面；腹地羌塘草原的相对高差一般较小，属于高海拔丘陵区；高原周边被喜马拉雅山、喀喇昆仑山、昆仑山、阿尔金山、祁连山和横断山等山脉包围，这些山脉的切割深度可达 4000~5000m(李吉均，1983；李勇等，2006)。总体来看，青藏高原是一个被巨型山脉环绕的西高东低的完整台地。这一特征表明，青藏高原是一个整体抬升的、独立的地貌单元。

青藏高原海拔高，气温低，是地球上低纬度地区最大的现代冰川分布区。据统计，青藏高原发育有现代冰川 36793 条，冰川面积为 49873km²，冰川冰储量为 4561km³，若以冰的密度 860kg/m³ 计，折合成淡水约有 39228 亿 m³，为青藏高原地表径流总量的 10.8 倍，是巨大的优质淡水资源，每年提供冰川融水 504 亿 m³ 补给河流（刘宗香等，2000）。这里不仅是长江、黄河发源地，也是雅鲁藏布江（布拉马普特拉河）和澜沧江（湄公河）、怒江（萨尔温江）、印度河（狮泉河）、伊洛瓦蒂江的源头，所以有"亚洲水塔"之称。

　　青藏高原相当年轻，其地貌发育阶段尚处于婴幼年期至壮年早期。高原内盐湖的成盐时期均很晚，某些外流水系的鱼类常见于内流水系中，说明了内陆湖盆的年轻性（陈克造等，1981）。迄今为止，青藏高原没有发现超过 0.7Ma 的古冰碛，这也是青藏高原隆升年轻性的佐证（李吉均，2004）。高原的主体部分最为年轻，新近纪末期伴随强烈的构造抬升和差异升降运动，使原有外流水系解体，以沉陷盆地为中心重新组合，形成内陆湖盆众多、内流水系发育的地貌格局。高原东南部是著名的横断山区，发育有平行岭谷地貌，大致南北走向的河流在此切刻成深邃的 V 形峡谷，缺乏宽广的河漫滩和阶地。诸支流最高裂点（尼克点）以上溯源侵蚀未及的地区保持着壮年期宽谷和大片古夷平面，如金沙江和雅砻江之间的海子山和素龙山，就有数千平方千米的夷平面。高原的西部以发育高山深谷为特点。帕米尔高原有地球上最崎岖的高山深谷，切割最为强烈。例如，洪扎河和纽布拉河不仅溯源侵蚀切穿了喜马拉雅山，还切穿了喀喇昆仑山的主山脊，目前正在向亚洲诸内陆水系的源头推进。青藏高原主河海拔一般在 2000m 以下，主山脊海拔为 7000m 左右，相对高差可达 5000m。许多河流岸坡坡度在 40° 以上，极不稳定，稍有暴雨即可触发大规模的山崩、滑坡和泥石流（李吉均，1983）。青藏高原的河流有些河段已变成 U 形，有巨大的冲积扇和冲积平原，如吉尔吉特附近的吉尔吉特河谷和吉拉斯附近的印度河谷。河流之间的夷平面极少保存，显示地貌发育已达到地势起伏最大的壮年期早期或幼年期晚期。

1.1.2　青藏高原的地质背景

　　青藏高原夹持于土兰、塔里木、华北、扬子与印度等刚性地块之间，在地球物理场和岩石圈结构构造上形成一个相对独立的构造系统。这里的地壳厚度两倍于正常地壳，是青藏高原最为显著的特点之一。滕吉文等（1980）的重力布伽异常图（图 1.1）显示，喜马拉雅山北部为大面积的重力负异常区，重力等值线的高梯度带与高原的边界相吻合，异常区的范围与高原主体部分巨厚地壳的平面位置基本相当。从地壳厚度剖面图（图 1.2）可以看到，高原的地壳厚度与地面的海拔高度具有镜像对称消长的规律，说明高原隆升与致使当地地壳增厚的地质作用有着密切的关系。高锐等（2009）利用深地震测深、深地震反射剖面和宽频地震，观测三种地震方法的成果资料，对青藏高原的莫霍面深度及其分布特征进行了探讨，发现青藏高原莫霍面形态复杂，深度变化很大。莫霍面深度最大的地区位于西昆仑构造结，深为 90km±2km，若尔盖盆地南缘的莫霍面深度最浅，仅为 49.50km，莫霍面的深度差值可达 40km。高原范围内不同地段、不同构造单元的莫霍面深度也各有所异，总体变化规律具有西部较深、东部较浅，南部较深、北部较浅的趋势。

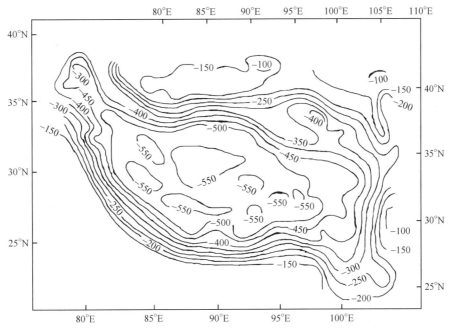

图 1.1　青藏高原 1°×1° 重力布伽异常图（改自滕吉文等，1980）

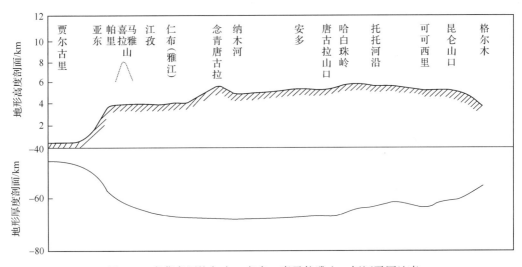

图 1.2　青藏高原格尔木—安多—喜马拉雅山—恒河平原地壳
厚度剖面图（改自滕吉文等，1980）

青藏高原地层发育较为齐全，由老至新分述如下：

太古宇—古元古界是青藏高原出露的最古老的结晶基底岩系，分布于高原的北部，主要为一套中深变质的片麻岩、混合岩和片岩，并含高压、超高压变质岩，包括石榴二辉橄榄岩、榴辉岩、麻粒岩等。高原中部、南部的最老地层为元古宇，主要为一套中深变质的片麻岩、片岩、变粒岩、大理岩等，南部冈底斯-喜马拉雅地区有麻粒岩、榴辉岩、榴闪岩等高压变质岩。

　　古生界在区内分布较为广泛，古生物化石门类多、数量丰富。下古生界在高原中部地区发育不全，主要为一套海相碳酸盐岩与碎屑岩组合，寒武系为含磷沉积。上古生界在高原北部为一套海陆交互相、海相碳酸盐岩与碎屑岩组合，局部地区泥盆纪开始已为陆相沉积；高原中部主要为一套海相碳酸盐岩与碎屑岩组合；高原南部喜马拉雅区、冈底斯-腾冲区内为一套海相碎屑岩和碳酸盐岩组合。

　　中生界在高原北部地区发育不全，中部、南部分布广泛。从沉积相的特征来看，中生代发生了自北向南的海退过程，晚白垩世末期除了高原南部存在部分海洋环境外，中部和北部的广大地区普遍已经转为陆地。北部地区中生界主要为内陆盆地红色碎屑岩系，仅在局部地区发育三叠系海相、海陆交互相碎屑岩为主夹碳酸盐岩。高原中部三叠系主体为一套次稳定-活动型的海相碎屑岩为主的含碳酸盐岩的地层。晚三叠世地层主体为一套陆相-海陆交互相碎屑岩夹碳酸盐岩组合序列。侏罗系主体分布在羌北-昌都区、兰坪及羌南-保山区内，为一套海相-海陆交互相碳酸盐岩和碎屑岩组合。白垩系除羌塘地区西部发育海相沉积之外，大部分地区为一套陆相碎屑岩沉积。高原南部地区，中生界下部地层为一套稳定-次稳定型海相碎屑岩和碳酸盐岩组合，晚三叠世或中、晚侏罗世地层，尤其是晚白垩世地层广泛不整合在下伏地层之上，主体为一套海相-海陆交互相碎屑岩夹碳酸盐岩组合。

　　新生界在高原的中部和北部主要为内陆盆地沉积，分布范围一般不大。中西部地区尚有部分始新世海陆交互相沉积。高原南部地区，除在喜马拉雅区古近系下部分布有滨浅海相的碎屑岩夹碳酸盐岩沉积外，其余大部地区为一套内陆盆地陆相碎屑岩系。

　　青藏高原的岩浆活动频繁而强烈，是我国岩浆岩最发育的地区之一，出露着从元古宙到新生代各个地质时期多种类型的火山岩与侵入岩，出露面积约为 30 万 km^2，占全区面积的 10% 以上（莫宣学，2011）。元古宙—早古生代岩浆岩主要分布于高原北部的祁连山、昆仑山等地，侵入岩的规模通常较小，形成规模不等的花岗岩、闪长岩类岩株和部分基性-超基性岩体，火山岩主要为安山岩、玄武岩等。高原大规模的岩浆活动始于晚古生代，这个时期侵入岩的分布范围自高原北部的祁连山、昆仑山地区扩展到巴颜喀拉及松潘、甘孜等地，有较大规模的中酸性侵入岩基，全区范围内都有火山岩分布。中、新生代的岩浆活动最为广泛，以花岗岩基、大岩株连续成带分布为特征，大规模的花岗岩带集中分布在冈底斯山-念青唐古拉山地区，中基性、中酸性火山岩遍布全区。高原内岩浆活动顺序具有自北向南逐步发展的规律，这一规律与高原内海水自北向南逐步退出的顺序在时间、空间上都有很好的对应。

　　现今青藏高原的大部分地区曾经是南北两个古大陆之间的海洋。由于相继发生的地壳运动，海水由北向南逐渐退出。每次运动留下一条山脉，山脉之间则是比较稳定的地壳段落，以地台型沉积和宽舒构造为标志。目前表现为山间盆地和广阔的高原面。表1.1 列出了青藏高原由北到南大体东西走向的各条山脉的最高海相地层、造山运动时代及造山期主要岩浆活动的同位素地质年龄。这清楚地反映出造山运动与海洋逐渐封闭的过程。海洋的逐步封闭为高原的隆升奠定了基础。

表 1.1　青藏高原诸山脉形成的时代(李吉均，1983)

山脉	最高海相地层	造山运动	岩浆岩 K-Ar 年龄/Ma
阿尔金山	泥盆系	加里东运动	$344\sim554$
昆仑山	下二叠统下层	海西运动	$240\sim280$
唐古拉山	中侏罗统	印支运动	$107\sim210$
冈底斯山	中白垩统	燕山运动	$30\sim79$
喜马拉雅山	始新统中层	喜马拉雅运动	$10\sim20$

1.1.3　青藏高原的隆升过程及机制

从地质与地貌演变历史看，高原的隆升是一个构造抬升、均衡隆升与风化剥蚀联合作用的复杂过程。多年来，国内外研究者采用古地磁测量、同位素测年等技术手段，从地貌学、地层学、气象学、现代生物学以及古生物学、岩石学等学科的角度对高原隆升过程开展了广泛深入的研究工作。大量的研究成果表明，青藏高原的隆升过程具有多阶段、非均匀、不等速的特征，隆升速率具有从缓慢抬升向快速隆升过渡的趋势，隆升过程至今尚未停止。

1. 高原隆升的起始时间

青藏高原的隆升是印度大陆与欧亚大陆碰撞的结果，这一板块构造学说对高原隆升的解释，目前已经被大多数学者所接受。根据古地磁测量和同位素测年数据，自晚白垩世末期(65Ma)以来，印度大陆向北漂移的速率从 $15\sim20$cm/a 到始新世中期(48Ma)急剧降低为 <10cm/a，漂移速率的骤降标志着两个大陆初始碰撞的开始(李廷栋，1995)。李吉均(2004)的研究成果认为，印度大陆和欧亚大陆沿雅鲁藏布江地缝合线发生碰撞为两大陆的初始碰撞，始新世中期著名的货币虫灰岩之上晚始新世的砂岩仍然是海相地层，说明当时高原范围内仍然残留有部分海洋，海水直到始新世末期才完全退出藏南地区，之后高原才进入缓慢隆升阶段，隆升的起始时间为 60Ma 左右。莫宣学(2011)根据西藏南部延伸 1500km 以上的主碰撞带的综合证据，提出印度大陆与亚洲大陆的碰撞开始于 70Ma 或 65Ma，完成于 45Ma 或 40Ma 左右。上述研究成果表明，印度大陆经过长距离的漂移与亚洲大陆汇聚，初始碰撞发生在距今 60Ma 左右，从而拉开了青藏高原抬升的序幕。这时高原的隆升尚未开始，即便是有隆升，也是发生在局部或者很微弱。始新世末期两个大陆完全拼合以后，印度大陆仍然保持着 5cm/a 左右的速率向北移动(李廷栋，1995)，持续的推移挤压作用受到北部、东部刚性地块的阻挡，促使高原地区地壳大规模缩短、加厚，高原开始持续缓慢抬升。

2. 隆升幅度与隆升阶段

青藏高原究竟何时达到目前的高度这一问题当前还存在较多争议(图 1.3)。国外学者提出的观点主要包括：Coleman 和 Hodges(1995)根据喜马拉雅山南北向的正断层上找到新生矿物的年龄为 14Ma 等证据，认为高原 14Ma 就上升到 5000m 以上，之后发生东西向拉伸塌陷，高度降低；Harrison 等(1992)提出高原 20Ma 开始强烈隆升，14Ma 高度达到 4000m 以上；Rea(1992)认为高原 17Ma 已达 4000m 高度，后两度侵蚀降低，4Ma 又由 1500m 高度快速上升。此外，Tumer 等(1993)根据藏北火山喷发的年代认为青藏高原在 13Ma 前就已达到了现在的高度；Spicer 等(2003)根据植物叶子化石的形貌认为藏南在 15Ma 前就达到了现有的高度；Rowley 和 Currie(2006)测定了青藏高原伦布拉盆地沉积岩的氧同位素比值，认为青藏高原的高度在 35Ma 前就达到了 4000m 以上；等等。

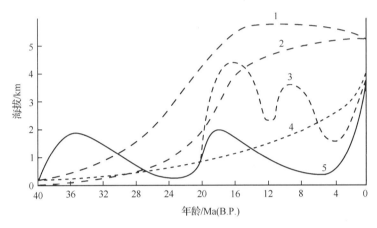

图 1.3　青藏高原隆升过程的不同观点(修改自李吉均和方小敏，1998)

1. Coleman 和 Hodges（1995）；2. Harrison 等(1992)；3. Rea(1992)及钟大赉和丁林(1996)
(此曲线仅选用于喜马拉雅山)；4. 徐仁等(1993)；5. 李吉均等(1996)

　　20 世纪 70 年代的青藏高原综合科学考察期间，李吉均等(1979)对高原内的夷平面、剥蚀面与河流阶地等层状地貌开展了深入研究，根据这些层状地貌的特征和形成时代的测年数据，提出了高原隆升过程可分为"三期隆升、两次夷平"的观点。当时因缺乏绝对测年数据，隆升幅度和阶段的确定主要是根据受气候变化影响很大的代用指标，如孢粉、动物化石、古岩溶、古冰川信息。这些信息的测年精度虽然只是相对的，但对于隆升过程作出的结论没有出现大的偏差。20 世纪末期，地质学家采用更为丰富、精准的测量数据，同时进行了多指标多学科的相互印证，将"三期隆升、两次夷平"的认识进一步完善，并提出了青藏运动、昆仑-黄河运动、共和运动的概念，搭起了高原隆升过程的框架，使青藏高原隆升的学说形成了一个完整的理论体系。现就各隆升阶段分述。

　　第一期隆升发生在始新世中晚期(约 40Ma)(李吉均，1999)。此时冈底斯山首先隆起，隆升高度不超过 2000m，高原东北部山地高度也在 2000m 左右(崔之久等，1996)。强烈的抬升之后，高原进入漫长的构造运动相对宁静期，开始了新生代以来高原的第一次夷平作用。这期夷平面是高原上最为古老的夷平面，形成于渐新世至中新世早期，由准平原和山麓剥蚀平原组成，其形成时的海拔高度在 500m 以下(崔之久等，1996)。现今这期夷平面的保存面积较小，一般分布在各大山系的顶部，所以又称为"山顶夷平面"。

第二期隆升发生在中新世早期。自 25～23Ma 开始(潘保田等，2004)，构造运动从冈底斯山向南扩展，雄伟的喜马拉雅山首次崛起，"山顶夷平面"伴随构造隆升发生解体。隆升作用停息之后，高原再次进入漫长的剥蚀夷平期。这是高原的第二次夷平，夷平面的分布很广，故称之为"主夷平面"。"主夷平面"形成于 7.0～3.6Ma，形成时中心的海拔高度不应超过 1000m(潘保田等，2004)。现今"主夷平面"的海拔高度在 4500m 左右(崔之久等，1996)，构成高原及其外围山地的主体。根据高原主要河流向南、向东流的特点，考虑到外围同时期相关沉积相的特征，可以认为"主夷平面"的地形是一个向南、向东倾斜的缓坡面，南部海拔较低(<500m)，北部(唐古拉山与昆仑山之间)稍高(海拔为 1000～1500m)，中间(冈底斯山与唐古拉山之间)为过渡区(海拔为 1000m 左右)(崔之久等，1996)。

第三期隆升始于 3.6Ma(李吉均，1999；潘保田等，2004)，从此青藏高原进入一个以大幅度整体隆升为主的新阶段。李吉均(2004)将此期间相继发生的三次构造运动分别命名为青藏运动(分为 A、B、C 三幕)、昆仑-黄河运动(简称昆黄运动)、共和运动。青藏运动 A 幕发生于 3.6Ma，平均海拔数百米(不超过 1000m)的"主夷平面"伴随构造抬升开始大规模解体，高原周边逆冲断层活动强烈，山麓扇砾岩强盛堆积。青藏运动 B 幕(2.6Ma)，高原升到海拔约 2000m 的高度，黄土开始堆积，东亚冬季风稳定出现。青藏运动 C 幕(1.7Ma)，临夏东山古湖消失，黄河干流形成。青藏运动造就了青藏高原的基本轮廓，但高原的现代面貌并未形成。昆仑-黄河运动发生在 1.2～0.6Ma，昆仑山上升，黄河切穿积石峡，高原多数地面达到海拔 3000m 或更高，有大面积的山体耸入冰冻圈。共和运动发生在晚更新世之初，大约 0.15Ma 以来，黄河切穿龙羊峡，以 10 万年左右的时间下切 800～1000m，共和盆地早更新世即已存在的古湖被宣泄一空，高原最终达到了现今世界屋脊的高度。

综上所述，青藏高原的隆升过程可简述为：自始新世脱海成陆开始上升，渐新世夷平；中新世再度上升，上新世又夷平(秦大河等，2013)。这两次夷平的见证是高原山顶夷平面和主夷平面。上新世末，高原再度上升，经历青藏运动 A、B、C 三幕以及昆仑-黄河运动和共和运动，形成现今的面貌。

3. 隆升速率

青藏高原在漫长的隆升过程中，隆升速率是非线性的。肖序常和王军(1998)将高原隆升的速率变化归纳为四个阶段，认为高原的隆升速率具有越来越快的趋势。李廷栋等(2010)主编的青藏高原及邻区隆升阶段构造图(图 1.4)，采用了肖序常和王军的上述观点：I_1早期(60～50Ma±)为极慢速隆升期，隆升速率主要在 0.012～0.064mm/a；II_2早期(50～25Ma±)为慢速隆升期，隆升速率主要在 0.07～0.31mm/a；II_1中期(25～11Ma)为中等速率隆升期，隆升速率在 0.13～0.62mm/a；II_2中期(10～3Ma±)为中等速率隆升期，隆升速率在 0.30～2.05mm/a；III晚期(2～0.5Ma±)为快速隆升期，隆升速率在 1.6～5.35mm/a；IV近期(0.5Ma 以来)为极快速隆升期，隆升速率为 4.5mm/a(喜马拉雅可达 10～12mm/a)。

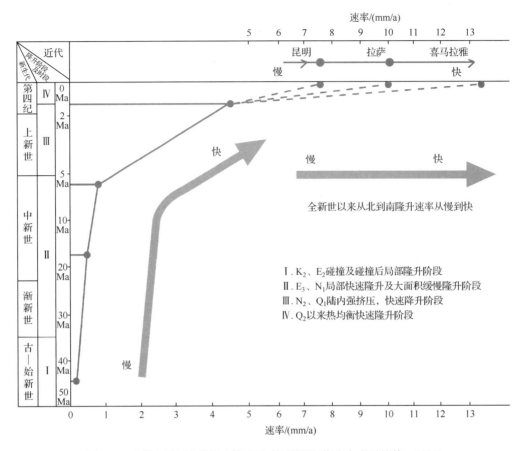

图 1.4　青藏高原新生代以来隆升速率示意图(修改自李廷栋等,2010)

　　青藏高原的隆升速率在空间上具有南快北慢的特点。印度大陆对欧亚大陆的挤压作用是高原隆升的主要动能来源,两个大陆的初始碰撞阶段的挤压能量主要通过地壳的缩短来吸收,只在局部出现隆升。当地壳缩短达到一个极限的时候,挤压能量便通过地壳加厚和地面抬升来释放。在整个隆升过程中,地壳缩短、加厚与地面抬升同步或交替进行,同时受到重力均衡等作用的影响。由此可见,青藏高原的隆升速率在空间上必然是不均衡的,靠近碰撞接合带的高原南部隆升快,随着与碰撞接合带距离的加大,越向北隆升速率越慢。现有数据表明,喜马拉雅山区自上新世以来,隆升速率从几毫米/年到数十毫米/年,而北部的阿尔金山区则减到 0.42mm/a;如果按近几十年隆升速率的直接测量成果,这一规律性更为明显(国家地震局阿尔金活动断裂带课题组,1992);南边喜马拉雅山珠穆朗玛峰的隆升速率高达 37mm/a,向北拉萨—邦达为 10mm/a,稍北狮泉河—萨嘎一带为 8.9mm/a,再往北到喀喇昆仑一带减至 6~9mm/a,到阿尔金断裂北缘阿克塞一带减到几毫米/年至 5.2mm/a。

　　另外,在同一地区的相邻地段,隆升速率也存在较大差异。1966~1992 年全球定位系统(GPS)及精密水准的测量数据表明:珠穆朗玛峰隆升速率异常快,达 37mm/a,而珠穆朗玛峰邻近地区则为 3.6~4.0mm/a(肖序常和王军,1998)。

4. 隆升机制

青藏高原的隆升机制是地学界的热点话题。国内外学者利用各自学科所取得的资料提出了多种学说，如山根浮起说、俯冲说、岩石圈均匀增厚说、挤出说、多种造山带类型多种隆升机制说等。随着地球科学理论的不断进步和技术水平、测量精度的不断提高，人类对青藏高原隆升机制的认识正在逐步深入。

李四光(1999)指出，根据重力异常(-500mGal，1Gal$=1$cm/s^2)，考虑到青藏高原50～60km 厚的硅铝层，就不难理解，起源于重力作用的地壳均衡补偿会让这个高原升到它目前的高度。然而，问题的核心不在于重力的作用，而在于青藏高原的硅铝层为什么达到这样的厚度。他的结论是：青藏高原之所以升高，是由于它下面拥有厚度异乎寻常的硅铝层，而这个硅铝层的加厚是由于南北两面受到了强烈的挤压。这种水平挤压力来自地球自转速度的变化。水平挤压使地壳拗褶或褶皱是地壳加厚的重要原因，高原的抬升则是与重力有关的均衡作用的必然结果。

板块构造学说对高原隆升机制的解释因得到了地球物理学、地球年代学以及海洋地质学等多学科最新证据的支持，现已被多数地学工作者所接受。古地磁测量成果表明：青藏高原内冈底斯、羌塘及昆仑三个地体在二叠纪的古纬度分别为 $22.4°$S、$16.1°$S 和 $11.9°$S，与现今位置相比，其相对分布的顺序虽然相同，但不仅由南向北移动了大约 $50°$，各地体之间的相对位置也发生了一定调整(董学斌等，1991；李廷栋，1995)。三叠纪末至侏罗纪是北向运动的重要时期；白垩纪时，冈底斯地体和羌塘地体开始与北部稳定的欧亚大陆拼合；始新世时，喜马拉雅构造带定日的古纬度为 $4.6°$N，现今纬度为 $28.8°$N，即始新世以来喜马拉雅构造带向北漂移 $24.2°$，约 2700km。又如，始新世时拉萨的古纬度为 $13.8°$N，与定日之间的纬度差为 $9.2°$，约相距 1000km，而目前定日与拉萨之间相距仅 120km，即始新世以来喜马拉雅构造带与冈底斯构造带之间地壳缩短约 800km。肖序常和王军(1998)根据地质和地球物理资料特别是深部地球物理资料提出，青藏高原的隆升机制是多因素、多阶段和多层次的不均匀隆升。高原地壳缩短、加厚和隆升受到三大动力源控制：一是来自南面印度板块持续向北漂移的挤压力及其四周塔里木、扬子及中朝地台的阻力；二是高原内的热力作用，不仅增强地壳的蠕动变形，造成地壳的缩短加厚，还促使地壳发生重熔和热扩散，从而产生低密度空间，为地壳上浮、隆升提供条件；三是构造均衡调整对高原隆升的控制作用，上新世以后，除东西两面犄角仍保有较强挤压外，印度板块主体向北的挤压减弱，从而引起"下沉山根"逐渐抬升，促使地壳隆升。

陈国达(1997)对板块构造学说的观点提出了质疑。他根据青藏高原的上地壳结构、历史背景、古植物区、地热活动状态等资料综合分析，认为高原隆起与大陆碰撞这两事件没有直接的因果关系。在时间上，隆升事件是在导致碰撞事件的地幔蠕动活跃期后，又经历了一个以形成统一的青藏古地台为标志的、长达 1400Ma 的宁静期的间断之后的另一个活跃期才发生的。它是属于另一个地幔蠕动的动定旋回的产物。在力学上，隆升事件是在碰撞力及其后继的挤压力衰退后，又经历了以垂向运动占主导地位的稳定阶段的间断之后，再度由于多方面的挤压力才发生的，它是属于另一个壳体演化阶段和成长期，是另一个应力场的产物。从造山带的性质上说，隆升事件是在印度壳体与中亚壳体汇聚接合已经完成，印度大陆已成为亚洲大陆一部分，并且碰撞造山力及其后继挤压力都已为地台型地壳运动所代替之后，由于大陆内部的地洼型造山作用所致。

1.2　高原抬升对河网结构的影响

1.2.1　Horton 定律和 Horton 分级比

　　青藏高原上河网密布，是世界上近十条大江河的发源地，称为亚洲的水塔。由于河网发育的过程中同时发生高原的隆升，不可避免地干扰了河网的发育，改变了河网的结构。河网是水系在降雨和侵蚀过程中发育成的网络，具有一定的拓扑规律。Horton 开发了对流域中天然河道进行分类和排序的 Horton 分级体系（Horton，1945），其河流分级方法可以表述如下：上游没有支流的河源水流，称为一级河流，两条一级河流汇合形成二级河流，两条二级河流汇合产生三级河流，依次类推。一条河流和另外一条比它级别低的河流交汇并不能提高交汇后河流的级别，如一条四级河流汇入了几条二级河流后仍然是四级河流。

　　Horton 和 Strahler 创建了天然河网的分级体系，并在此基础上总结了一系列的经验公式，即 Horton 定律（Strahler，1957）。这套河网自相性定律自从提出以来在河流网络上得到大量的研究应用，结果表明天然河流符合 Horton 定律描述的规律（Chorley and Morgan，1962；Ciccacci et al.，1992；Kinner and Moody，2005）。Horton 定律其内容如下：

$$N_\omega = A_1 e^{-B_1 \omega} \tag{1.1}$$
$$L_\omega = A_2 e^{-B_2 \omega} \tag{1.2}$$
$$A_\omega = A_3 e^{-B_3 \omega} \tag{1.3}$$
$$S_\omega = A_4 e^{-B_4 \omega} \tag{1.4}$$

式中，N_ω、L_ω、A_ω 和 S_ω 分别为级别为 ω 的河流数目、平均长度、平均汇流面积和平均坡降；A_i 和 B_i 为常数。四个公式分别被称为河数定律、长度定律、面积定律、坡降定律。从 Horton 定律可以推导出：

$$R_B = \frac{N_\omega}{N_{\omega+1}} = \frac{C_1 e^{B_1 \omega}}{C_1 e^{B_1(\omega+1)}} = e^{B_1} \tag{1.5}$$

$$R_L = \frac{L_{\omega+1}}{L_\omega} = \frac{C_2 e^{B_2(\omega+1)}}{C_2 e^{B_2 \omega}} = e^{B_2} \tag{1.6}$$

$$R_A = \frac{A_{\omega+1}}{A_\omega} = \frac{C_3 e^{B_3(\omega+1)}}{C_3 e^{B_3 \omega}} = e^{B_3} \tag{1.7}$$

$$R_S = \frac{S_\omega}{S_{\omega+1}} = \frac{C_4 e^{B_4 \omega}}{C_4 e^{B_4(\omega+1)}} = e^{B_4} \tag{1.8}$$

　　式（1.5）说明，对于服从 Horton 定律的河流，各级河流的相邻级别的河流数目之比为常数 R_B，称为分支比。同样，各级河流的相邻级别平均长度之比 R_L、平均汇流面积之比 R_A、平均坡降之比 R_S 都是常数。这些比值常数统称为 Horton 分级比。分支比和坡降比是低级河流与高级河流之比，而长度比和面积比是高级河流与低级河流之比。这样定义主要是让各比值都是大于 1 的数，讨论比较方便。

大量的研究结果表明，对于不同地区的自然河流的河网，各级别的 Horton 分级比几乎相同，而且不同河网的 Horton 分级比也很接近，如分支比一般在 4.5 左右；长度比和坡降比都在 2.0 左右(Smart，1972；刘怀湘和王兆印，2007)。因此，有研究者认为 Horton 定律反映了随机河网中的"最可能状态"。随着 20 世纪末以来分形学与地理信息系统(GIS)在河网研究中的广泛应用(姜永清等，2002)，Horton 定律与其逐渐融合，从而又形成了河网研究的一个热点领域。Dodds 和 Rothman(2000)研究了河流网络的尺寸效应和自相似关系，并以此来解释很多地貌演变中的现象；Gupta(1997)及 Walcott 和 Summerfield(2009)分别研究了喜马拉雅附近的格状水系和流域出口的规律，并指出这些水系是由于板块之间的挤压形成的。

1.2.2　青藏高原的河网

地形地貌是地球表面在内外营力共同作用下长期演化的结果，高原抬升干扰了地貌发育过程，这种影响在高原边缘尤为强烈。高原抬升导致青藏高原边缘形成众多的深切峡谷，这是高原边缘最显著的地貌特征。因为地形地貌和河网结构的耦合关系，高原抬升对地貌过程的干扰必然导致高原河网对一般河网规律的偏离。在内外营力共同作用下的长期演化过程中，青藏高原上发育 6 条著名的外流河，从北往南依次是黄河、雅砻江、金沙江、澜沧江、怒江和雅鲁藏布江(图 1.5)。这 6 条河流都发源于海拔 4500m 以上的高原内部山脉，流经一千多千米以后穿过高原边缘，落差都大于 3000m。

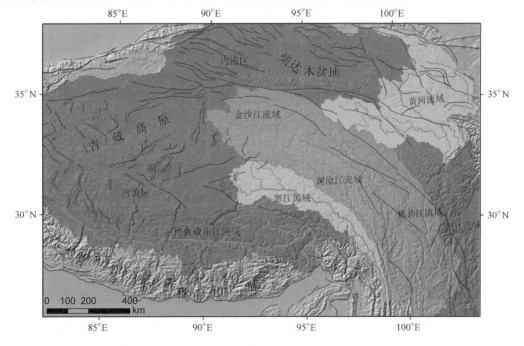

图 1.5　青藏高原上 6 条大河流域图

在这些水系的发育过程中，青藏高原主体持续抬升，在持续的强烈地质抬升影响下，高原上发育的河网出现一些不同于一般大河水系河网的特性，本节就以这 6 个流域为研究对象。以美国宇航局 STRM 数据及我国 1∶25 万地形数据库等 DEM 数据为基础，依靠地理信息系统 ArcGIS 中的 Model-building 功能建立模块，对青藏高原的 6 个流域自动提取河流网络并分级编码。为研究高原抬升对河网发育的影响，6 个流域的计算终点都取在青藏高原边缘的峡谷河段(图 1.5)，计算各级河流的数量、长度、汇流面积及坡降等河网属性及 Horton 分级比。

ArcGIS 中的水文分析模块可以提取河流网络，但是步骤繁多，而且对伪洼地没有很好的解决方法。由于研究范围内深切峡谷极多，DEM 数据在峡谷常有空值或者误差，直接用 ArcGIS 中的模块填充，很可能会在填充点以上生成大片的伪洼地，进而形成众多平行的次级河流，影响河网属性的计算。本书依靠 Model-building 功能，搭建洼地处理模块，处理洼地的同时能自动提取河网，图 1.6 为处理洼地的基本流程和效果示意图，用处理过的 DEM 数据提取河网完全没有平行河道。提取河网后，仍用 Model-building 功能建立模块，实现河流编码并计算各种河网属性及 Horton 分级比。

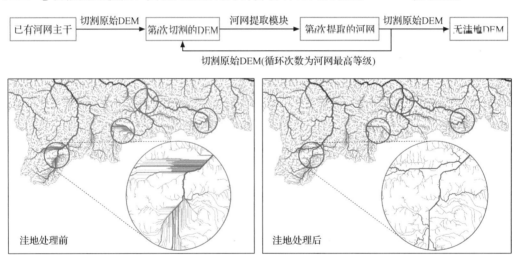

图 1.6　洼地处理基本流程及洼地处理前后对比

对 DEM 数据进行必要的预处理之后，用上述模块提取这 6 个流域汇流面积大于 1km^2 的沟壑，编码并计算河网属性及各级河网属性比。6 个流域中除了雅鲁藏布江流域河网级别为 9，其余 5 个流域的河网级别都为 8，流域中非最高级别(雅鲁藏布江流域的前 8 级，其余流域的前 7 级)河流主要在高原内部，而最高级别河流都穿越高原边缘。图 1.7 中为提取的长江源和黄河源的河流网络。

1.2.3　高原抬升对河网拓扑构造的影响

青藏高原河网基本服从 Horton 定律，但是河网拓扑参数在高原边缘明显不同于一般河网，反映了高原抬升的影响。图 1.8 给出了六大水系不同级别河流数量 N、平均长度 L、平均汇流面积 A 与河流级别 Ω 的关系。由图可见，这些河网基本上遵从 Horton

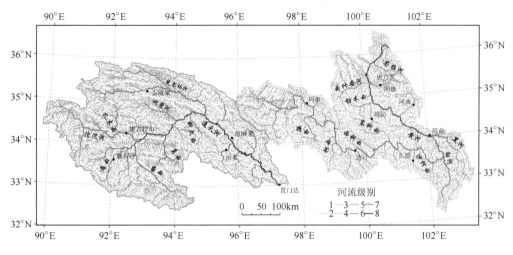

图1.7　长江源及黄河源流域级别图

的指数变化规律。河网属性在对数坐标下与河流级别呈线性关系，拟合公式为一条直线，由式(1.5)～式(1.8)可计算 Horton 分级比，分支比基本在4.5左右，反映了青藏高原上发育的河网属于树状河网的拓扑性质(刘怀湘和王兆印，2007)。长度比、面积比及坡降比也有类似的结果。

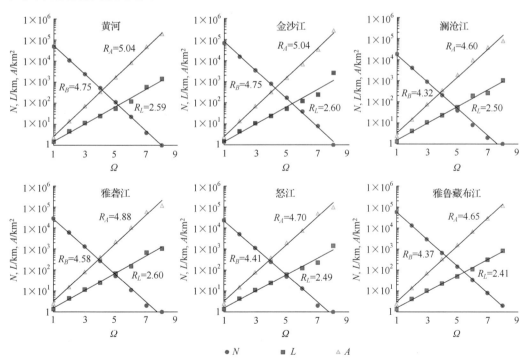

图1.8　六大水系不同级别河流数量 N、平均长度 L、平均汇流面积 A 与河流级别 Ω 的关系

　　但是，仔细对比不同级别的分支比发现，随着级别的增加，分支比逐渐从常数变得偏离和脉动，如图1.9所示。对于长度比、面积比及坡降比，也有类似的结果。

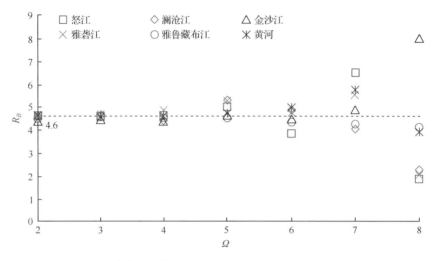

图 1.9　青藏高原 6 条大河河网分支比 R_B 随河流级别 Ω 的变化

从图 1.8 可以看出，各流域基本上呈现相同的规律：在对数坐标下，河网的非最高级别河流数量、长度、面积都与河流级别呈良好的线性关系，这些河流大部分位于青藏高原内部，因此这种一致性暗示着高原内部的整体抬升。而最高级别河流平面属性与 Horton 定律描述的关系有一定的偏移。图 1.9 显示了雅鲁藏布江、怒江、金沙江、黄河、澜沧江、雅砻江 6 条大河河网分支比 R_B 随河流级别 Ω 的变化，级别小于 7 时完全服从 Horton 定律，具有常数分级比。但是河流级数达到 7 或 8 时，分级比显著偏离。这主要是因为高级别河流穿越高原边缘，受断裂带、板块挤压等地质构造的影响，如澜沧江流域和怒江流域的最高级别 8 级河流的长度比较大，而分支比却较小，表明流域受到挤压变得狭长。

图 1.10 为各流域不同级别河流平均坡降 S 和河流级别 Ω 的关系。较低级别的河流，坡降变化呈集合级数减小，但是已经不很整齐，而最高级别的河流坡降不但不按照规律减小反而增大，偏离更加明显。在高原的边缘，高原隆升撕裂了河网，地貌演变速度慢于高原隆升的速度。因此，Horton 定律在高原边缘完全被破坏。

假设澜沧江、金沙江、怒江原为一条特大河流，河网非常好地服从 Horton 定律。由于青藏高原在第四纪的快速抬升，河网被撕裂，把这条特大的河流分成了三条，形成了高原边缘上的三江并流，同时破坏了河网拓扑结构，使得河网出现不同于其他大型流

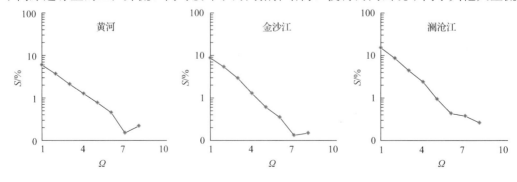

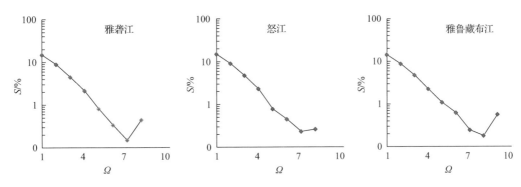

图 1.10   青藏高原六大水系平均河床坡降 S 与河流级别 Ω 的关系

域的性质。作者把 3 条大江合成一个河网,假设这 3 条江在高原边缘处交汇,按照这样的河网计算河流数和分支比并和怒江、澜沧江、金沙江的最高三级河流数量 N 及分支比 R_B 列入表 1.2 进行对比。

表 1.2   金沙江、澜沧江、怒江的最高三级河流数量 N 及分支比 R_B

Ω	怒江		澜沧江		金沙江		三江合并	
	$N\omega$	$R_B(\omega-1)$	$N\omega$	$R_B(\omega-1)$	$N\omega$	$R_B(\omega-1)$	$N\omega$	$R_B(\omega-1)$
6	13	3.8	8	4.9	39	4.8	60	3.9
7	2	6.5	2	4	8	4.9	12	5
8	1	2	1	2	1	8	3	4

三江并流是世界地理奇观,三江最窄处不足 70km,并行 170km 却不交汇。此流域的河流演变与青藏高原的抬升密切联系。根据明庆忠和史正涛(2006)的研究,三江约在 3.4Ma 之前均向南流。之后随着横断运动,导致了横断山脉的隆起,阻断了金沙江的南流,金沙江才和川江连通改向东流。由于年代久远及构造运动强烈,缺少可靠的沉积剖面和定年数据,三江流域演变的研究变得十分困难。只有个别学者根据沉积资料研究了部分河流变迁历史(张叶春等,1998;明庆忠,2006)。本书假设三江曾经汇入到一起,计算合并河网的分支比,相对于现在三条河流,分支比非常稳定,满足一般河网的规律(表 1.2)。后来高原抬升撕裂河网,形成现代的三江并流,同时破坏了河网拓扑结构,使得河网出现不同于其他大型流域的性质。

1.3   高原非均匀抬升对雅鲁藏布河谷发育的影响

在高原抬升的大背景下,降雨和融雪水流侵蚀形成了雅鲁藏布流域水系,其后的水系发育基本服从一般河流演变规律。然而,高原抬升自东向西不是均匀的,雅鲁藏布河谷演变还受到地壳运动的强烈影响(中国科学院青藏高原综合科学考察队,1983;Hallet and Molnar,2001)。

雅鲁藏布江(简称雅江)起源于喜马拉雅北坡的杰马央宗冰川,从西往东流过 1600km,在派镇流入大峡谷,然后绕过南迦巴瓦峰急速下降 2000m,在巴昔卡出境后成为布拉马普特拉河。不同于其他高山河流，雅江的河流地貌伴随着喜马拉雅山和青藏高原的抬升而演变。因此，雅江的河流地貌过程和泥沙运动十分独特（Wang and Zhang，2012），在纵向上河流宽谷段和峡谷段相间分布。宽谷河段发育辫状和网状河道，河道坡降平缓，沉积物深厚；而在峡谷河段，河流地貌主要为单一、直线和深切河道，河道坡降陡峭，基岩裸露，并发育多级阶地（中国科学院青藏高原综合科学考察队，1984；Zhang，1998；李亚林等，2006）。雅江宽谷河段沉积了巨量泥沙，主要为卵石和粗沙。因工程地质研究的需要，作者曾从雅江不同宽谷河段钻探获取 6 个泥沙沉积物样，分布深度为 20～140m。在 3 个谷宽大于 1500m 的宽谷河段，从深度分别为 120m、140m、105m 和 111m 处取得沉积物样，这些沉积物都是卵石夹沙。而在峡谷段，河床主要由基岩构成，部分基岩河段覆盖薄层漂卵石。本节通过野外调查、沉积物取样和沉积物深度测量研究了新构造运动影响下，雅江河流地貌和泥沙运动的特征。

　　2009～2012 年非汛期对雅江流域进行多次野外踏勘和测量，获取雅江及主要支流典型河段（日喀则、曲水、泽当、加查、朗县、林芝、通麦等）地质岩性、侵蚀产沙及河流地貌情况，比较河流纵剖面主要尼克点上、下游河型和河流地貌差异。采用美国 GEOMETRICS 公司和 EMI 公司联合生产的大地电磁测深法仪器 EH4 对雅江 29 个典型河谷断面的泥沙淤积分布进行测量，获得雅江河床沉积物厚度及分布特征。EH4 的主要工作原理为：在沉积物和基岩交界面上，电磁信号会有剧烈变化，可以据此计算沉积物深度，相对误差小于 10%。在宽谷河段，用 EH4 探测的沉积物深度，结合沉积物钻心取样获得的深度进行对比。而在峡谷河段，都能在河床上或河岸找到基岩，由此判断河床沉积物厚度不过数米。另外，作者采集了雅江自谢通门至雅江大峡谷约 1000km 河段的泥沙沉积物样。特别从江面采沙场和公路、桥梁施工处的沉积物层剖面采集了不同深度的沉积物样品。

　　作者采用激光测距仪（精度为 0.1m，测距范围为 2000m）测量距离，采用麦哲伦 GPS 定位（误差为 1m），采用航天飞机雷达地形测绘使命（shuttle radar topography mission，SRTM）数据（2004 年，分辨率为 90m，NASA 提供）和 ArcGIS 软件提取河流水系和纵剖面，辅助 GoogleEarth 三维地图功能，收集 20 世纪 60 年代、80 年代、90 年代雅江大桥站（拉萨）、奴各沙站（日喀则下游 88km）和奴下站（林芝）两个主要水文站的水流流量、流速、含沙量和悬移质输沙量数据，采集宽谷河段 0.5～4m 深度的沉积物样，通过筛分获得泥沙级配，对以上所获的数据进行分析得出基本结论。

1.3.1　宽谷河段和峡谷河段

　　图 1.11 为雅江流域河网图。按照 Horton（1945）和 Strahler（1957）的研究，河网最上游的河流，即没有支流的河源水流，称为一级河流。两条一级河流汇合形成二级河流，两条二级河流汇合产生三级河流，如此类推。而一条河流和一条比它级别低的河流交汇并不提高交汇后河流级别。一般河网的分级比都在 4～4.5，即平均某级别的河流拥有 4～4.5 条次一级的支流。雅江是一条 9 级河，整个河网包含 57000 个一级支流，在帕隆藏布汇入雅江后，雅江河网级别达到 9 级。河网各级河流的分级比基本在 4～4.7，可见雅江河网与一般河流河网的组织没有大的差异。然而，由于印度板块与欧亚板块在南北方向上相互挤压，雅江河网的形状发生改变，变得东西长、南北窄。

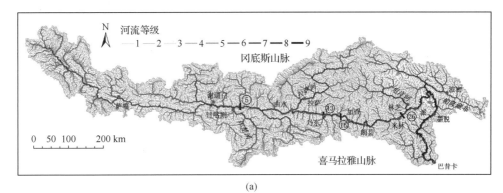

(a)

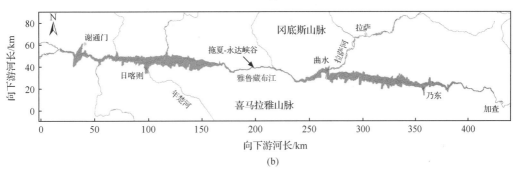

(b)

图 1.11   雅江流域河网图

(a)雅江流域河网构成；(b)雅江河谷平面图，峡谷河段和宽谷河段交替出现

作者主要研究谢通门至雅江大峡谷中游河段，长约 1000km。雅江河道在平面上呈藕节状分布，宽度仅 100～200m 的峡谷和宽度达 3～10km 的宽谷交替出现，如图 1.11 (b)所示。图中，褐色区域显示为泥沙沉积区，蓝色线条为河道，可以看出，峡谷河段为单一河道，而在宽谷河段为分汊河道，中间发育了很多沙洲和小岛。在峡谷河段，基岩常出露水面，直径 1m 甚至更大的漂石在河道发育阶梯-深潭结构。多个高度为 10～30m 的河流阶地分布在河道两岸的一侧，表明河道经历了长期下切。在宽谷河段分布非常厚的砂砾石沉积层，说明其经历了长期的堆积过程。

图 1.12 显示雅江宽谷河段 3 个典型横断面和峡谷河段 1 个典型河流沉积物横断面，其中河道深度太浅不按照比例，仅表明现代河道的位置。这 4 个横断面在平面图和纵剖面图上的位置如图 1.11(a)和图 1.13 所示。沉积物基本都是卵石加沙，与现代河床泥沙大致相同。沉积物与基岩的交界面有明显的电磁反射，因此可以清晰地确定交界面。根据交界面可以算出泥沙沉积层的厚度。在宽谷河段河道宽度仅占河谷谷底的 1/10～1/5，但在峡谷河段河道几乎占据整个峡谷的谷底。宽谷河段原来的河谷形状也是 V 形，长期的泥沙沉积填满了 V 形谷底，数百米厚的沉积物把河床抬升，形成平整、宽阔的河谷，如断面 CS⑤，CS⑬，CS㉖所示。宽谷河段河谷宽度达 10km，目前的河道在泥沙沉积物上发育成辫状河型，并经常在宽谷中摆动。河漫滩面积大且平整，但植被很差。在峡谷河段，如断面 CS⑯所示，河谷仍保持 V 形，河型为直线形。峡谷下部河岸的坡度要较上部坡度大，这是由于第四纪以来峡谷河道快速侵蚀下切的缘故。在峡谷

河段几乎没有泥沙沉积，而且这里河床坡降和水流流速很高。峡谷中很多河段基岩直接暴露在水流中，其他河段也只有几米厚的大石块覆盖在基岩上。

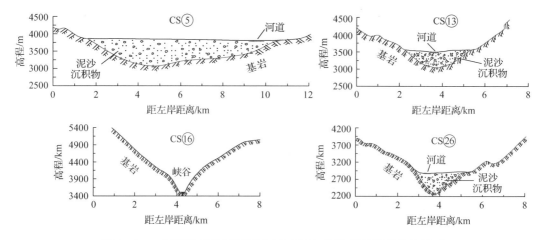

图 1.12　4 个横断面显示当前的河谷床面和基岩-泥沙沉积物交界面

CS⑤. 日喀则下游；CS⑬. 乃东；CS⑯. 曾嘎峡谷；CS㉖. 米林

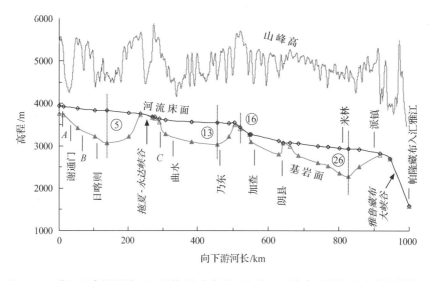

图 1.13　雅江河床深泓线、沉积物-基岩交界面和临近山峰高程沿河流方向的纵剖面

1.3.2　雅鲁藏布河谷巨量泥沙储存

雅鲁藏布宽阔河谷的形成主要是泥沙淤积的结果。图 1.13 显示雅江河床床面线、基岩面(泥沙沉积物-河床基岩交界面)及山峰高(以河谷中心线向河谷两侧各外延 5km 之内的山峰高程最大值)沿河流方向分布的纵剖面图，通过连接 29 个横断面的沉积物-基岩交界面和河床床面的最低点得到。图 1.13 中，点 A、B、C 显示地质勘探钻孔位置，实心三角表示 EH4 测得的沉积物层厚，空心三角为通过河床暴露基岩高程和钻探结果推算的沉积物层厚。峡谷河段基岩面较其上游的宽谷河段沉积物-基岩交界面高出

几百米，形成了巨大的"泥沙蓄积库"。过去百万年以来，卵石泥沙一直在填充这个泥沙蓄积库，形成巨厚的沉积物层。现代雅江在这个巨厚的沉积物层上发育辫状河道。在峡谷河段河床坡度较大，水流磨蚀基岩床面，导致长期的床面下切。河床纵剖面在这些峡谷河段突然变陡，形成尼克点。一般认为发育于萨嘎、加查和派镇的 3 个尼克点表征第四纪喜马拉雅运动的 3 个抬升阶段(中国科学院青藏高原综合科学考察队，1983)。

图 1.14 为雅江谢通门至雅鲁藏布大峡谷的最大泥沙沉积物深度与河谷宽度分布的关系。河谷越宽，其泥沙淤积深度也越大。这是由于泥沙蓄积在狭窄的底部，狭窄的 V 形河谷逐渐演变为宽阔的 U 形河谷。表 1.3 列出不同断面间最大泥沙沉积物深度和淤积量。泥沙沉积物深度为 400～800m。对每一个横断面，计算河谷谷底和泥沙沉积物-基岩交界面之间包裹的面积，即断面泥沙沉积面积。相邻断面沉积面积均值乘以相邻断面距离，得到河段单元淤积量，将 29 个河段单元淤积量求和即得到 1000km 长河段的总泥沙淤积量，约为 5183 亿 m³。

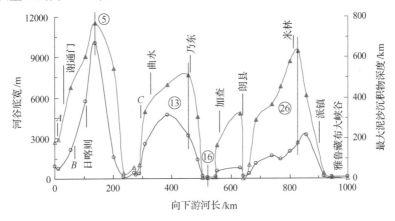

图 1.14　雅江谢通门至雅鲁藏布大峡谷最大泥沙沉积物深度与河谷宽度分布

表 1.3　雅江峡谷河段单元泥沙淤积量计算

断面号 (CS)	断面距离 L/km	累积距离 S/km	河谷底宽 W/m	断面最大淤积深度 H_m/m	淤积量 V/亿 m³	备注
①	0.00	0.00	730	193	94.97	—
②	40.76	40.76	2170	450	530.43	—
③	50.77	91.53	5760	604	900.43	—
④	33.23	124.76	10040	768	1206.95	—
⑤	63.28	188.04	1590	544	41.98	
⑥	33.91	221.95	140	28	2.02	拖夏-永达峡谷
⑦	35.70	257.65	400	55	0.61	—
⑧	3.10	260.75	1520	27	0.71	—
⑨	3.29	264.04	260	70	1.11	—

断面号 （CS）	断面距离 L/km	累积距离 S/km	河谷底宽 W/m	断面最大淤积深 度 H_m/m	淤积量 V/亿 m^3	备注
⑩	13.10	277.14	390	35	23.34	—
⑪	17.21	294.35	2570	332	549.32	—
⑫	75.58	369.93	4730	465	703.33	—
⑬	73.05	442.98	3170	510	146.78	—
⑭	31.47	474.45	1400	307	10.81	—
⑮	16.31	490.76	270	11	0.49	桑日峡谷
⑯	30.54	521.30	106	3	2.43	—
⑰	12.53	533.83	240	7	0.82	—
⑱	4.74	538.57	560	166	64.19	—
⑲	77.31	615.88	804	321	4.88	—
⑳	11.83	627.71	208	5	0.62	朗县峡谷
㉑	20.62	648.33	394	35	14.33	—
㉒	23.06	671.39	1140	289	126.50	—
㉓	54.86	726.25	1670	368	93.12	—
㉔	28.92	755.17	1460	456	145.12	—
㉕	32.56	787.73	1990	578	184.42	—
㉖	26.55	814.28	2610	630	221.17	—
㉗	29.24	843.52	3200	412	111.81	—
㉘	60.28	903.80	167	29	0.38	—
㉙	29.03	932.83	139	5	0.11	雅鲁藏 布大峡谷
㉚	53.57	986.40	130	1	—	
总计					5183	

雅江奴下站（林芝）1956～2000 年平均年径流量为 606 亿 m^3，年悬移质输沙量（主要为细沙）约为 3000 万 t，推移质输沙量无测量结果。不过，为修建三峡工程，曾经对长江流域的推移质输沙进行过测量（Wang et al.，2007）。根据测量结果，三峡库区上游回水末端多年平均推移质输沙量约为 40 万 m^3，主要组成为砾石和粗沙（韩其为，2009）。几个世纪以来，金沙江、丽江上游的推移质泥沙被虎跳峡拦蓄。因而，测量得到的数据为从丽江到三峡库尾河段侵蚀产生的泥沙，这一河段的长度和有效侵蚀面积与雅江研究区较为接近。用相同的年淤积率估算，5160 亿 m^3 泥沙在 120 万年的时间里逐渐蓄积在雅江河道。换句话说，雅江河道伴随着青藏高原过去百万年来的抬升而不断淤积。目前，雅江宽谷河段蓄积的巨量泥沙形成了面积达 5000km² 的平整河漫滩，泥沙沉积物层深度达 350～800m。

图 1.13 表明，雅江拖夏—永达，桑日、朗县和雅江大拐弯河段较日喀则、曲水—

乃东、加查和米林河段抬升速率高。河流地貌过程伴随地质过程发生而演变。泥沙逐渐在抬升较为缓慢的河段沉积，同时，抬升较快的河段则发生下切。经过长期的演变，雅江日喀则、曲水—乃东、加查和米林河段河床基岩被巨厚的泥沙沉积物所覆盖，河谷宽阔。另一方面，拖夏—永达、桑日、朗县和雅江大拐弯河段逐渐形成深切河谷，派镇以下形成了雅鲁藏布大峡谷。

图 1.15 显示，宽谷河段断面 CS⑤［图 1.15(a)］和峡谷河段断面 CS⑯［图 1.15(c)］床沙照片，以及不同断面泥沙级配组成［图 1.15(b)］。两个宽谷河段断面 CS⑤和 CS⑬的沉积物级配组成基本一致，卵石约占 75％，而粗细沙约占 25％。实际上，钻探和从采沙场获得的浅层泥沙样品显示，宽谷河段不同位置和不同深度泥沙级配构成差异很小。这说明，抬升速率的差异经历了非常长的时间，形成了陡坡河段和缓坡河段，而不是"坝"或者"湖"。绝大部分卵石沉积在缓坡河段，仅极小部分可能通过河道输送到下游。随着抬升的进一步发展，由于抬升速率较低而形成的缓坡河段不断蓄积卵石和沙。最终，抬升速率较低的河段沉积了巨量的沙卵石，形成了非常宽阔的河谷。这个过程与大坝建设引发的水库泥沙淤积过程不同，后者其库区泥沙沉积呈现明显的分选特征，黏土粉沙质泥沙沉积在坝前，沙沉积在库区中游，而卵石沉积在水库末端区域。

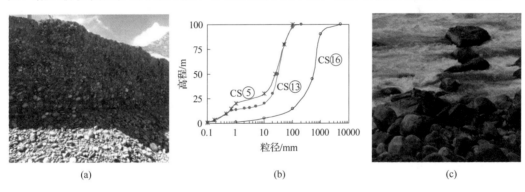

(a)　　　　　　　　　　　　(b)　　　　　　　　　　　　(c)

图 1.15　宽谷河段断面

(a) 断面 CS⑤所在的雅江宽谷河段泥沙沉积物厚度达 700m；(b) 断面 CS⑤、CS⑬ 和 CS⑯泥沙沉积物级配构成；(c) 断面 CS⑯(峡谷河段)漂石和出露水面的基岩

1.3.3　喜马拉雅非均匀抬升对河流地貌的影响

由于喜马拉雅山脉的连续抬升，其山脉周边河流的坡降不断增加，水流能量增大，因而发生连续的侵蚀下切(Lavé and Avouac，2001)。然而，作者从前面的结果看到雅鲁藏布江宽谷河段反而经历长期的泥沙沉积，形成了巨厚的泥沙沉积层。这说明喜马拉雅的抬升是不均匀的，抬升慢的河段蓄积泥沙。图 1.16 显示中国国家地震局测量的青藏高原活动断裂带的分布以及高原向北运动和抬升的速率。喜马拉雅山向北运动的速率大约为 50mm/a，抬升速率大约为 21mm/a。在唐古拉山，向北运动的速率降低到 40mm/a，而抬升的速率只有 15mm/a。除了东西方向的大断裂外，还有鲜水河-龙门山-安宁河三条断裂构成的 Y 字形构造，北西向的喀喇昆仑断裂带，特别是跨越雅鲁藏布江的 6 条纵向断裂带。

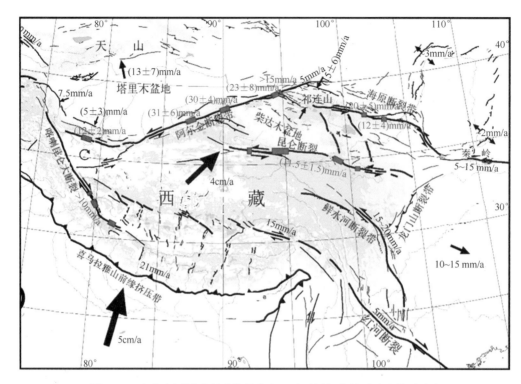

图 1.16　青藏高原活动断裂带的分布以及不同部位的平移和抬升速率

由于挤压和不均匀抬升作用，这 6 条拉伸断裂横穿雅鲁藏布江河谷。例如，在拖夏-永达峡谷的上游出口发育了横穿雅鲁藏布江河谷的断裂带(位于断面 CS⑥和 CS⑦之间)。断裂带的东侧较其西侧有所抬升，这种相对运动是由于抬升速率不同引起的。不均匀抬升导致部分河段形成地堑，泥沙在地堑河段逐渐沉积。由于这个过程缓慢而漫长，淤积的泥沙保持着山区河流沉积物的组成特色，沿程都是卵石夹沙。从图 1.13 中的山峰高程来看，淤积的宽谷河段(地堑)，山峰较下游段低，也说明宽谷淤积河段抬升较慢。雅鲁藏布江河谷发生的持续泥沙沉积与其他青藏高原边缘河流显著不同，正是由于高原的不均匀抬升形成了多个缓坡河段的缘故。这导致海量泥沙储存，抬高了河谷，形成宽谷河段。

图 1.17 显示喜马拉雅非均匀抬升在雅鲁藏布江宽谷和峡谷河段发育中的作用。大量的砂砾石在抬升速率较低的地堑河段沉积，形成非常宽阔的河谷，河槽只占河谷的很小部分，并发育辫状分汊并且弯曲的河道。虽然大量的细沙、粉沙等悬移质在洪水期通过各个河段和雅鲁藏布大峡谷输移到下游的布拉马普特拉河。但是大部分卵石在缓坡河段沉积，形成了巨厚的沉积层。而在上升较快的河段，河流坡降大，水流强烈冲刷河床导致下切，使得河谷越来越深。经过长期发展(百万年量级)，拖夏—永达、桑日、朗县、雅江大拐弯河段成为深切峡谷。雅鲁藏布大峡谷也是在这一过程中形成的，长度大于 100km 的峡谷河段水头落差达 2000m。

总的来看，喜马拉雅山和青藏高原的抬升使得位于高原边缘的河流下切。然而，雅鲁藏布江东西方向上不同河段的抬升速率不同，峡谷河段抬升速率高，而宽谷河段抬升

图 1.17　喜马拉雅非均匀抬升在雅鲁藏布江宽谷和峡谷河段发育中的作用

由于不均匀抬升，砂砾石在抬升速率较低的地堑河段沉积，形成非常宽阔的河谷（左上）；
抬升速率较高的河段发生下切，形成狭窄的 V 形河谷，覆盖薄层漂卵石层（右上）

速率低。抬升速率低的宽谷河段发生卵石粗沙沉积，而抬升速率高的河段则发生侵蚀下切。雅鲁藏布江的河流地貌过程伴随着地质过程而发生演变。在四段抬升速率较低的河段，巨量的泥沙沉积使得原来的 V 形河谷变成 U 形河谷。抬升速率较高的河段，河床坡降增加快，水流能量大，快速切蚀河床，形成狭窄而深切的河谷。因而，雅鲁藏布大峡谷以上东西向河流形成了 4 段宽谷和 4 段峡谷构成的耦节状平面形态。

1.4　同德盆地刺状水系发育及成因

刺状水系是青海黄河源同德盆地出现的一种独特水系，它发育在河相沉积物和风成黄土构成的平缓宽谷上，由干流下切带动支流溯源冲刷逐渐形成的一系列近平行排列的细短支流，以非对称方式近直角入汇深切干流的水系格局，因形似木棒上的刺针，称之为刺状水系。刺状水系的发育有两个基本条件，一是有覆盖厚层沉积物的平坦宽谷，二是由干流深切引发的大规模溯源侵蚀。由于历史上青藏高原的不均匀抬升，同德地区成为古沉积盆地，接受了大量的河相和风成黄土沉积。然而，随着共和运动以来青藏高原的不断隆升，古黄河切穿龙羊峡，与盆地内的古水系连通，沉积区转变为侵蚀区，河流快速下切引起刺状支流发育，逐渐形成现今的刺状水系。

作为一定地质地貌条件下的产物，一个地区的水系格局可以很好地反映该地区构造、岩性、地形、侵蚀强度等地学信息。在以往的研究中，已有学者对水系的类型、河道分级及发育机制进行了探讨（Zernitz，1932；Horton，1945；Strahler，1957），并将这些类型的分布与特定地质地貌条件相联系（Lubowe，1964；Small，1972；Clark et al.，2004），如树枝状水系主要发育在不受显著构造及坡度控制，岩性均一、地势平缓，主要受近水平侵蚀的地区；平行水系发育多指示区域存在较大坡度；而格状水系和矩形水系发育则大多与褶皱断裂有关。在青藏高原东北部同德盆地的巴曲流域，广泛分布了以砾石夹沙为主的厚层河相沉积物和风成黄土,其上干支流深切,两岸溯源侵蚀发育,在靠近河岸较为平缓的部分,发育刺状水系。这种刺状水系,不管从形态、发育环境还是可能的演化机制上,都与传统水系类型有所不同,是当地河流及下垫面对区域地质地貌活动的特有响应。本书旨在介绍这一独特水系,以期丰富水系格局理论,并为理解新近纪以来青藏高原地质地貌过程提供新的视角。

1.4.1　河流下切拉出刺状水系

同德盆地位于青藏高原东北部的黄河源区(行政区划属青海省海南藏族自治州兴海、同德两县境内),属半封闭断陷盆地,范围大体与两县沿大河坝河—黄河干流—巴曲山间谷地一致,面积约为 3200km²,平均海拔约为 3300m。盆地基本以 NW-SE 向展布,北部隔河卡山—贵南南山与著名的共和盆地相望,黄河自南向北斜穿盆地中部,其间有大河坝河、曲什安河和巴曲 3 条较大的支流入汇。盆地内新生代地层发育,形成于上新世—中更新世的河相沉积物普遍分布(郑邵华等,1985),主要为卵石夹沙,厚度由南向北为 200~100m(Ciccacci et al.,1992)。刺状水系主要出现在巴曲和大河坝河中下游,这一地区的沉积物以砾石为主,且上部覆盖有较厚层的黄土。

图 1.18 显示典型的刺状水系,位于黄河龙羊峡上游。黄河支流大河坝河和曲什安河由于黄河下切而溯源下切。下游两岸坡度变得非常陡峭,两岸水流迅速切蚀原来的沉积平原,在两岸拉出许多下粗上细平行的沟道。这种刺状水系的发育是高原上特有的,是高原盆地经过长期的沉积后由于河流下切重新开始侵蚀过程形成的独特景观。图 1.19 是快速下切的大河坝河,可以看到原来的河床被切穿,新的河槽比原来的河底深入地下几十米。这种快速下切是刺状水系发育的原始动力。

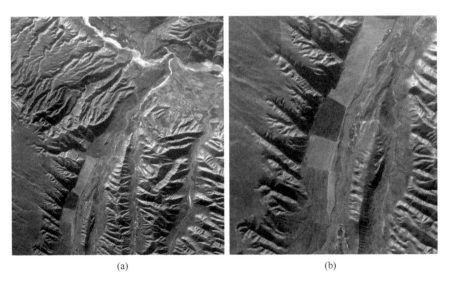

(a)　　　　　　　　　　　　　　　　　　(b)

图 1.18　典型的刺状水系

(a) 黄河龙羊峡上游下切引起支流溯源下切;(b) 支流下切两岸坡度变陡导致水流在两岸
拉出许多下粗上细平行的沟道

图 1.19　由于高原抬升主河下切导致穿过同德盆地的大河坝河快速下切

作者通过野外调查和实地测量，结合遥感影像判读和 DEM 流域特征分析来研究刺状水系，主要研究了刺状支流的河道、沟谷的位置、坡度坡长、下切深度、宽度等基本形态，还对刺状水系发育条件包括河床组成及床砂级配进行分析。选取 68 个样点，每个样点代表一条刺状水系的支流，均分布在大河坝河支流巴曲的中下游地区（大部分位于巴曲的一级支流上）。刺状水系独特的形态主要体现在它的支流上。刺状支流作为入汇干流的一级支流，其平均谷宽只有 70m（表 1.4），长度一般不超过 1km（表 1.5），在规模上小于一般水系的一级支流，与羽状水系的羽状支流有一定的相似性，但在入汇角和位置分布上又有所区别：刺状支流虽然平行入汇干流，但入汇角较大（表 1.5），刺状支流大多出现在干流的中下游。

表 1.4　野外考察 4 条刺状支流主要形态参数的测量结果

沟道	距离沟源/m	左高差/m	右高差/m	谷宽/m	侧壁夹角/(°)	高程/m
	80.0	10.9	13.3	84	146.9	3250.0
	150.0	13.6	12.1	49.7	125.3	3232.0
	300.0	18.4	16.2	54.0	114.1	3220.0
沟道 1，沟长 980.0m	400.0	25.5	17.9	48.0	95.5	3216.0
	670.0	15.7	24.0	46.0	98.1	3207.0
	860.0	24.6	97.8	131.3	96.2	3128.0
	900.0	93.3	82.0	182.5	92.3	3112.0
	52.0	12.8	8.7	32.7	108.0	3275.0
沟道 2，沟长 450.0m	230.0	37.3	12.0	75.1	108.3	3244.0
	410.0	36.5	7.3	100.4	137.9	3212.0

续表

沟道	距离沟源/m	左高差/m	右高差/m	谷宽/m	侧壁夹角/(°)	高程/m
沟道3，沟长690.0m	0.0	16.2	17.5	107.2	144.9	3272.0
	32.0	12.7	21.4	79.0	133.8	3267.0
	174.0	21.4	34.4	133.8	134.4	3256.0
	220.0	7.9	18.5	54.1	124.5	3241.0
	360.0	5.0	4.7	50.4	157.6	3209.0
	530.0	6.3	4.4	34.8	145.9	3207.0
	653.0	23.6	21.7	55.8	100.8	3193.0
沟道4，沟长630.0m	120.0	26.2	16.8	74.5	120.8	3377.0
	258.0	25.4	27.4	74.1	108.9	3360.0
	353.0	31.0	23.4	70.0	104.7	3347.0
	482.0	27.8	10.0	79.2	126.3	3305.0
	586.0	23.3	12.9	49.5	109.1	3291.0

注：左高差为断面沟床距离左侧坡顶高差；右高差为断面沟床距离右侧坡顶高差。

表 1.5　所选 68 个样点(刺状支沟)主要形态指标统计结果

统计值	沟长/m	高差/m	入汇角/(°)	支沟坡度/%	坡面坡度/%
最大值	1223.5	233.6	132.2	31.5	9.9
最小值	296.8	29.1	28.1	7.0	4.3
CV/%	30.5	39.0	29.5	35.9	19.1
平均值	766.8	111.4	82.2	15.1	6.1

注：CV(coefficient of variation)为变异系数；坡面坡度指刺状支沟发育坡面的坡度。

图 1.20 显示巴曲中游一个典型的刺状水系平面形态和深泓线纵剖面。刺状沟道大

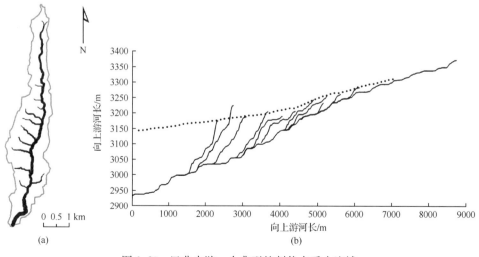

图 1.20　巴曲中游一个典型的刺状水系小流域

(a)平面图；(b)纵剖面图，虚线表示可能的原始侵蚀面

多发育在主河的中下游，它们相互平行，长度很少超过 1km，沟床纵坡基本相同。所有刺状沟道的最上游都是原来盆地的沉积平面，所以越往上游沟道越短。

刺状水系的河网与一般水系明显不同，河网分级结构简单。图 1.21 显示了巴曲中游自西向东流域面积分别为 24.9km²、17.2km² 和 7.8km² 的三个毗连的刺状水系小流域的河道分级情况。依照 Horton-Strahler 河道分级法，两个较大的小流域是三级河流系统，剩下较小的流域是二级河流系统。一般河网的分支比在 4～4.5，长度比在 2 左

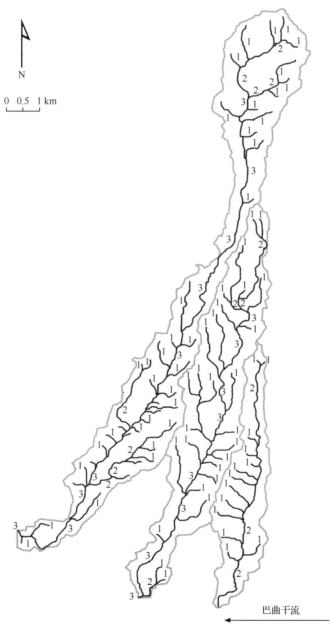

图 1.21　刺状水系的河道分级系统（Horton-Strahlar 法）

1、2、3 分别代表一、二、三级河流系统

右，面积比在 3～5(Kinner and Moody，2005；Craddock et al.，2010)。但是，刺状水系的河流分支比在 10 左右(表 1.6)，比一般水系明显偏大，和羽状水系的一、二级河道分支比相似(刘怀湘和王兆印，2008)。刺状水系河道平均长度比和流域面积比也要比普通水系大得多。

表 1.6　所选 3 个刺状小流域的河道结构情况

	级别	西	中	东
数目	一级河	42.0	27.0	13.0
	二级河	4.0	3.0	1.0
	三级河	1.0	1.0	—
	一、二级分支比	**10.5**	**9.0**	**13.0**
	二、三级分支比	4.0	3.0	—
面积 /km²	一级河	0.3	0.2	0.2
	二级河	0.9	1.0	7.8
	三级河	24.9	17.2	—
	一、二级面积比	3.3	4.8	41.1
	二、三级面积比	28.0	17.1	—
长度 /km	一级河	587.8	582.3	583.3
	二级河	2997.5	2550.0	8845.0
	三级河	21045.4	13892.1	—
	一、二级长度比	5.1	4.4	15.2
	二、三级长度比	7.0	5.4	—

1.4.2　刺状水系的发育机理

水系发育环境，特别是地形地貌和沉积环境对水系的形成演化具有重要影响，在一定程度上甚至是对应关系，Howard(1967)认为水系格局可以为了解当地的地表结构和物质组成提供线索。实际上也确实如此，如平行水系可以指示区域具有较大的坡度，而羽状水系则多发育在地表覆盖有厚层均质黄土的地区。刺状水系独特的形态也与它特有的发育环境有关。

同德盆地原是由于青藏高原不均匀抬升形成的沉积盆地，地势起伏不大，多为山间宽谷(图 1.22)，因而刺状水系发育的坡面坡度不会太大，这从图 1.20(b)中各支沟顶端连线还原的原始坡面也可看出。野外测量也证实，该区山前坡面坡度一般不超过 5°，且地势平整，植被覆盖良好，即便较大降雨也不易汇流。这种地形上的限制决定了刺状水系很难通过局部地区高强度的降水冲刷进一步发展，其发育的源动力可能主要还是来自局部侵蚀基准面降低带来的溯源侵蚀。

从沉积环境来看，巴曲附近的沉积物主要是砾石、细沙颗粒和上覆黄土，根据巴曲中游两处河床的取样筛分结果(图 1.23)，粒径总体较小，中值粒径不超过 10mm，且砾石颗粒具有一定的磨圆度，显示了良好的搬运特性。在这种侵蚀环境下，当有大量水流

图 1.22　刺状水系发育的平坦宽谷

冲刷，河床极易下切。实际上，依据杨达源等（1996）和 Craddock 等（2010）给出的黄河唐乃亥段及同德段河流阶地资料以及实地调查结果，黄河干支流在同德盆地至少下切了200m，如果以 50 ka B. P. 黄河切穿贵南南山进入唐乃亥一带计算，黄河在同德盆地的下切速率可以达到 400cm/ka（潘保田等，2004）。

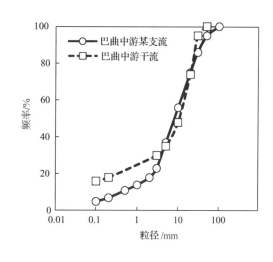

图 1.23　刺状水系发育的下垫面条件和床砂级配

　　此外，虽然以细沙、砾石和黄土为主的沉积物极易侵蚀，但它又与同德盆地甚至共和盆地内广泛分布的河湖相沉积明显不同，后者磨圆度更高的卵石含量急剧增加，且缺少厚层黄土覆盖，植被状况不佳，山洪可以很轻易地在沟道侧壁驱动泥石流等重力侵蚀[图 1.24（a）]，进而形成尼克点，使水系更加复杂；而同样气候条件下巴曲中下游的支沟则多发生小规模崩塌，不足以形成尼克点[图 1.24（b）]，也不可能形成更小的支流。这也是刺状水系主要在巴曲流域发现较多的原因。

(a)　　　　　　　　　　　　　　　　　　(b)

图 1.24　大河坝河(a)和巴曲(b)不同的沟道侵蚀形式

　　刺状水系支沟沟谷细短，汇流面积小，绝大部分不超过 0.2km²，加上是在平缓宽谷上发育，又有较充分的土壤供给，支沟顶部大多非常平缓且具有较高的植被覆盖度，降水很难形成汇流冲刷沟槽，所以刺状水系发育演化的动力主要来自干流下切带来的溯源侵蚀，即刺状支流是在上一级干流下切的带动下逐渐形成的，这与一般水系各级河流基本同期发育的形成机制不同。

　　刺状支沟形态得以维持的另一个重要保证是黄土与以沙、砾石为主的河相沉积的可侵蚀性，正是这种易于定向流水侵蚀而又不太容易大规模崩塌产生分支的侵蚀特性，才使刺状支沟在干流不断下切、水位不断下降、逐渐失去溯源动力的情况下，形态保持总体稳定。如果研究区像黄土高原那样单纯的由极易侵蚀的黄棉土覆盖，或堆积的坡面坡度很大，或含有大量易于诱发重力侵蚀的沙卵石，则形成的水系很可能仅限于常见的枝状水系或其细类。

　　综上所述，同德盆地刺状水系的发育演化过程可以归纳如下：由于历史上青藏高原的不均匀抬升，古同德地区成为断陷盆地，开始接受大量沉积，并在上新世—中更新世形成了分布较均匀的厚层河湖相沉积物，这些沉积物主要由粒径较小的砾石和卵石组成，中间充以大量沙粒，极易受侵蚀；同时第四纪以来风成黄土也在不断堆积。约0.15Ma B. P. 青藏高原发生共和运动，高原持续隆升，局部侵蚀基准面不断下降，龙羊峡被溯源切穿，黄河进入共和盆地(李吉均，1999；张智勇等，2003)；约 50 ka B. P.黄河抵达兴海唐乃亥一带(刘志杰和孙永军，2007)，在高原强烈抬升的背景下快速下

切，致使盆地中的主要干支流下切约 200m。在干流下切的带动下，河岸溯源侵蚀广泛
发育，包括巴曲中下游刺状水系在内的年轻支流大量形成。随着刺状水系的干流不断下
切，溯源冲刷水位下降，使年轻的刺状支沟逐渐失去充分的流水冲刷供应。此外，由于
自身汇水能力有限，加上黄土和以沙砾石为主的河相沉积也不太容易在偶尔形成的山洪
条件下形成大规模的崩塌滑坡，分支发育极少，刺状支沟形态最终得以稳定。

本章参考文献

陈国达. 1997. 青藏高原隆升的历史背景和机因. 大地构造与成矿学，21(2)：95-108.

陈克造，杨绍修，郑喜玉. 1981. 青藏高原的盐湖. 地理学报，36(1)：13-21.

崔之久，高全洲，刘耕年，等. 1996. 夷平面、古岩溶与青藏高原隆升. 中国科学(D辑)，26(4)：378-386.

董学斌，王忠民，谭承泽，等. 1991. 青藏高原古地磁研究新成果. 地质论评，37(2)：160-164.

高锐，熊小松，李秋生，等. 2009. 由地震探测揭示的青藏高原莫霍面深度. 地球学报，30(6)：761-773.

国家地震局阿尔金活动断裂带课题组. 1992. 阿尔金活动断裂带. 北京：地震出版社.

韩其为. 2009. 三峡库区推移质数量分析及淤积研究. 水利水电技术，40(8)：44-55.

姜永清，邵明安，李占斌，等. 2002. 黄土高原流域水系的 HORTON 级比数和分形特性. 山地学报，02：206-211.

李吉均. 1983. 青藏高原的地貌轮廓及形成机制. 山地研究，1(1)：7-15.

李吉均. 1999. 青藏高原的地貌演化与亚洲季风. 海洋地质与第四纪地质，19(1)：1-11.

李吉均. 2004. 青藏高原隆升问题//中国地理学会地貌与第四纪专业委员会地貌·环境·发展——2004 丹霞山会议
　　文集. 北京：中国环境科学出版社.

李吉均，方小敏. 1998. 青藏高原隆起与环境变化研究. 科学通报，43(15)：1569-1574.

李吉均，文世宣，张青松，等. 1979. 青藏高原隆起的时代、幅度和形式的探讨. 中国科学，(6)：608-616.

李吉均，方小敏，马海洲，等. 1996. 晚新生代黄河上游地貌演化与青藏高原隆起. 中国科学(D辑)，26(4)：316-322.

李四光. 1999. 地质力学概论. 北京：地质出版社.

李廷栋. 1995. 青藏高原隆升的过程和机制. 地球学报，1995(1)：1-9.

李廷栋，陈炳蔚，戴维声. 2010. 青藏高原及邻区隆升阶段构造图. 广州：广东科技出版社.

李亚林，王成善，王谋，等. 2006. 藏北长江源地区河流地貌特征及其对新构造运动的响应. 中国地质，33(2)：
　　374-382.

李勇，Densmore A L，周荣军，等. 2006. 青藏高原东缘数字高程剖面及其对晚新生代河流下切深度和下切速率的约
　　束. 第四纪研究，26(2)：236-243.

刘怀湘，王兆印. 2007. 典型河网形态特征与分布. 水利学报，34(11)：1354-1357.

刘怀湘，王兆印. 2008. 河网形态与环境条件的关系. 清华大学学报(自然科学版)，48(9)：29-32.

刘志杰，孙永军. 2007. 青藏高原隆升与黄河形成演化. 地理与地理信息科学，23(1)：79-91.

刘宗香，苏珍，姚檀栋，等. 2000. 青藏高原冰川资源及其分布特征. 资源科学，22(5)：49-52.

明庆忠. 2006. 纵向岭谷北部三江并流区河谷地貌发育及其环境效应研究. 兰州：兰州大学博士学位论文.

莫宣学. 2011. 岩浆作用与青藏高原演化. 高校地质学报，17(3)：351-367.

潘保田，高红山，李炳元，等. 2004. 青藏高原层状地貌与高原隆升. 第四纪研究，24(1)：50-57.

潘裕生. 1999. 青藏高原的形成与隆升. 地学前缘，6(3)：153-163.

秦大河，姚檀栋，周尚哲，等. 2013. 李吉均及其学术思想. 兰州大学学报(自然科学版)，49(2)：147-153.

滕吉文，王绍舟，姚振兴，等. 1980. 青藏高原及其邻近地区的地球物理场特征与大陆板块构造. 地球物理学报，
　　23(3)：254-267.

肖序常，王军. 1998. 青藏高原构造演化及隆升的简要评述. 地质论评，44(4)：372-381.

徐仁，陶金容，孙湘群. 1973. 希夏邦马峰高山栎化石层的发现及其在植物学和地质学上的意义. 植物学报，15(1)：
　　103-119.

杨达源，吴胜光，王云飞. 1996. 黄河上游的阶地与水系变迁. 地理科学，16(2)：137-143.

张叶春,李吉均,朱俊杰,等. 1998. 晚新生代金沙江形成时代与过程研究. 云南地理环境研究,10(2):43-48.

张镱锂,李炳元,郑度. 2002.论青藏高原范围与面积. 地理研究,21(1):1-8.

张智勇,于庆文,张克信,等. 2003. 黄河上游第四纪河流地貌演化——兼论青藏高原1∶25万新生代地质填图地貌演化调查. 地球科学,28(6):621-633.

郑邵华,吴文裕,李毅,等.1985.青海贵德、共和两盆地晚新生代哺乳动物.古脊椎动物学报,23(2):89-134.

中国科学院青藏高原综合科学考察队. 1983. 西藏地貌. 北京:科学出版社.

中国科学院青藏高原综合科学考察队. 1984. 西藏河流与湖泊. 北京:科学出版社.

钟大赉,丁林. 1996.青藏高原隆升过程及其机制的探讨. 中国科学(D辑),26(4):289-295.

Abrahams A D. 1984. Channel Networks: A geomorphological Perspective. Water Resources Research, 20(2): 161-188.

Chen J, Gavin H. 2008-05-15. Finite Fault Model of the May 12, 2008 Mw 7. 9 Eastern Sichuan, China Earthquake. United States Geological Survey-National Earthquake Information Center. http://earthquake. usgs. gov.

Chorley R J, Morgan M A. 1962. Comparison of morphometric features, Unaka Mountains, Tennessee and North Carolina and Dartmoor. England Geological Society of America Bulletin, 73: 17-34.

Chung S L, Lo C H, Lee T Y, et al. 1998. Diachronous uplift of the Tibetan plateau starting 40Myr ago. Nature, 394: 769-774.

Ciccacci S, D'Alessandro L, Fredi P, et al. 1992. Relation Between morphometric characteristics and denudation processes in some drainage basins of Italy. Zeitschrift fuer Geomorphologic, 36(1): 53-67.

Clark M K, Schoenbohm L M, Royden L H, et al. 2004. Surface uplift, tectonics, and erosion of Eastern Tibet from large-scale drainage patterns. Tectonics, 23(1): TC1006, doi: 10. 1029/2002TC001402.

Coleman M, Hodges K. 1995. Evidence for Tibetan Plateau uplift before 14 Myr ago from a new minimum age for east-west extension. Nature, 374(2): 49-52.

Craddock W H, Kirby E, Harkins N W, et al. 2010. Rapid fluvial incision along the Yellow River during headward basin integration. Nature Geosciences, 3: 209-213.

Dodds P S, Rothman D H. 2000. Scaling, universality, and geomorphology. Annual Review of Earth and Planetary Sciences, 28: 571-610.

Gupta S. 1997. Himalayan drainage patterns and the origin of fluvial megafans in the Ganges foreland basin. Geology, 25(1): 11-14.

Hallet B, Molnar P. 2001. Distorted drainage basins as markers of crustal strain east of the Himalaya. Journal of Geophysical Research, 106(13): 697-709.

Harrison T M, Copeland P, Kidd W S F, et al. 1992. Raising Tibet. Science, 255: 1663-1670.

Harvey A M, Wells S G. 1987. Response of Quaternary fluvial systems to differential epeirogenic uplift: Aguas and Feos river systems, southeast Spain. Geology, 15: 689-693.

Horton R E. 1945. Erosional development of streams and their drainage basins: hydrophysical approach to quantitative morphology. Geological Society of America Bulletin, 56(3): 275-370.

Howard A D. 1967. Drainage analysis in geologic interpretation: A summation. The American Association of Petroleum Geologists Bulletin, 51(11): 2246-2259.

Kinner D A, Moody J A. 2005. Drainage networks after wildfire. International Journal of Sediment Research, 20(3): 194-201.

Lavé J, Avouac J P, 2001. Fluvial incision and tectonic uplift across the Himalayas of central Nepal. Journal of Geophysical Research, 106(B11): 26561-26591.

Leigh H R, Burchfiel B C, Robert D, et al. 2008. The geological evolution of the Tibetan Plateau. Science, 321 (5892): 1054-1058.

Lubowe J K. 1964. Stream junction angles in the dendritic drainage pattern. American Journal of Science, 262: 325-339.

Pelletier J D. 1999. Self-organization and scaling relationships of evolving river networks. Journal of Geophysical Research, 104(B4): 7359-7375.

Rea D K. 1992. Delivery of Himalayan sediment to the Northern Indian Ocean and its relation to global climate, sea level, uplift, and seqwater strontium. Geophys Monogr, 70: 387-402.

Rowley D B, Currie B S. 2006. Palaeo-altmietry of the Late Eocene to Miocene Lunpola basin, Central Tibet. Nature, 439: 677-681.

Royden L H, Burchfiel B C, King R W, et al. 2008. The geological evolution of the Tibetan Plateau. Science, 321: 1054-1058.

Small R J. 1972. The Study of Landforms. Cambridge: Cambridge University Press.

Smart J S. 1972. Quantitative characterization of channel network structure. Water Resources Research, 8(6): 1487-1496.

Spicer R A, Harris N B W, Widdowson M W, et al. 2003. Constant elevation of Southern Tibet over the past 15million years. Nature, 421: 622-624.

Stankiewicz J. 2005. Fractal river networks of Southern Africa. South African Journal of Geology, 108: 333-344.

Strahler A N. 1957. Quantitative analysis of watershed geomorphology. Transactions of American Geophysics Union, 33: 913-920.

Tapponnier P, Xu Z Q, Roger F, et al. 2001. Oblique Stepwise Rise and Growth of the Tibet Plateau. Science, 294 (5547): 1671-1677.

Tumer S, Hawkesworth C, Liu J, et al. 1993. Timing of Tibetan uplift constrained by analysis of volcanic rocks. Nature, 364: 50-54.

Walcott R C, Summerfield M A. 2009. Universality and variability in basin outlet spacing: Implications for the two-dimensional form of drainage basins. Basin Research, 21: 147-155.

Wang Z Y, Li Y T, He Y P. 2007. Sediment budget of the Yangtze River. Water Resources Research, 43: 1-14.

Wang Z Y, Zhang K. 2012. Principle of equivalency of bed structures and bed load motion. International Journal of Sediment Research, 27(3): 288-305.

Zernitz E R. 1932. Drainage patterns and their significance. Journal of Geology, 40: 498-521.

Zhang D D. 1998. Geomorphological problems of the middle reaches of the Tsangpo River, Tibet. Earth Surface Processes and Landforms, 23: 889-903.

Zhang P Z, Shen Z K, Wang M, et al. 2004. Continuous deformation of the Tibetan Plateau from global positioning system data. Geology, 32: 809-812.

第 2 章　冰川、滑坡、泥石流对河床演变的影响

　　2009～2010 年对雅鲁藏布江上、中游进行了前期考察，为研究流域侵蚀产沙积累了大量重要的基础资料。2011 年和 2012 年对雅鲁藏布江中、下游峡谷河段及支流帕隆藏布、易贡藏布进行了深入考察。在中游淤积河段，用大地电磁探测法仪器 EH4 测量了泥沙埋藏厚度。在下游下切河段测量了重点断面的坡降、河宽、河床结构强度、流速、边坡重力侵蚀等数据。2011 年徒步 3 天穿越 26km 的帕隆藏布大峡谷，2012 年更是到达了雅鲁藏布大峡谷末端的墨脱县。2011～2012 年雅鲁藏布江的野外考察关注了河流下切强度和河床结构的消能作用，采集了雅鲁藏布江河流阶地的光释光测年样品，统计了沿河崩塌滑坡数量及体积，并对雅鲁藏布江支流帕隆藏布流域的冰川进行了测量研究(图 2.1)。

(a)　(b)
(c)　(d)

图 2.1　雅鲁藏布江野外考察及采样
（a）徒步大峡谷；（b）冰川含沙率测量；（c）光释光样本采样；（d）底栖动物采样

2.1　雅鲁藏布大峡谷段滑坡崩塌与河床结构

雅鲁藏布江在我国境内全长为 2057km，总落差为 5435m，平均坡降为 2.6‰。雅鲁藏布江从河道地貌上可以分为三部分。①上游河段：仲巴里孜以上，河道开阔，水流涣散，坡度仅为 4/10000，地貌主要以沼泽、湖泊等湿地为主。②中游河段：仲巴里孜至米林县派镇，长度约为 1100km，平均坡度为 1.4‰。大部分为冲积河流，平面上呈宽窄相间的藕节状，由几个宽阔的冲积河段和几个峡谷陡坡段相间连接而成。③下游河段：从大峡谷起点派镇到巴昔卡为高山深切峡谷，占雅鲁藏布江全长的 24.1%，集中了全河总落差的 50.1%，坡度极陡。

雅鲁藏布江的峡谷段处于加速下切阶段，图 2.2（a）为峡谷段典型断面的横断面图。

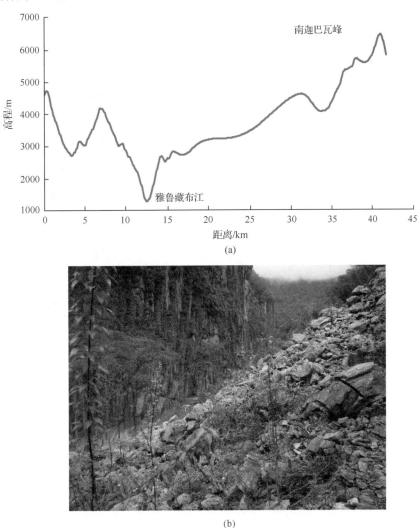

(a)

(b)

图 2.2　雅鲁藏布大峡谷段典型横断面(a)及大峡谷典型崩塌(b)

河谷断面呈"Ⅵ"形，表明新近下切加速，下切使得河流岸坡变得陡峭，两岸边坡坡度都在30°以上，增加了滑坡崩塌的势能和发生概率。在穿越26km长的帕隆藏布大峡谷的过程中，滑坡崩塌随处可见，大型的滑坡崩塌一共有15处，重点测量了前10km河段发生滑坡的高度、坡度以及滑坡崩塌堆积物的坡度、体积，图2.2（b）为帕隆藏布大峡谷的典型崩塌。

这10km河段一共发生大型滑坡崩塌8处，滑坡崩塌发生高度为水面以上400～600m，滑坡崩塌面平均坡度为39°。堆积物坡度一般有一个较为明显的转折，小颗粒物质(粒径小于10cm)移动距离较小，堆积角较小，平均值为24°，大颗粒(粒径大于10cm)移动距离可达1000m，堆积物平均坡度为30°。堆积物沿河平均长度为200m，平均高度为180m，平均体积约为360万 m^3。

大峡谷发生滑坡崩塌等灾害的频率极高，统计到的堆积物并非一次滑坡或崩塌造成。作者通过考察堆积物上的植被发育程度和岩石风化程度，可以大致判断滑坡崩塌发生的次数和时间。统计到的滑坡崩塌河段，大部分在5年内发生了新的滑坡崩塌。在2011年考察回程的路上，观察到两天内新发生了两处小型崩塌(图2.3)。

图2.3　新发生的小型崩塌摧毁植被和道路

大峡谷两岸崩塌滑坡产生的大量物质进入河道，在水流的分选作用下，崩塌滑坡物质中较大的颗粒稳定下来，形成了高强度的河床结构。这里采用 S_p 值来定量描述河床结构的发育强度（Wang and Zhang，2012）。

当河床为光滑床面时(如用混凝土等修建的人工河床，而天然河流中几乎不存在)，$S_p=0$，表示河床没有结构阻力；其他 $S_p>0$。采用河床结构测量排对 S_p 进行测量，对于雅鲁藏布江等大河(水深 $h>1m$)或急流(水深 $h>0.5m$ 且流速 $v>1.5m/s$)，由于 S_p 测量存在极大危险，难以对深泓线的 S_p 进行测量，可以采取对边岸附近浅水区域与深泓线平行的纵断面线 S_p 进行测量，经验证这种方法简单可行。考察中测量了3处典型河段河床结构的 S_p 值(图2.4)，其值都在1附近，超过此前测量过的其他河流，甚至比

"汶川地震"中堰塞坝溢流道中的 S_p 还高，这是因为大峡谷中滑坡崩塌物质体积巨大且含有大量巨型石块，在水流的强烈冲刷作用下往往发育极强的消能结构以抵制河床的侵蚀下切。雅鲁藏布江的水流能量极高，如雅鲁藏布江大拐弯局部河段（图 2.4）单宽水流能量 P 达 2500～7500kg/(m·s)。

图 2.4　雅鲁藏布江大拐弯河段高强度河床结构及巨大的水流能量

巨大的水流能量需要极强烈的能量耗散结构才能维持河床的稳定，常见的能量耗散结构包括大石块镶嵌形成的河床结构和基岩河床结构。实地考察得到的结论是：雅鲁藏布大峡谷段的河床结构几乎全部由崩塌滑坡产生的大粒径石块组成，接近 30km 的河段，只有不到 1km 的河段是基岩河床，其余河段全部被粒径达 10m 的石块覆盖。对此最直观的解释是基岩结构不能持久地保持消耗如此大的水流能量而不被下切破坏。而大块石组成的河床结构能和水流能量形成一种微弱的动态平衡。这种动态平衡具体表现在当河床结构强度不够时，水流能量过剩导致河床下切并引起滑坡崩塌；崩塌滑坡的大石块进入河床，从而加强了局部河段的河床结构。在考察过程中，发现 3 段水跃特别明显的河段都发生过大型崩塌，水跃测量结果见表 2.1。

表 2.1　雅鲁藏布大峡谷段水跃测量结果

河段编号	河段长/m	坡降/%	水跃个数	水跃平均高度/m
1	408	1.3	13	2.5
2	557	1.2	10	2.2
3	166	2.4	10	1.0

雅鲁藏布大峡谷段虽然滑坡崩塌频繁，推移质泥沙来源较多，但是大峡谷河滩泥沙颗粒磨圆度很小，表明这些泥沙都没有经过长距离搬运，主要来自当地，且河道内几乎没有推移质运动，这种现象在推移质物源丰富的大坡度河流中是不多见的。这是由于雅鲁藏布江中上游的推移质受到派镇以上巨大尼克带的阻挡，几乎全部淤积在中游河段；而峡谷河段当地崩塌滑坡产生的推移质大部分受困在高强度河床结构形成的阶梯-深潭中，因此形成这种奇特的现象。

2.2　帕隆藏布江侵蚀类型与河流地貌

帕隆藏布江是雅鲁藏布江下游最主要的河流，总长度约为270km，平均坡度为1.19%，其纵剖面和沿程坡度如图2.5所示。帕隆藏布江从侵蚀类型上可以分为4个部分：①曲宗藏布入汇点上游河段，长度约为100km，平均坡度为1.5%，该河段主要的侵蚀类型为冰川侵蚀；②曲宗藏布入汇点下游至古乡沟，长度约为80km，是帕隆藏布江坡度最缓的河段，平均坡度为0.56%，没有严重的侵蚀；③古乡沟下游至易贡藏布入汇点，该河段泥石流频发，是主要的侵蚀类型；④易贡藏布入汇点下游，平均坡降为1.3%，该河段主要侵蚀类型为崩塌。

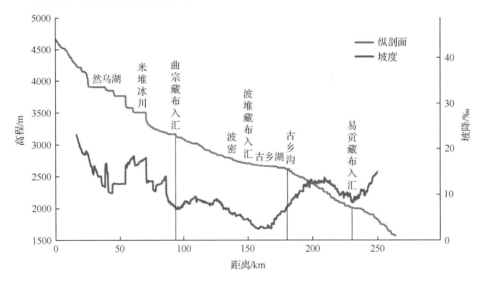

图2.5　帕隆藏布江纵剖面及沿程坡度

帕隆藏布河段1发育了大量的小型冰川，冰川进入河道并带来大量的冰碛物，这些物质稳定下来能形成不同类型的河床结构，如石簇结构，阶梯-深潭等。突发性的冰川运动带来的物质甚至能阻塞河道，形成稳定的冰碛坝，河段1上的然乌湖就是一个由冰碛坝阻塞河道形成的湖泊(图2.6)。然乌湖到米堆冰川河段长约40km，统计到共有6条较大的冰川，都在入河处形成冰碛坝，冰碛坝上游水流缓慢，下游则是不同粒级石块形成的阶梯-深潭，阶梯-深潭段长度为100～800m，平均坡度为6%，最多有7级，每级高度为0.8～2.2m。

图 2.6　冰碛物形成的河床结构

（a）冰川带来大量的冰碛物；（b）然乌湖冰碛坝；（c）冰碛物形成的阶梯-深潭；（d）冰碛物形成的石簇结构

　　河段 2 下游的古乡沟泥石流侵蚀量巨大，据统计，古乡沟每年平均发生 20 次泥沙流，每次侵蚀量为 100 万～600 万 m^3。侵蚀产生的大量物质进入帕隆藏布河道，不断堆积，并导致其上游河段溯源淤积，使得帕隆藏布江在纵剖面上形成一个巨大的尼克点（裂点）。因此，河段 2 的水流缓慢，河谷宽阔，河流最宽处宽度达 800m，河谷最宽为 1500m。流路散漫经常分汊，最大分支数达 7 支。

　　河段 3 从古乡沟开始，泥石流频发，沿途共统计了 5 处泥石流，其中 2010 年 9 月发生了一次规模较大的泥石流，堵塞帕隆藏布江，淹没了工厂，随后堰塞坝溃决，洪水又冲毁了川藏公路。

　　河段 4 从易贡藏布入汇点开始，两岸边坡十分陡峭，容易发生崩塌，沿河统计了 10km，共有大型崩塌 8 处。

　　河段 1、3 和 4 的侵蚀类型可能与海拔及构造控制有关。河段 1 海拔最高，有冰川发育，因此以冰川侵蚀为主。受构造控制，河段 3 以泥石流侵蚀为主。河段 4 支流汇流面积较河段 3 小很多，山崩塌滑坡为主。

2.3　帕隆藏布冰川侵蚀初步研究

　　青藏高原东边缘是中国海洋性冰川发育最多的地区。在印度洋季风的哺育下，此区域降水较多，新构造运动又使得河流下切严重，地形破碎。在特殊的地理环境下，该区域发育的冰川有显著的特点：冰川单个面积小而数量多，物质平衡线较低，受气候变化影响大，以及冰碛物多等。遥感解译结果表明，帕隆藏布江的冰川覆盖面积高达 36%。作者对帕隆藏布江周边冰川的沟谷地貌和冰碛物堆积开展了多次实地考察，此区域的冰川主要是悬冰川和山谷冰川。前者没有明显的冰舌，不能形成完整的冰碛物结构，往往沿河流分布，冰川谷的坡度约为 30°，横断面呈深 V 形。后者有明显的冰舌以及雪粒盆，上游冰川切割岩体带来大量的冰碛物，这些冰碛物在冰川下游堆积，能形成完整的冰川侧碛、终碛。帕隆藏布流域山谷冰川形成的冰碛坝高度在 50～200m，这些冰川物质不仅改变了局部的地形地貌，对河流发育演变也产生了非常重要的作用。

　　帕隆藏布江上游沿河发育众多的悬冰川，图 2.7(a)为典型的悬冰川谷，在冰川的侵蚀下，冰川谷断面呈明显"〼"形，表明冰川谷在加速下切。悬冰川各边坡极为陡峭，平均坡度为 75°。整条冰川的纵剖面为下凹形，坡降随相对河流高程递减，最上一段坡度为 31°，落差为 310m；第二段坡度为 29°，落差为 110m；最下面为扇形状堆积，坡度为 25°，落差为 81m；扇形的底边长 203m，冰川堆积体估算体积为 14 万 m^3。

(a)　　　　　　　　　　　　　　　　(b)

(c)　　　　　　　　　　　　　　　　(d)

图 2.7　悬冰川及冰川侵蚀

(a) 典型悬冰川谷；(b)冰川对岩层的切割；(c) 冰川对岸坡侵蚀；(d)冰川融水流量测量

　　以米堆冰川群作为典型的悬冰川进行了深入测量。米堆冰川群位于帕隆藏布江左侧，其冰川分布密集，统计 2km 内共有冰川 8 条，作者只对其中的一条进行了细致测量。图 2.7(b)为此冰川对基岩的切割，图 2.7(c)显示了冰川对岸坡的侵蚀。此冰川可以分为两段，从海拔 5000m 以上的雪帽到海拔 3900m 处为冰川上游段，宽度小于 10m。海拔小于 3900m 的为扇形状的下游段。下游段长度为 490m，下游宽度为 210m，扇形扩散角为 26°，平均坡降为 31%，按照冰川坡降和冰川旁边山坡坡降估算的冰川平均厚度为 35m，下游段冰川体积约为 180 万 m^3。

为了测量冰川的移动速度，作者开展了两次考察测量。第一次考察时间为 2011 年 5 月 12 日，在海拔 3985m 的冰川断面布线，此断面长度为 51m，位于冰川的一个龙头之上，选取断面中段 20m 的长度为测量段，每隔 0.5m 用大石块做标记。第二次考察时间为 2011 年 5 月 16 日，测量各石块的移动距离，并计算其移动速度。冰川运动速度分布如图 2.8 所示，冰川运动的平均速度为 1.9cm/d。根据测量断面的冰川宽度和冰川厚度，估算由移动造成的流量为 0.0007m^3/s。

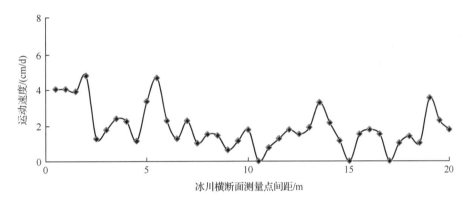

图 2.8　米堆冰川群中的一条冰川运动速度分布测量结果

施测冰川的底部有一条由冰川融水形成的小溪，作者对小溪流量进行了两次测量 [图 2.7(d)]。测量时间分别为 5 月 12 日 13 时和 5 月 16 日 11 时，流量分别为 0.191m^3/s 和 0.037m^3/s，可见，4 天内流量变化较大。小溪的流量大约是冰川移动流量的 100 倍，表明此时冰川正在消融。

冰川携带大量的侵蚀物质 [图 2.9(a)]，上层冰川融化加上一些物质直接从山坡上掉落到冰川上，导致冰川表面含沙率特别高。作者选取了 4 个 0.5m×0.5m 的样方，测

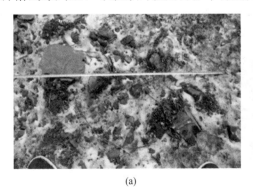

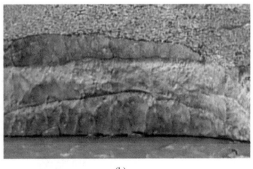

|(a)|(b)|

图 2.9　冰川携带大量物质(a)与冰川分层(b)

量冰川表面的泥沙总量，得到冰川表面含沙率为 5.6kg/m²。同时，冰川剖面[图 2.9(b)]显示泥沙在冰川中是分层分布的，平均每层厚度为 0.2m，则冰川体积含沙率为 28kg/m³。冰川泥沙级配如图 2.10 所示。

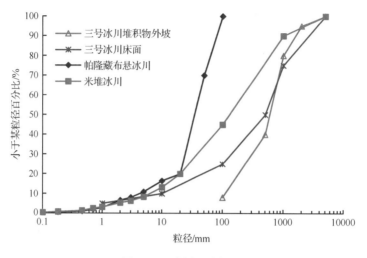

图 2.10　冰川泥沙级配

　　根据测量得到的冰川运动速度、冰川断面尺寸及冰川含沙率，可以大致估算此冰川的输沙量为 700t/a。按照冰川密度，估算每平方千米有 8 条这样的冰川，则每平方千米冰川每年的输沙量为 5400t。帕隆藏布流域有大量这样的山谷冰川，仅嘎隆拉隧洞附近就有 4 个山谷冰川（图 2.11）。作者对三号冰川的堆积体进行了详细测量。三号冰川堆积体坡度约为 30°，高度为 210m，堆积体的底部和中部有松树生长，松树胸围为 34～72cm。松树树芯取样结果显示，底部树龄为 27～29a，中部树龄为 14～17a。冰川堆积体物质粒径较大（图 2.10），长满了苔藓；中部的石头较小，比较新鲜，没有发育其他植被。从图 2.12（a）还可以看到被新来的石头压弯的大树，可见这些冰碛物下来不久，冰川运动比较活跃。堆积物顶部横断面呈 U 形 [图 2.12（b）]，实际上是冰川的"河

图 2.11　嘎隆拉隧洞冰川

床"，在冬季冰川从悬冰河下来，一直沿着堆积物流动，并带来大量的冰碛物，扩大冰川堆积体，并形成新的冰河床。冰河床的石块粒径较小(图 2.10)。

图 2.12　三号冰川堆积物中部(a)和顶部(b)

堆积物上还有许多没有融化的冰川，初夏冰川上非常危险，常常有冰缝、冰洞 [图 2.13(a)]，作者沿着冰河床的顶部走到冰河出口附近，近距离观察冰川[图 2.13(b)]，此处坡度为 40°~45°。不时有石块从山顶沿着冰川滚下来，发出轰隆的声音。在出口下面，有一堆较新鲜的冰碛物，是冰川融化后新留下来的，作者测量了这个堆积体的体积，如图 2.14 所示。

图 2.13　三号冰川上的冰洞(a)及悬冰河(b)

冰川的方位角为 100°，沿着冰川流向，在堆积体上布置了 14 个横断面，一共测量了 168 个点高程。堆积体数字化图如图 2.14(a)所示，嘎隆拉隧洞处 4 个冰川流域面积从一号到四号分别为 11.5km²、10km²、2.8km²、1.5km² [图 2.14(b)]，堆积体的纵剖面和横断面如图 2.15 和图 2.16 所示。

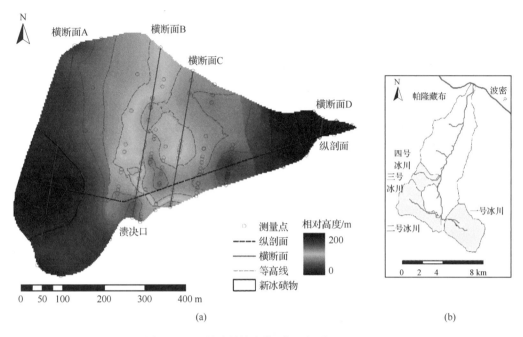

图 2.14　三号冰川堆积体(高程相对于 3665m)

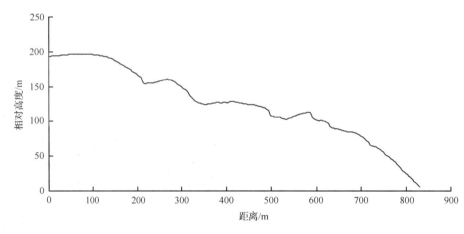

图 2.15　三号冰川堆积体纵剖面

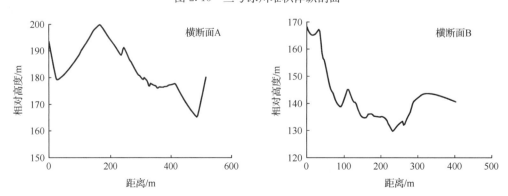

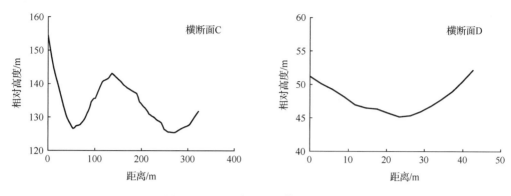

图 2.16 三号冰川堆积体典型横断面

三号冰川的堆积体体积为 3400 万 m^3，根据堆积体的坡度变化和等高线，识别出新冰碛物为图 2.14 中的黑线框部分，其体积为 21.4 万 m^3。这些新冰碛物只有在冰川停止运动时才能积累，假设新冰碛物积累了半年的时间，可估算平均侵蚀率为 400000 $t/(km^2 \cdot a)$。按照冰川物质级配，假设粒径小于 1cm 的颗粒有 1/2 能被水流带走，即冰川侵蚀下来的物质有 3% 能够被带入河流系统，则冰川输沙率为 12000 $t/(km^2 \cdot a)$。

2.4 尼克点发育和分布对河流地貌的影响

雅江流域地质构造和岩性的差异以及自然环境在水平和垂直方向的变化，对流域地貌的形成和发育有十分重要的影响。强烈的区域构造运动塑造了雅江流域的宏观地貌格架，这一点从河流纵剖面和平面形态上可以明显看出。与一般情形下河流纵坡发育的下凹形曲线不同，河道从上游仲巴县帕羊镇（距离源头杰马央宗冰川约 220km）至巴昔卡（中印边境），河床纵坡呈现缓—陡—缓—陡—缓交替性变化，且下游河床坡度比上游和中游河床坡度大（图 2.17）。在中游河段，河道平面上呈现宽窄相间的藕节状形态，宽

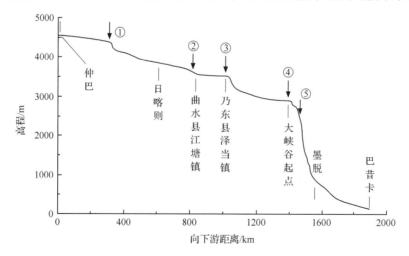

图 2.17 雅江仲巴县下游至巴昔卡河道纵坡及沿程主要裂点（①～⑤）

谷河段河谷较宽阔，水流平缓，河道多汊流、江心洲和浅滩，发育辫状、网状等不同河型，同时形成流域独特的风沙地貌；而在窄谷段一般为"丫"或 V 形峡谷(中国科学院青藏高原综合科学考察队，1983)，山高谷深，水流湍急，河床下切，并发育尼克点(裂点)。例如，尼克点③为桑日-加查峡谷(桑日县桑株林—加查县尼娜之间)，该峡谷长37.2km，河流平均坡降为 7.3‰，谷地宽度一般在 80～100m，为典型的 V 形峡谷。该峡谷发育有僧瀑布和涅尔喀瀑布，瀑布宽度分别为 33m 和 41m，瀑布高度分别为 4.6m和 5.3m。尼克点④和⑤之间为下游(雅鲁藏布大峡谷)的 4 处瀑布群，即藏布巴东、扎丹姆、秋古都龙和绒扎瀑布群，其中有 3 个瀑布的瀑布高为 3～35m，瀑布宽为 50～120m。这些大型尼克点对雅江河流地貌演变有十分重要的影响。

中游宽窄相间的特殊河谷地貌形态曾引起众多关注(中国科学院青藏高原综合科学考察队，1984；Zhang，1998)，其主要成因是各种不同构造运动共同作用而引起的地壳不均匀抬升。同时，这种南北向挤压形成众多断层和东西向张性拉伸，造成地壳厚度分布不均，两方面因素综合使得雅江流域纵向产生一系列地堑和地垒。地堑处河道坡度减小，泥沙淤积，逐渐形成散漫、游荡的宽谷河段；而地垒处则因水力坡度增加，不断侵蚀下切形成峡谷，这也是雅江峡谷段多呈"丫"形断面的主要原因。总之，喜马拉雅山在东西方向上的不均匀抬升和成千上万年的泥沙淤积形成了雅江藕节状的河谷形态，而河谷之间通常有裂点连接。

通过河流纵剖面(图 2.17)和河道平面形态(图 2.18)的对比可见，干流河道主要裂点(①～⑤)上、下游河床坡度、河谷形态、河型均呈现显著差异。

如图 2.18 所示，裂点②上游为单一蜿蜒型河道，而在下游则迅速变为分汊、辫状河道；裂点③上游为分汊、辫状河道，其下游则开始进入峡谷河段(加查峡谷)，渐趋单

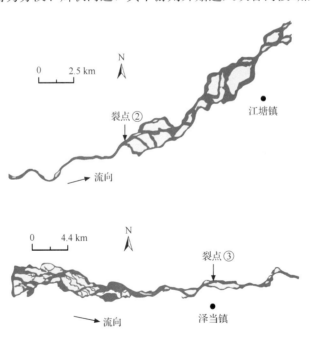

图 2.18　雅江纵剖面裂点②、③、④附近河道的平面形态变化

一河道（图 2.19）；裂点④处在雅鲁藏布大峡谷入口段，其上游河道为分汊、蜿蜒河型，而其下游则开始进入大峡谷，河道束窄，形成单一深切的蜿蜒型河道。

图 2.19　裂点③上游分汊-辫状河型及下游单一蜿蜒河型
(a)拉萨贡嘎机场附近(http://www.panoramio.com/photo/24776795)；(b) 加查峡谷出口

　　在雅江峡谷河段，由于河床纵坡大，河谷窄深，河流平面上的调整也不可能，只能垂向下切，从而诱发滑坡、崩塌，发育裂点，如中游的加查峡谷和下游的雅鲁藏布大峡谷。以雅鲁藏布大峡谷为例，河床裂点④与裂点⑤之间的河段长约 55km，平均纵坡降为 0.7%，局部平均坡降达 3.7%，此段大致位于雅鲁藏布大峡谷 U 形拐弯的前 1/4 部分，U 形拐弯的后 3/4 部分大致位于裂点⑤下游。以裂点⑤下游坡降最为剧烈的 70km 河段进行统计，平均坡降为 3%，局部平均坡降超过 8%。从 Google Earth（2009 年更新）和遥感影像上可以看出，裂点④与裂点⑤之间的峡谷段河道分布有十余处明显的崩塌、滑坡痕迹。而裂点⑤以下河道则密集分布 50 余处崩塌滑坡体痕迹，支流(沟)泥沙冲积扇有 11 处（图 2.20）。

　　其他河谷深切的支流(如帕隆藏布江)也大量发育滑坡、崩塌和泥石流，如东久滑坡群、易贡高速巨型滑坡、102 滑坡等（Shang et al.，2005）。当然崩塌滑坡产生的大量石块堆积也常形成堰塞体(或泥沙淤积体)，在河床纵坡上构成颇具规模的裂点，形成负反馈，在相当程度上又抑制了河床的进一步下切。总之，新构造运动影响了河谷坡降、河型和河流地貌演变，进而影响河流地质灾害事件的发生。

图 2.20　雅鲁藏布大峡谷滑坡崩塌点分布

本章参考文献

中国科学院青藏高原综合科学考察队. 1983. 西藏地貌. 北京:科学出版社.

中国科学院青藏高原综合科学考察队. 1984. 西藏河流与湖泊. 北京:科学出版社.

Shang Y J,Park H D,Yang Z F,et al. 2005. Distribution of landslides adjacent to the northern side of the Yarlu Tsangpo Grand Canyon in Tibet, China. Environmental Geology, 48(6): 721-741.

Wang Z Y, Zhang K. 2012. Principle of equivalency of bed structures and bed load motion. International Journal of Sediment Research, 27(3): 288-305.

Zhang D D. 1998. Geomorphological problems of the middle reaches of the Tsangpo river,Tibet. Earth Surface Processes and Landforms,23: 889-903.

第3章 三江源的河床演变

三江源地处青藏高原东北部，是孕育中华民族和中南亚半岛悠久文明历史的世界著名河流长江、黄河和澜沧江的源头汇水区。3条巨川的地理位置分布在31°39′N～36°12′N，89°45′E～102°23′E，平均海拔为3500～4800m，总面积约为32.8万km²。三江源水系密布，湖泊星罗棋布，雪山冰川纵横交织，是地球上海拔最高、面积最大和地貌景观多样性最高的地区之一，也是中国淡水资源的重要净产水区和西部地区的关键生态屏障。作为中国面积最大的天然湿地分布区，三江源素有"中华水塔"之称，黄河径流量的49%、长江径流量的25%和澜沧江径流量的15%均来自三江源（马致远，2009；Immerzeel et al.，2010；张永勇等，2012）。

长江的正源沱沱河发源于唐古拉山北麓各拉丹冬的姜根迪如冰川，其下边界至玉树巴塘河口，总长为1217km，面积为15.9万km²，年平均径流量为177亿m³。黄河发源于巴颜喀拉山北麓约古宗列曲，其下边界至兴海县唐乃亥水文站，总长为1552.4km，面积为13.2万km²，年平均径流量为156亿m³。澜沧江发源于果宗木查雪山，其下边界至杂多县城，总长为199.3km，面积为3.7万km²，年平均径流量为107亿m³，流出中国国境后称湄公河。三江源的地貌与主要河流如图3.1所示。

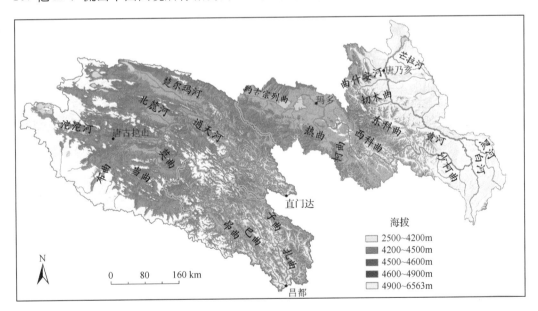

图3.1 三江源主要河流

三江源位于青藏高原腹地，曾经是水草丰饶、湿地密布、野生动物与植物群落完整且繁多的草原草甸区，但受严酷高寒自然条件的约束，生态环境相当脆弱。在人类活动、气候变化和青藏高原持续隆升的短期、中期和长期三重叠加作用下，三江源区的河流、湖泊、湿地、草原和水文循环等已发生和正发生不同程度的变化(谷源泽等, 2002)。这些变化具体体现为生态环境日益恶化、草场严重退化、水土流失加剧、土地沙漠化面积扩大、冰川严重退缩、鼠害肆虐和生物多样性锐减等。这些变化有可能产生源区河道演变、湿地萎缩和草地退化等不利影响。

目前,长江源的河流尚无强烈的人类活动干扰,河网形态和河道形态基本处于自然状态。已有研究表明,受全球气候变暖和高原季风变化的影响(Immerzeel et al., 2010; Pithan, 2010),长江源的水资源量正在发变化,具体表现在长江源的径流量正在持续减少(曹建廷等, 2007; Zhang et al., 2008)。自然条件变化,如气候变暖引发的冰川消融和降雨变化,使得长江源径流量正发生季节性变化,且总径流量呈减少的趋势,这将对长江源的河床演变产生诸多难以预计的影响。

黄河源正在全面地开展水电开发与建设,已建黄河源的黄河沿水电站 1 座,具体规划为龙羊峡以上河段全长 1670km 规划布置 13 座电站,总装机容量 791.6 万 kW,年平均发电量为 346.2 亿 kW·h,已进入规划设计阶段,黄河源的重要支流曲什安河已建成 7 座梯级水电站,在建 3 座。源区道路交通网络建设、引水排水蓄水工程、矿产资源开发利用、高原旅游资源开发等影响将可能强烈改变水流泥沙输移,这些新情况应引起重视与关注。

在全球气候变暖背景下,黄河源区年均气温在近 60 年呈现持续攀升的趋势(郝振纯等, 2006; Chang et al., 2007),上升趋势约为 0.03℃/a,加之人类活动(如过度放牧、公路建设和城镇化)、草原鼠害、湿地萎缩和冰川加速消融等,引起黄河源区水文要素正在发生显著变化(常国刚等, 2007; Zhang et al., 2011)。因此,黄河源区正经受气候变化的长期影响,气温逐步升高直接影响降雨量和地表蒸发量,在一定程度上导致源区的生态环境恶化,包括湿地退化、草原沙化、鼠害泛滥等(Wang et al., 2008)。过去 10 余年,国内学者采用实测数据、气候模式和水文模型对黄河源区径流量变化、气候变暖特点及其对径流变化趋势的影响,开展了较为全面深入的研究(贾仰文等, 2008; 赵芳芳和徐宗学, 2009)。这些研究对气温升高和径流减少均有一致结论,但对于径流减少的原因,观点存在较多分歧,如认为气温变暖引起蒸发增加(刘猛等, 2008)和降水减少(Lan et al., 2010; Zhang et al., 2011)、生态环境恶化(Wang et al., 2008)以及人类活动影响和地表植被退化(Guo et al., 2008),但多数学者认为降水减少是引起源区径流量减少的最重要原因(周德刚和黄荣辉, 2006)。

黄河源平均海拔为 3500~4200m,交通较便利,干流经玛多—达日—久治—红原—玛曲—河南—兴海,均有道路可到达,沿程河流地貌和侵蚀类型丰富(Stroeven et al., 2009; Blue et al., 2013),冲积河型具有多样性。黄河源地势较平坦,高原草原或草甸广泛分布弯曲河流,如白河、黑河、泽曲、兰木措曲、吉曲等,其中,分汊河段如达日曲、东柯曲、西柯曲、巴曲和大河坝河等。

如何认识人类活动、气候变化和高原抬升对三江源生态环境退化和河流演变的长期影响是一系列富有挑战性的全新课题。三江源区河网水系繁多,广泛发育弯曲、辫状、分汊和网状的冲积河型以及限制性下切河段的山区河流,这些高原河流为研究冲积河流的复杂自然规律提供了广阔的观测与试验空间。由于自然条件恶劣、交通不便和高寒缺氧,目前对于三江源现代冲积河流的研究仍相当薄弱。作者及其课题组通过 2010～2013 年连续 4 年的夏季三江源野外调查,基本掌握了三江源河流类型分布和沿程变化。

长江源以辫状河型为主导，如沱沱河、当曲下游、楚玛尔河下游、布曲、通天河上游段等，辫状河道内沙洲林立，平面形态破碎，多汊道无规则交织，冲淤变化强烈。长江源平均海拔超过 4600m，只有唐古拉山乡可停留，路远道险和高原反应造成在此区域不宜连续工作和深入开展野外工作。

澜沧江是著名的国际河流，亚洲第六大河，经云南省出我国国境后称湄公河，向南流经柬埔寨和越南的南部流入南海，全程长 4500km，我国境内河长 1612km。源头在青海省玉树藏族自治州杂多县西北，吉富山麓扎阿曲的谷涌曲。杂多县城以上流域称为江源区，总面积较小，只有 3.7 万 km²，干流总长 199.3km。澜沧江源的流域面积较小，支流长度均有限，水系格局较简单。澜沧江源地理位置偏僻、路途遥远、交通不便，作者仅在 2011 年 7 月考察了澜沧江源囊谦河段扎曲近 100km 的河段，因此所做的研究工作很少。从野外考察和遥感影像来看，澜沧江的河型特点以峡谷限制性河段为主，河谷下切较深，局部宽谷河段为辫状河段，沙洲基本有草本和灌木覆盖，但由于汛期径流含沙量较高，宽谷河段的冲淤仍较快。

基于以上诸多认识，三江源的河床演变研究主要以黄河源为主。通过对不同类型的河型分布与多样性、现代河床演变规律和变化环境下的高原河流动力学等科学问题的研究丰富泥沙运动和河床演变学的认知，对于促进自然河流规律探索具有科学价值。

3.1　黄河源的水沙变化

黄河源区水沙资料采用黄河沿、吉迈、玛曲和唐乃亥 4 个水文站，其资料系列分别为 1955～1990 年(缺失 1968～1975 年)、1958～1990 年、1959～1990 年和 1956～2011年。气温和降雨量数据采用国家气象信息中心的中国地面气候资料年值数据集，共计选取源区 10 个代表性气象站(图 3.2)，分别为玛多(1953～2011 年)、达日(1956～2011 年)、

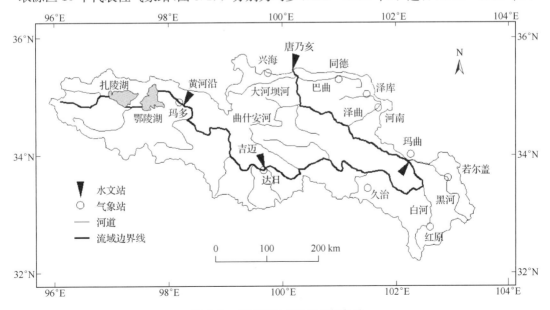

图 3.2　黄河源区水文站与气象站

久治(1959~2011年)、红原(1961~2011年)、若尔盖(1957~2011年)、玛曲(1967~2011年)、河南(1960~2011年)、泽库(1959~2011年)、同德(1955~2011年)和兴海(1960~2011年),其中泽库缺失1991~2006年的数据,同德由于仪器故障和站点台站于2000年搬迁等因素,缺失1958年、1970年和1999~2006年的数据。

3.1.1　气候变化

1. 气温变化

本节分析了黄河源区1953年以来10个代表性气象站的气温数据,结果表明气温总体变化趋势呈缓慢上升,明显表现在20世纪90年代以来气温的上升速率加快。若尔盖盆地以上地区的5个气象站玛多、达日、久治、红原和若尔盖1953~1990年的多年平均气温分别为−4.04℃、−1.16℃、0.31℃、1.20℃和0.80℃,而1991~2011年分别为−2.98℃、−0.35℃、1.28℃、1.96℃和1.72℃,且呈现波动上升趋势。根据线性拟合可知,1953~2011年平均气温上升的线性速率分别为0.28℃/10a、0.30℃/10a、0.38℃/10a、0.29℃/10a和0.31℃/10a(图3.3)。可知,这5个气象站的气象测量数值上升幅度较快。

若尔盖盆地以下河段至唐乃亥的5个气象站为玛曲、河南、泽库、同德和兴海,其中泽库和兴海数据系列不完整。若尔盖盆地以下河段的5个气象站玛曲、河南、泽库、同德和兴海1953~1990年的多年平均气温分别为1.22℃、0.47℃、−2.19℃、0.49℃和1.08℃,而1991~2011年分别为2.1℃、−0.01℃、−0.85℃、1.13℃和1.89℃,且除河南和同德之外其他4站呈现波动上升趋势。根据线性拟合可知,1953~2011年平均气温上升的线性速率分别为0.41℃/10a、−0.23℃/10a、0.37℃/10a、−0.08℃/10a和0.31℃/10a。由此可知,玛曲和兴海气温呈上升趋势,河南气温有所下降,主要原因与1975~1979年气温出现大幅度下降有关,这可能是遇上连续多年偏冷气候的影响,1979年之后气温呈现稳步上升趋势,而同德和泽库由于数据缺失,暂时不能确定气温变化趋势。

2. 降雨量变化

本节分析了黄河源区1953年以来10个代表性气象站的降雨量数据(图3.4),1953~1990年年平均降水量为550.9mm,1991~2011年年平均降水量为553.5mm,略有增加。玛多、达日、久治、红原、若尔盖、玛曲、河南、泽库、同德和兴海1953~1992年的多年平均降水量分别为308.5mm、543.0mm、776.3mm、764.6mm、652.2mm、611.8mm、604.5mm、477.9mm、432.0mm、354.8mm,而1993~2011年分别为340.1mm、557.0mm、711.5mm、720.5mm、633.4mm、588.8mm、561.4mm、615.3mm、413.6mm、3876.1mm。

由此可知,久治和红原的降雨量最多,其次是若尔盖、玛曲、河南、达日、泽库、同德,玛多和兴海因处在东北部降雨量最少。由1953~2011年降水系列可知,降水量变化呈波动特征,增加趋势不明显,处在增加趋势的站点为玛多、达日和兴海,久治、红原、若尔盖、玛曲和河南均呈现减少趋势,泽库和同德数据缺失,不作考虑。

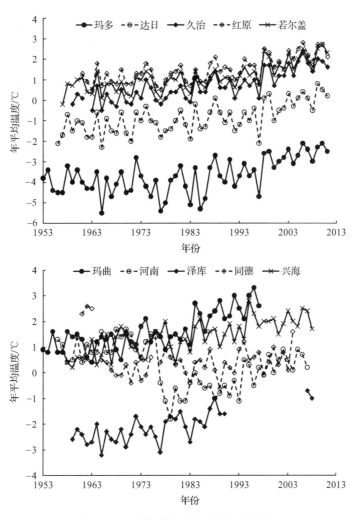

图 3.3　10 个气象站的年平均气温变化

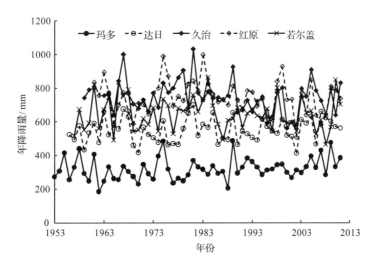

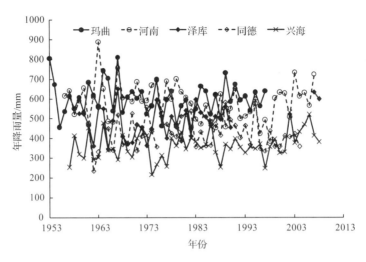

图 3.4　10 个气象站年降雨量变化

3. 降雨量与气温的关系

1990 年以来，黄河源区气温升高最为明显，因此选取 1991 年至今降雨量对气温变化响应进行研究。由于降水的空间分布随机性和时间历时不确定性，要建立气温变化与降雨量之间的相关性关系，常规的降水与气温相关图，一般均难以反映这种相关性的响应关系，前人采用小波相关和相关凝聚性分析，可得到一定变化周期和对应关系（孙卫国等，2009）。这里利用绝对平均气温和降雨量及其相关系数，探讨降雨量对气候变暖的响应。将 1991～2011 年系列年平均气温的平均值减去 1953～1990 年系列的平均值，如下：

$$T_i = \overline{T_i^2} - \overline{T_i^1} \tag{3.1}$$

式中，i 为气象站；T_i 为第 i 个气象站气温的相对变化值；$\overline{T_i^1}$ 和 $\overline{T_i^2}$ 分别为第 i 个气象站 1953～1990 年和 1991～2011 年的年平均气温值。

同理，降雨量变化可用相同方法计算如下：

$$P_i = \overline{P_i^2} - \overline{P_i^1} \tag{3.2}$$

式中，i 为气象站；P_i 为第 i 个气象站降雨量的相对升值；$\overline{P_i^1}$ 和 $\overline{P_i^2}$ 分别为第 i 个气象站 1953～1990 年和 1991～2011 年的年平均降雨量值。

黄河源区 10 个代表性气象站的相对气温和相对降雨量变化值，可根据式（3.1）和式（3.2）计算得到（表 3.1）。从表 3.1 可知，1991～2011 年平均气温相对于 1953～1990 年除河南有所降低外，其余各站一致升高，升温幅度为 0.64～1.34℃。降雨量变化不一，6 个气象站减少，4 个气象站增加，多年平均降雨量最多的久治和红原降雨量减少的幅度最大，而降雨量最少的玛多和兴海有所增加。1953～1990 年，气温与降雨量的相关系数均低于 0.35，相关性弱，1991～2011 年气温与降雨量的正相关系数增大较多，说明近 20 余年以来，气温的较快升高，引起了降雨量的及时响应。降水量对气温升高的响应是同步的而且相关性正在逐步增强。

表 3.1　气温与降雨量变化及相关系数

时段		气象站									
		玛多	达日	久治	红原	若尔盖	玛曲	河南	泽库	同德	兴海
气温/℃	1953~1990 年	−4.04	−1.16	0.31	1.20	0.8	1.22	0.47	−2.19	0.49	1.08
	1991~2011 年	−2.98	−0.35	1.28	1.96	1.72	2.1	−0.01	−0.85	1.13	1.89
	差值	1.06	0.81	0.97	0.76	0.92	0.88	0.48	1.34	0.64	0.81
降水量/mm	1953~1990 年	308.5	543.0	776.3	764.6	652.2	611.8	604.5	477.9	432.0	354.8
	1991~2011 年	340.1	557.0	711.5	720.5	633.4	588.8	561.4	615.3	413.6	376.1
	差值	31.6	14.0	−64.8	−44.1	−18.8	−23.0	−43.1	137.4	−18.4	21.3
相关系数	1953~1990 年	0.01	0.00	0.07	−0.01	0.34	−0.19	0.09	0.25	−0.35	−0.08
	1991~2011 年	0.26	0.28	0.52	0.37	0.40	0.37	0.28	1.00	0.61	0.26

3.1.2　水沙变化规律

1. 径流量变化

黄河源区年径流主要来源于大气降水和冰川消融，由于源区冰川分布面积较小，其中冰川融水只占小部分。黄河源区干流的 4 个代表性水文站中，黄河沿站、吉迈站、玛曲站和唐乃亥站的多年平均径流量分别为 8.09 亿 m³、42.42 亿 m³、153.6 亿 m³、199.41 亿 m³，4 个站点的长期变化趋势不明显(图 3.5)。从图 3.5 的线性拟合来看，黄河沿站、吉迈站和玛曲站 1955~1990 年的年径流量增加的趋势分别为 0.199 亿 m³/a、0.386 亿 m³/a 和 0.775 亿 m³/a，这可能与源区冰川径流补给和开沟排水疏干若尔盖湿地有关。

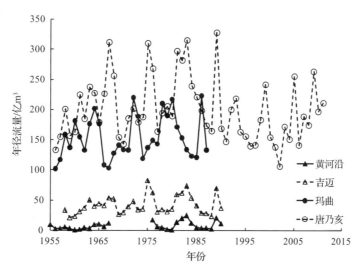

图 3.5　1956~2011 年 4 个代表性水文站年径流量变化

唐乃亥站 1956~1990 年的年径流量增加趋势为 0.16 亿 m³/a，1956~2011 年，总体年径流量减少的趋势为 0.361 亿 m³/a，1991～2011 年多年平均径流量为178.275 亿 m³，而 1956～1990 年的多年平均径流量为 212.11 亿 m³，表明唐乃亥站年径流量 1991～2011 年相对 1956～1990 年减少 15.9％。唐乃亥站的年径流量减少说明黄河源区在近 20 余年正在逐步减少，这是当前国内水文和气象学者所关注的重要问题，目前普遍接受的观点是降雨量减少和气候变暖为主要原因。

黄河源区 4 个代表性水文站的月平均流量变化见表 3.2，年内的变化周期是一致的，12～4 月为枯水期，5～11 月为主要产流期，其中唐乃亥站 6～10 月的产流量占全年的 85％，径流量最大值出现在 7 月和 9 月。黄河沿的月径流量峰值滞后至 9 月，而吉迈站、玛曲站和唐乃亥站均在 7 月达到峰值，这反映吉迈以上源头区的主降雨周期和冰川径流要晚于吉迈以下的区域。

表 3.2　4 个代表性水文站月平均流量　　　　　　（单位：m³/s）

站名	年数	1	2	3	4	5	6
黄河沿	28	15.7	13.2	12.8	14.2	14.6	18.2
吉迈	33	30.2	29.7	38.7	84.1	117	171
玛曲	32	118	117	164	272	422	650
唐乃亥	56	168.2	165.1	218.4	351.8	557.3	882.0
站名	年数	7	8	9	10	11	12
黄河沿	28	35.5	43.4	47	45.8	27.6	19
吉迈	33	285	236	286	200	87.9	41.7
玛曲	32	1000	763	1000	794	362	151
唐乃亥	56	1285.5	1067.0	1188.9	963.4	473.7	225.5

2. 悬移质输沙率变化

黄河源区悬移质输沙率与年径流量密切相关，但直接由源区的流水侵蚀、风蚀和冻融侵蚀等决定。黄河源区干流的 4 个代表性水文站中，黄河沿站、吉迈站、玛曲站和唐乃亥站 1956～2011 年系列的多年输沙量分别为 9.19 万 t、111 万 t、504 万 t 和 1202 万 t，相应的平均含沙浓度分别为 0.114kg/m³、0.262kg/m³、0.1328kg/m³ 和 0.603kg/m³，相对于黄河中下游的高含沙水流，黄河源区表现为典型的水多沙少。

通过对图 3.6 的线性拟合可知，1955～1990 年系列黄河沿站、吉迈站和玛曲站的年输沙量增加的趋势分别为 0.278 万 t/a、1.437 万 t/a 和 10.28 万 t/a，这与源区在这个时期年输沙量同向增加有关。唐乃亥站 1956～1990 年年输沙量的增加趋势为 33.72 万 t/a，1991～2011 年年输沙量的减少趋势为 15.98 万 t/a，1956～1990 年多年平均输沙量为 1346.17 万 t，而 1991～2011 年的多年平均输沙量为 962.59 万 t，这表明唐乃亥站多年平均输沙量 1991 年以来减少了 28.5％。1991 年以来相对于 1955～1990 年唐乃亥站年输沙量较大幅度的减少的主要原因是源区径流量减少了 15.9％，其次与源区退耕还草，以及与大坝建设拦沙(如曲什安河梯级水库建设)有关。

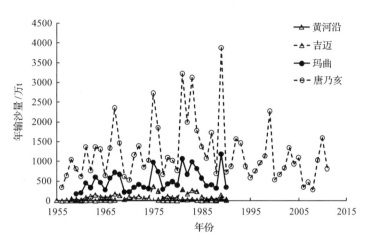

图 3.6　1956～2011 年的输沙量变化

黄河源区 4 个代表性水文站的月平均输沙量季节性变化见表 3.3，4 个站点的年内变化周期是一致的，11～5 月为少沙期，6～9 月为主要产沙期，其中唐乃亥站 6～9 月的产沙量占全年的 84.7%，月输沙量最大值出现在 7 月和 9 月，1～3 月处在枯水冰冻期，产沙量只占全年的 0.6%。玛曲站月输沙量的峰值滞后至 9 月，而黄河沿站、吉迈站和唐乃亥站均在 7 月达到峰值。

表 3.3　4 个代表性水文站月平均输沙量　　　　　　（单位：万 t）

站名	年数	1	2	3	4	5	6
黄河沿	28	0.121	0.0815	0.0749	0.329	0.46	0.99
吉迈	33	0.163	0.148	0.404	6.02	10.2	16.5
玛曲	32	0.347	0.237	1.77	9.57	31.2	70.3
唐乃亥	56	0.93	1.56	4.90	18.36	72.24	212.81

站名	年数	7	8	9	10	11	12
黄河沿	28	2.54	1.41	1.68	0.664	0.565	0.292
吉迈	33	34.9	15	21.3	4.96	0.993	0.254
玛曲	32	143	66.3	111	58.6	10.5	0.905
唐乃亥	56	392.16	228.08	201.94	76.54	12.62	2.25

3. 径流量与年输沙量的关系

唐乃亥站水沙数据系列为 1956～2011 年，而黄河沿站、吉迈站和玛曲站的数据系列均直至 1990 年，故分析近 56 年的年径流量与年输沙量的关系，以唐乃亥站为依据。图 3.7 给出唐乃亥站的年径流量与年输沙量的关系图和历年变化对应图，两者呈现较好的线性关系，年径流量与年输沙量基本成正比关系，两者变化趋势基本一致。

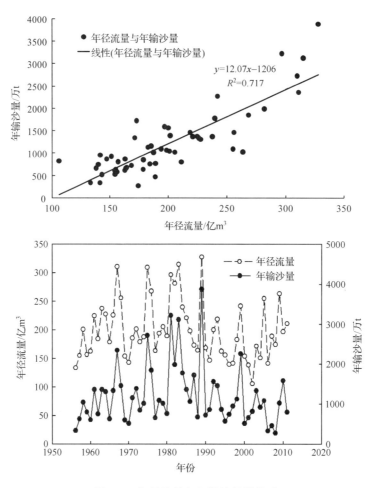

图 3.7　年径流量与年输沙量的关系

3.1.3　水沙变化与气温变化的关系

黄河源区气温变化对径流过程将产生显著影响，具体体现为气温升高使蒸发量增加和径流量减少，未来长期气温升高将加剧黄河流域水资源紧缺状况。黄河源区 10 个代表性气象站的平均气温显著上升，表明降雨量与气温升高的正相关性在近 20 余年正在强化。

考虑到气温数据的完整性和区域的代表性，选取玛多、达日、若尔盖、河南和兴海作为代表性气象站，下面将分析唐乃亥站的水沙变化与气温升高的响应关系。唐乃亥站 1956～1965 年、1966～1975 年、1976～1985 年、1986～1995 年和 1996～2011 年的年径流量分别为 186.3 亿 m³、215.4 亿 m³、237.4 亿 m³、191.7 亿 m³ 和 178.7 亿 m³，年径流量先升高至 20 世纪 70～80 年代的最大值，随后逐步减少，年输沙量具有相同的变化规律(图 3.8)。

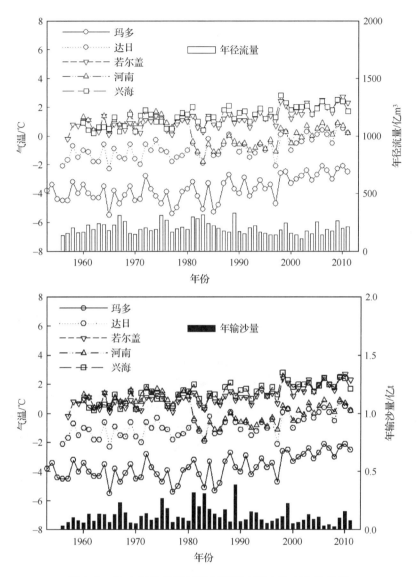

图 3.8　10 个气象站的气温与唐乃亥站水沙变化的关系

除兴海之外，玛多、达日、若尔盖和河南的年平均气温在 1953～1975 年升高，在 1976～1985 年降低，1986～2011 年持续升高。根据唐乃亥站的年径流量和年输沙量与气温变化的响应关系，可初步推断 1953～1985 年气温降低对应于年径流量和年输沙量增加，原因是气温降低使蒸发蒸腾量减少，相应径流量增加，河道径流量增加加剧河道侵蚀，同时蒸发蒸腾量减少使得降雨量增加，从而坡面侵蚀有所增加，两者均使得年输沙量增加；1986～2011 年，气温显著升高对应于年径流量和年输沙量减少，其原因与气温降低刚好相反。

3.2　黄河源河型分布与沿程变化

3.2.1　黄河源河型多样性

　　黄河源区干流有 4 个水文站,分别为黄河沿站(玛多县)、吉迈站(达日县)、玛曲站(玛曲县)、唐乃亥站(兴海县),在主要支流白河和黑河分别设有唐克站和大水站,下面对这 4 个水文区间分别简述黄河干流的河道及地形特点(谷源泽等,2002)。玛多县的黄河沿站以上地区为黄河源头,流域面积为 20930km²,干流长约 270km。该地区高原湖泊和沼泽湿地众多,面积达 2000km²,著名的鄂陵湖、扎陵湖、星星海和星宿海即在其中。鄂陵湖和扎陵湖对源区干流径流具有一定调蓄作用,近 20 年由于气温上升引起冰川和冻土消融,使得鄂陵湖和扎陵湖的湖面水位略有上升。

　　黄河沿站到吉迈站区间,流域面积为 24089km²,干流长约 325km。区间内干流河谷宽阔,河道呈辫状分汊,沙洲林立,河道散乱(图 3.9)。

图 3.9　玛多-达日河段

　　吉迈站至玛曲站区间,流域面积为 41029km²,干流长约 585km。科曲汇入后受左侧阿尼玛卿山与右侧巴颜喀拉山的挟持,河谷深切,两岸陡立,沿程有连续的限制性弯道(图 3.10)。支流贾曲入汇以上为峡谷段,贾曲入汇后干流进入若尔盖盆地,右侧支

图 3.10　达日-久治河段

流白河和黑河的流域面积分别为 5488km² 和 7608km²，所控制的沼泽湿地面积约为 4300km²，湿地中蕴含相当厚的含水量较多的泥炭层，对黄河干流径流起到较强的补给作用。黄河干流在若尔盖盆地形成"黄河第一弯"，冲积河型沿程经历 4 次变化，详见 3.2.2 节内容。

　　玛曲站到唐乃亥站区间，流域面积为 35924km²，干流长约 373km。本河段峡谷陡峭，河床深切，为限制性峡谷河段(图 3.11)。左侧发源于阿尼玛卿山的曲什安河和切木曲。阿尼玛卿山的冰雪融化对唐乃亥站的夏季径流过程具有一定影响，唐乃亥站以上的大河坝河和巴曲为深切河道，河道为辫状河型，汛期输沙量较大。

图 3.11　玛曲-兴海的深切河段

3.2.2　玛曲河段河型沿程变化及原因

1. 冲积河型沿程变化

　　黄河玛曲河段可将玛曲阿万仓作为第一弯的入口段，这里是一片宽阔的沼泽湿地，干流流路分成若干股，时分时合，形成网状河段。随后，干流进入分汊河段，之后黄河进入一小段峡谷河段，逐渐摆脱山体的束缚，直至第一弯弯顶入口的采日玛乡。从弯顶入口端的右岸贾曲入汇处，河道进入网状河段，再经历 20km 后，从网状河型又变化成弯曲河型。右侧白河入汇后，干流河道沿程展宽，弯曲河型维持 40km 后，开始出现较多边滩、心滩和沙洲，向辫状河型变化。经历 70km 的辫状河段，黑河入汇后，干流进入限制性的弯曲河道。黄河经历玛曲县城西的一段弯曲河道后，流出若尔盖盆地，进入峡谷下切河段。

　　黄河第一弯内干流沿程先后经历网状河型、分汊河型、网状河型、弯曲河型、辫状河型和弯曲河型。黄河在 270km 长的河道上，出现了 4 次冲积河型沿程变化(图 3.12)，这种河型变化现象已得到关注(倪晋仁等，2000；Li et al.，2013)。为了揭示河型多样性并分析其原因，选取河型变化位置，对比变化前后两种河道的形态、来水来沙条件和边界条件等因素。4 次河型变化的位置，如图 3.12 中(A)、(B)、(C)、(D)所示，(A)是第一弯入口段，网状河型向分汊河型变化；(B)是网状河型向弯曲河型变化；(C)是弯曲河型向辫状河型变化；(D)是第一弯的出口段，辫状河型向弯曲河型变化。图 3.12

中的黑色圆圈为床沙和河岸泥沙采样点。

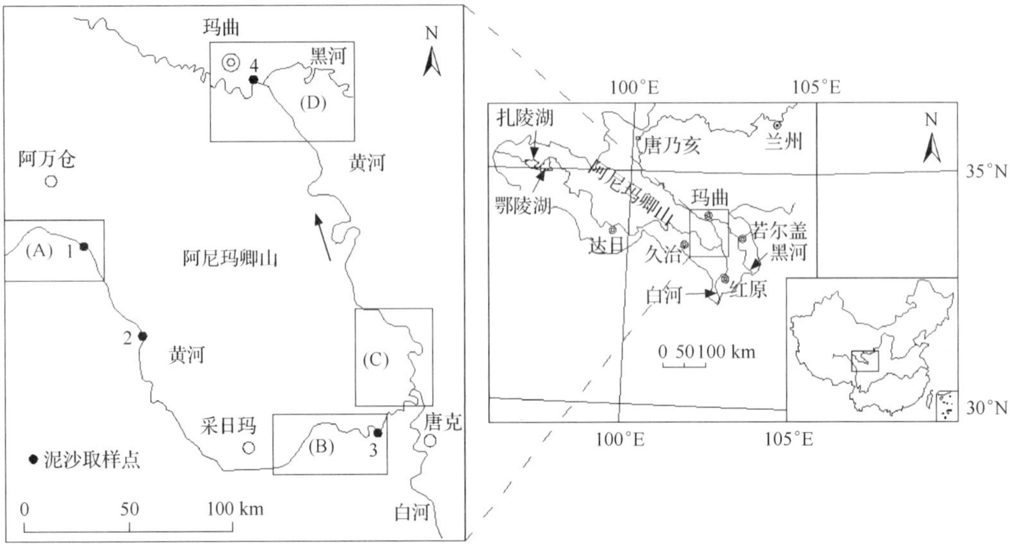

图 3.12　黄河源玛曲河段

　　黄河第一弯在阿万仓乡流入低平的沼泽和草地,两侧为低山丘陵。黄河干流在这里形成网状河型,主流宽120~150m,多股流路并行,每一股小流路的宽度均不大。此网状河段呈三角状,多股汊道先分散后聚合,再进入窄谷的稳定分汊河段,河道内形成稳定多汊道,沙洲稳定,洲面树林茂密,洲体为不对称菱形(图 3.13)。从平面形态来看,只有一部分河段像钱宁(1985)提出的长江下游稳定分汊河道,另一部分沙洲将河道分割的较破碎。本分汊河段的植被茂密,沙洲相当稳定,这与辫状型河道有本质区别,因为辫状型河道内沙洲密布,流路众多,此消彼长,极不稳定。

　　入口段形成网状河型有3个主要原因:①地势低洼平坦,有利于泥沙淤积在河岸和河床,从而限制河道输水输沙能力,汛期洪水高涨,易在主河道形成高水位,极易改道,冲刷形成新河槽;②河床比降较大,约为0.8‰,较大比降使得水流能量充足,在平缓沼泽上容易冲出新汊道;③沼泽化草甸发育,植被生长密集,新河槽形成后植被覆盖的河岸具有较强的抗冲刷能力,对新河槽具有一定保护作用。

　　图 3.13 是网状河段向分汊河段沿程变化,即干流从宽谷网状河段逐渐向窄谷分汊河段变化。网状河段向分汊河段变化的原因是河道受两侧山体约束,不得不从宽谷多汊道向窄谷多汊道发展,泥沙淤积在窄谷段形成沙洲。而且,植被发育良好,沙洲表面较快地生长草本植物,继而生长灌木,最终树木成林稳定沙洲,河道变成稳定分汊河型。

　　黄河第一弯摆脱最后一段峡谷约束后,在弯顶入口段齐哈马乡和采日玛乡之间,再次形成网状河型(图 3.14),具有多股流路且稳定,各个汊道连通,河间地和滨河湿地的植被茂密,甚至有茂密的树林(王随继,2008),2011~2012 年的两次野外调查均拍照,经鉴定为奇花柳。第一弯左岸草原树木稀少,但在河道两岸和河间地却生长了茂密的灌木和乔木林,树木发育对河间地的稳定起重要作用。

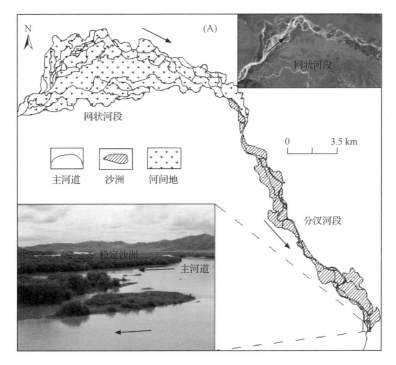

图 3.13　网状-分汊河型沿程变化

此网状河型经历约30km后，其下游发育稳定单一河道的弯曲河型(图 3.14)。尽管这里河湾并不连续蜿蜒，只是个别河湾的弯曲度达到1.7，但黄河曾经在左岸发生多次自然裁弯和改道，留下数量较多的牛轭湖和废弃河道，这说明黄河干流在此处具有蜿蜒蠕动特征，是典型的弯曲河段。

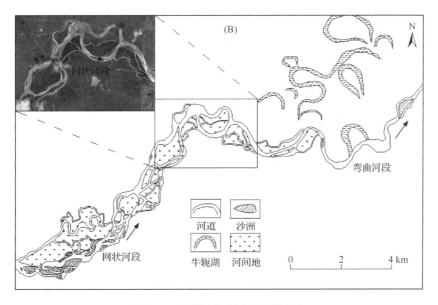

图 3.14　网状-弯曲河型沿程变化

黄河从稳定多汊道的网状河段向稳定单一河道的弯曲河段沿程变化，其主要原因为：①网状河段进入第一弯弯顶中部后，右岸有丘陵限制其向东南方向运动，左岸是黄河古河道，海拔高度高于现代河床，主流不大可能沿古河道冲刷而形成北向流路，由于河道两侧的地形限制，网状河段不得不归入单一河道的弯曲河段；②网状河段的河床物质以卵砾质为主，细沙较少，上游洪水输送的推移质沿程细化，粗颗粒沉积，细颗粒被冲到下游，使得网状段下游泥沙组成较细，这是形成弯曲河段的有利条件；③黄河第一弯弯顶以下河段正处于若尔盖沼泽，黄河年复一年挟带的泥沙淤积，使得河道边界组成主要是细沙和黏土的二元结构，加上湿地草本生长良好，较强的抗冲刷边界条件促进了弯道的形成。

第一弯自弯顶之下，白河入汇后河道展宽，经历一段长约20km的弯曲河段后，河道出现边滩和沙洲，河道由弯曲河型向辫状河型过渡(图3.15)。野外调查表明，多数较大的沙洲长有草本植物，说明沙洲形成时间较短，沙洲稳定，少数刚成形露出水面的心滩稳定性较差，这一河段归为辫状河段是合理的，前人的分析支持这个判断(王随继，2008)。

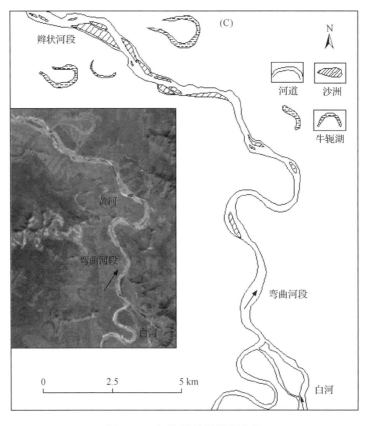

图 3.15 弯曲-辫状段沿程变化

弯曲河段向辫状河转化的原因之一是白河入汇。根据水文数据(赵资乐，2005)，白河唐克站多年平均流量为 65.6m³/s，年径流量为 20.7 亿 m³，多年平均输沙量为42.9 万 t，

多年平均含沙量为 $0.21\mathrm{kg/m^3}$，表现为典型水多沙少，水流能耗率充足。白河入汇黄河干流后，加大了黄河干流的水流能耗率，加剧了边岸冲刷，干流河宽从约 180m 展宽达到 1000m。由单位河长水流能耗率 $P = \rho g Q J$（ρ 为水的密度，g 为重力加速度，Q 为河道平均流量，J 为河道起降）可知，流量 Q 变大，水流能耗率变大，河道展宽变得宽浅，平均流速降低，泥沙淤积形成心滩，再发育成沙洲，故弯曲河型向辫状河型变化。原因之二是河道纵比降变化。弯曲河段的纵比降约为 0.30‰，辫状河段的纵比降约为 0.14‰，弯曲河段纵比降是辫状河段的 2 倍，这与一般认为的弯曲河段纵比降小于辫状河段不一致，但符合这个河段的实际情况。由水流能耗率 $P = \rho g Q J$ 可知，河床纵比降变小，水流能耗率变小，不足以携带大量泥沙，处在宽浅河道，泥沙更易淤积形成众多沙洲。

　　黑河入汇黄河干流后，黄河从辫状河段再次进入弯曲河段，但这个弯曲河段的显著特征是冲积下切的限制性弯曲河道（图 3.16）。两岸均是陡立的一级阶地，阶地高达 10m，由第四纪松散沉积物组成。此处从辫状向弯曲河型变化的原因主要有两个。原因之一是河床下切。黑河入汇后干流即将流出若尔盖，进入下切峡谷河段，河道不得不从辫状河段向单一深切河段变化，且两岸松散沉积物为河道横向演变创造了条件。原因之二是黑河入汇。根据水文数据（赵资乐，2005），黑河大水站多年平均流量为 $32.6\mathrm{m^3/s}$，年径流量为 10.3 亿 $\mathrm{m^3}$，多年平均输沙量为 34.2 万 t，多年平均含沙量为 $0.33\mathrm{kg/m^3}$，水多沙少。黑河入汇干流后，使得干流径流量更加充足，为其下游河床下切提供了有利条件。黑河下游的下切河段河床已切到基岩，但河岸边界是河相沉积物，尽管有一定压实和固结，但仍不能抵抗水流冲刷。河道为了寻求能耗水流能量和降低坡降，需要适当延长河长向弯曲河型演变。

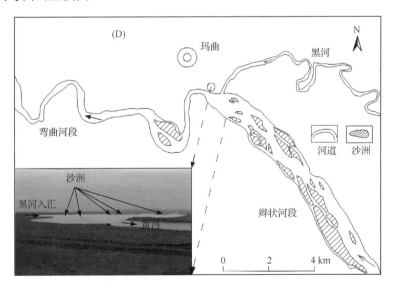

图 3.16　辫状-弯曲段沿程变化

2. 弯曲河型-辫状河型转化的边界条件

冲积平原河流的某种河型向另一种河型转化不仅有其内在原因，还必须具有促成这种转化的边界条件。分析河型转化的边界条件对于认识玛曲河段河型的形成和转化均有重要意义。下面将从河相关系的角度，分析黄河玛曲河段弯曲河段和分汊河段的河型形成和转化的边界条件，网状河型和辫状河型边界条件较难定量表达，故暂不作考虑。

当河道为弯曲河型时，可认为河道的进出口边界条件和河岸边界条件均起控制作用。河道的进出口边界条件是指流量给定、进出口水位流量关系给定。河岸边界条件是指河岸在近岸水流冲刷下保持稳定性的条件。假定河道为矩形河道，流量可表示为

$$Q = WhU \tag{3.3}$$

式中，Q 为流量；W 为河道宽度；h 为水深；U 为平均流速，为分析方便用平均流速代替近岸流速。

由曼宁公式，可得

$$U = h^{\frac{2}{3}} J^{\frac{1}{2}} / n \tag{3.4}$$

式中，J 为河道纵比降；n 为糙率。

水流挟沙能力公式采用张瑞瑾公式，即

$$S = K \left(\frac{U^3}{gh\omega} \right)^m \tag{3.5}$$

式中，S 为单位水体悬移质挟沙力；ω 为泥沙颗粒沉降速度；g 为重力加速度；K 和 m 均为 $\dfrac{U^3}{gh\omega}$ 的函数。

式(3.3)～式(3.5)的河岸抗冲边界条件和比降变化由以下公式给出：

$$U \leqslant U_{\max} \tag{3.6}$$

$$\int_0^L J(x) \mathrm{d}x = z_1 - z_2 \tag{3.7}$$

式中，$U_{\max}$ 为河岸最大抗冲流速；L 为距离；z_1 和 z_2 分别为上游和下游的水面高程，$\Delta z = z_1 - z_2$。河道断面概化为矩形断面，概化断面如图 3.17 所示。

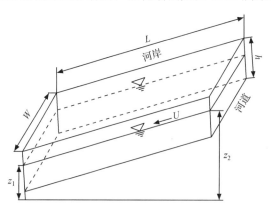

图 3.17　河道断面概化图

由式(3.3)～式(3.5)可得

$$h = \frac{(K/S)^{\frac{1}{m}}U^3}{g\omega}$$

$$J = \left(\frac{S}{K}\right)^{\frac{2}{3m}} n^2 \left(\frac{g\omega}{h}\right)^{\frac{2}{3}}$$

将式(3.6)和式(3.7)代入可得

$$\left(\frac{K}{S}\right)^{\frac{1}{m}} g\omega \left(\frac{L_{\min}}{\Delta z}\right)^{\frac{3}{2}} \leqslant h(x) \leqslant \frac{(K/S)^{\frac{1}{m}}U_{\max}^3}{g\omega} \tag{3.8}$$

式中，$L_{\min}$ 为假定两个断面之间最短距离的变量。

同样可得

$$W = \frac{(S/K)^{\frac{1}{m}}Qg\omega}{U^4}$$

$$J = \left(\frac{S}{K}\right)^{\frac{5}{6m}} \left(\frac{W}{Q}\right)^{\frac{1}{2}} n^2 (g\omega)^{\frac{5}{6}}$$

将式(3.6)和式(3.7)代入可得

$$\frac{(S/K)^{\frac{1}{m}}Qg\omega}{U_{\max}^4} \leqslant W(x) \leqslant \frac{(K/S)^{\frac{5}{3m}}Q\left(\frac{\Delta z}{L_{\min}}\right)^2}{n^4 (g\omega)^{\frac{2}{3}}} \tag{3.9}$$

令宽深比 $\xi(x) = \dfrac{W(x)}{h(x)}$ ，由式(3.8)和式(3.9)，可得

$$\frac{(S/K)^{\frac{2}{m}}Q\left(\frac{\Delta z}{L_{\min}}\right)^{\frac{3}{2}}}{U_{\max}^4} \leqslant \xi(x) \leqslant \frac{(K/S)^{\frac{2}{3m}}Q\left(\frac{\Delta z}{L_{\min}}\right)^2}{n^4 U_{\max}^4 (g\omega)^{\frac{2}{3}}} \tag{3.10}$$

河道的宽深比 $\xi(x)$ 反映河道横向宽度与水深的对比关系，反映河道的输水输沙效率。Huang 和 Nanson(2007)在运用线性理论分析辫状型河道的形成机理时，同样引入宽深比作为参数，取得了较满意的解释，认为辫状型河道可以不通过调整河床比降，而只通过增加汊道，减少河道宽度，从而增大输沙效率，保持自身河道的稳定性。显然，宽深比越大，河道越宽浅，单位水体的动能小，不足以输送大量泥沙，加之水深相当浅，有利于泥沙淤积形成沙洲；宽深比越小，河道为窄深河槽，水流流速高，有利于输水输沙。

由式(3.10)分析可知，宽深比 $\xi(x)$ 处在一个变化范围内，可反映辫状型河道宽度的调整范围。若河道向辫状河型转化，则河岸冲刷后退，河道横向展宽，故可将宽深比 $\xi(x)$ 变大当做河道向辫状型转化的必要条件。由于其他几个变量基本可计算得出或为常量，宽深比 $\xi(x)$ 与流量 Q 、最大河床比降 $\Delta z/L_{\min}$ 成正比，与河岸最大抗冲流速 $U_{\max}$ 成反比，且河岸最大抗冲流速的变化对宽深比的影响更加敏感。

玛曲河段的弯曲河段和辫状河段均处在若尔盖草原内，沿程河岸物质组成变化不大，基本可认为河岸最大抗冲流速 $U_{\max}$ 保持不变，当流量 Q 和最大河床比降 $\Delta z/L_{\min}$ 变大时，河道的宽深比 $\xi(x)$ 越大，河道向辫状型转化。这验证了前面所述的当白河入汇后，黄河主流的流量突然增大，河道迅速展宽向辫状型演变，同时由于黄河溯源下切的影响，辫状河段的河床比降是弯曲河段的近 3 倍，两个因素的叠加使得弯曲河段必然向辫状河段演变。

3. 边界条件与控制因素

运用 ArcGIS9.3 软件提取玛曲河段的纵比降，并利用遥感影像测算河道宽度。从图 3.18 可知，网状、分汊、峡谷、网状、弯曲、辫状和弯曲的平均河床纵比降分别为 0.86‰、0.93‰、1.58‰、0.60‰、0.30‰、0.14‰和 0.24‰。阿万仓的第一处网状河段的纵比降(0.86‰)大于第二处网状河段纵比降(0.60‰)，这是由于入口段刚出峡谷段，河谷比降大。由于河道受到两岸山体限制，网状河段向分汊河段变化时，河道纵比降变大，至峡谷河段达到全河段最大(1.58‰)。第一处弯曲河段纵比降只有网状河段的一半，但要大于辫状河段，这说明网状河型的发育需要较大的纵比降。此处辫状河段由于河道展宽和泥沙淤积，形成比弯曲河段更小的纵比降。最后从辫状向弯曲河段变化，第 2 处弯曲河段的纵比降略有增加，这是由于其下游是峡谷下切河段，河床纵比降直接受溯源下切的影响。

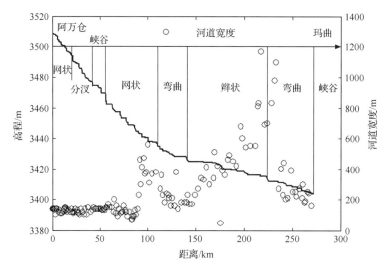

图 3.18　玛曲河段河道纵比降和河道宽度沿程变化

河型沿程变化与河道宽度呈现较好对应关系(图 3.18)。黄河第一弯从入口到出口端，河宽在弯顶之前，宽度略有波动，但基本保持不变。流出第一个峡谷段后，逐渐沿程展宽，至网状河段达到次大。进入弯曲河段后收缩变窄，到辫状河段达到最大宽度，进入下切的弯曲河段，河宽迅速变小。

玛曲河段受玛曲水文站控制，根据水文资料(田存梅和周克仪，2004)，玛曲水文站多年平均径流量为 144 亿 m³(1959～2002 年)，多年平均输沙量为 447 万 t(1959～2002 年)，多年平均含沙量为 0.39kg/m³。每年 6～10 月来水量为 103.49 亿 m³，占全年来水量的 71.9%。每年 6～10 月输沙量为 397.9 万 t，占全年输沙量的 89.1%，其中来水来沙最大的月份是 7 月，表现为典型的水多沙少。

2011～2013 年的野外调查中沿玛曲河段选取了 4 个可到达河边的位置(图 3.19)，进行床沙和河岸物质组成取样。小于 2mm 的细颗粒采用激光粒度仪分析得到 d_{10}、d_{50}

和 d_{90}，大于 2mm 的卵石夹沙样品采用筛分法获得泥沙级配曲线，为保证两种粒径数据分析的一致性，只选取 d_{10}、d_{50} 和 d_{90}（三者分别表示为泥沙样品中所占比例小于 10%、50% 和 90% 对应的粒径）（图 3.19）。河岸物质组成的中值粒径 d_{50} 远小于河床泥沙，说明河岸物质为黏土与粉沙所组成，床沙以卵砾石推移质为主。床沙中值粒径 d_{50} 从大到小为分汊河段、网状河段、辫状河段和弯曲河段，可说明黄河第一弯经历网状、分汊和网状河段时，粗颗粒泥沙淤积下来，床沙沿程分选细化，到弯曲河段床沙粒径达到最细，进入辫状河段后，粗颗粒再次淤积，床沙又变粗。河岸物质组成 d_{50} 从大到小为弯曲河段、分汊河段、网状河段、辫状河段，且弯曲河段与分汊河段、网状河段与辫状河段的河岸物质组成中值粒径 d_{50} 接近，由于所取河岸物质有新有旧，泥沙组成差异性很大，不易得到可靠规律。

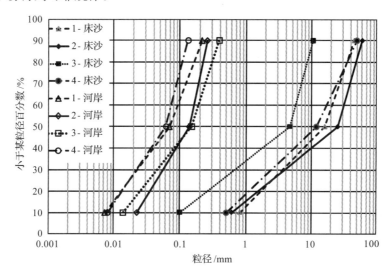

图 3.19 玛曲河段床沙与河岸的泥沙粒径级配

　　玛曲河段右岸的河流阶地高度变化也可反映河型变化的边界因素。从黄河第一弯弯顶算起，从网状河段，到弯曲河段，再到辫状河段后，河道右岸发育一级或二级阶地，左岸阶地不明显。右岸阶地顶部距水面的高度从小到大依次是为网状、弯曲和辫状河段，网状河段的阶地发育最不明显。

　　对于网状河段，足够大的河床纵比降使得水流能量充足，有利于水流冲开新汊道，形成了稳定多河道，且床沙为卵砾质，河床未下切形成阶地。对于弯曲河段，河道通过横向蜿蜒，增大河长，减少河床纵比降，同时富余的水流能量侵蚀河岸，下切形成阶地，高度约为 8m。对于辫状河段，较大河床纵比降使得水流能量的侧蚀能力增强，河道展宽，形成宽深比大的宽浅河槽，有利于沙洲形成，河道右岸下切的幅度变大，至玛曲县城外深度达 15m，且下切深度沿程增加（图 3.20）。玛曲河段的河道纵比降和阶地高度对河型沿程变化具有较好的指示作用。河道宽度变化直观反映了河型沿程变化现象。弯曲河段床沙粒径最细，其次为分汊、网状和辫状河段，反映黄河第一弯内推移质沿程细化。

图 3.20   黄河玛曲河段的河流阶地

(a)唐克弯曲河段(33°24′N, 102°23′E)；(b)玛曲县城河段(33°57′N, 102°04′E)

3.3   黄河源弯曲河流演变与裁弯

3.3.1   草甸型弯曲河流崩岸机制

黄河源区广泛分布高原弯曲河流，其河岸上层为密实的草甸，根土交叉，具有很强的抗冲刷能力，可称为草甸型弯曲河流。草甸型弯道凹岸的崩岸机制与一般的冲积弯曲河流不同，前者多为悬挂式张拉破坏，后者多为坡脚淘刷斜坡剪切破坏，且后者已有很多成熟的力学模型进行计算。

2011～2013 年在黄河源支流——兰木错曲进行了实地调查，其位置为 34°26′N、101°29′E，为典型的草甸型弯曲河流(图 3.21)，凹岸崩塌速率直接决定河湾横向演变速率和裁弯频率。

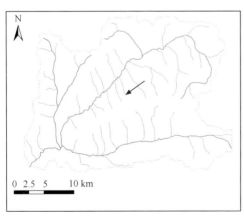

图 3.21   兰木错曲的水系与连续河湾照片(2013 年 6 月)

1. 崩塌体几何形态统计

本节将崩塌体分为已崩塌体和临界体，前者指崩塌体已从河岸倾倒到岸坡或水中，整个张拉面已全部破坏，后者指河岸出现贯穿式的细小纵向裂缝，但块体未倾倒和完全张拉破坏，此时可认为块体处在临界状态。

崩塌体的宽度取决于河岸底部淘刷的横向宽度和上层根土复合体的抗拉强度。兰木错曲的河岸上层为草甸、中层为沙层，下层为卵石层，沿程具有相近的河岸物质组成，统计崩塌体几何形态（宽度、长度和厚度）有利于分析和计算草甸型河道崩塌的临界受力状况。

2013 年 6 月在兰木错曲调查过程中，共统计了 15 个临界体和 63 个已崩塌体，其几何特征与根系长度统计如图 3.22 和图 3.23 所示。崩塌体的宽度变化范围为 40～130cm，长度变化范围为 100～630cm，河岸根系长度变化范围为 20～120cm。崩塌体宽度与长度无明显趋势性关系，而崩塌体宽度与根系长度呈同向变化趋势，即根系长度越大，崩塌体宽度越大。

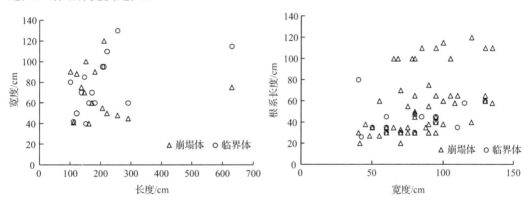

图 3.22　崩塌体宽度、长度及根系长度的关系

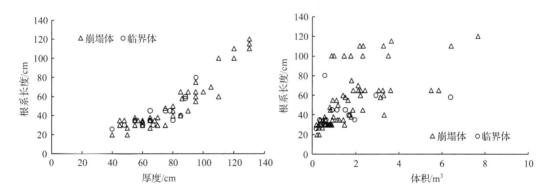

图 3.23　根系长度与崩塌体厚度及体积的关系

由于根系在垂向有较强的固结和缠绕土体的作用，根系长度与崩塌体厚度呈现明显的线性相关，相应地崩塌体的体积也随根系长度的增大而增加。

2. 崩塌体临界受力分析

2012~2013 年兰木错曲的河岸崩塌的野外调查主要集中于弯道凹岸，而且崩塌体垮塌到近岸对河岸具有一定保护作用（图 3.24），即减缓水流冲刷和降低河湾横向演变速率（Parker et al.，2011），同时发现崩塌基本是本年内发生的，上年的崩塌体由于水流冲刷、腐烂和冻融等破坏作用促使其被水流带走，即崩塌体对河岸的保护作用约 1 年。

图 3.24　凹岸崩塌体与根系层

草甸型河岸的崩塌体破坏形式以自重作用下的悬挂式拉张破坏为主，崩塌体的分层形式和单元受力如图 3.25 所示。根据崩塌体和临界体的几何尺寸测量，可知崩塌体分为根土复合体和沙层过渡体，其下部为卵石层。当近岸水流淘刷卵石层及沙层过渡体，直至河岸悬空，在自重作用下达到临界状态，河岸上部根土复合体沿水流方向出现贯穿性裂缝，直到崩塌块坍塌落入近岸水中。

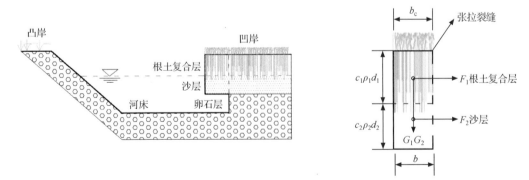

图 3.25　崩塌体概化与受力图

假定临界体为长方体，根据单位长度临界体的受力状况，其拉张临界破坏的平衡力矩方程如下：

$$(G_1 + G_2) \times \frac{b_c}{2} = F_1 \times \frac{d_1}{2} + F_2 \times \left(d_1 + \frac{d_2}{2}\right) \tag{3.11}$$

式中，G_1 和 G_2 分别为根土复合体和沙层过渡体的自重，$G_1 = \rho_1 gb_c d_1$，$G_2 = (\rho_2 - \rho_w)gb_c d_2$，其中，$\rho_1$、$\rho_2$ 和 ρ_w 分别为根土复合体、沙层过渡体和水的密度；F_1 和 F_2 分别为根土复合体的横向拉力和沙层过渡体的黏聚力，$F_1 = f_1 d_1$，$F_2 = c_2 d_2$，f_1 为单位面积的根土复合体抗拉强度；c_2 为沙层黏聚力；d_1 和 d_2 分别为根土复合体和沙层过渡体的垂向厚度；b_c 为横向临界宽度。

将 G_1、G_2、F_1 和 F_2 的表达式代入式(3.11)，可得

$$\left[\rho_1 gb_c d_1 + (\rho_2 - \rho_w)gb_c d_2\right] \times \frac{b_c}{2} = d_1 \frac{d_1}{2}f_1 + c_2 d_2\left(d_1 + \frac{d_2}{2}\right) \tag{3.12}$$

化简式(3.12)，可得临界抗拉强度计算公式为

$$f_1 = \frac{gb_c{}^2\left[\rho_1 d_1 + (\rho_2 - \rho_w)d_2\right] - c_2 d_2(2d_1 + d_2)}{d_1^2} \tag{3.13}$$

3.3.2 自然裁弯模式与机理

1. 裁弯模式

弯曲河流不可能无限制地蜿蜒，当河湾颈口收缩到某一很小的宽度，汛期高水位洪水在颈口漫滩冲刷，水流趋向于向比降最大的流路流动，漫滩水流的冲刷能够在较短时间内在颈口冲开一条新河槽，旧弯道入口逐渐淤积堵塞形成牛轭湖，整个河床演变过程称为颈口裁弯(neck cutoff)，图 3.26(a)已逼近颈口裁弯。弯曲河流的另一种裁弯形式是斜槽裁弯(chute cutoff)是指河湾的弯曲度较大，但颈口宽度仍较宽，高水位洪水冲刷河湾内侧某一部位，形成一条新河槽，但原弯道仍可能是主要水流通道，原弯道和新河槽长期并行，不一定形成牛轭湖，如图 3.26(b)所示。

(a)　　　　　　　　　　　　　　　　(b)

图 3.26　黄河源兰木错曲颈口裁弯(a)和斜槽裁弯(b)

2. 颈口裁弯模式与机理

1)颈口裁弯定义

颈口裁弯是弯曲河流长期演变过程的突变事件，不仅能够在短时间降低弯曲度和形

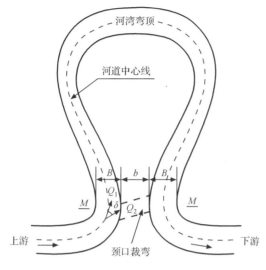

图 3.27　河湾形态参数定义

态复杂度，而且促使新河道开始新一轮演变。不管裁弯是一个临界机制，还是弯曲河流的一个必然事件，都表明裁弯是弯曲河流演变过程的重要反馈机制。弯道一旦形成，弯曲度随时间变大，横向蜿蜒和蠕动延长河长，颈口宽度逐渐收窄。河湾的上游入口端和下游出口端相距最近的位置，称作河湾颈口（图 3.27）。定义河湾参数为平均河宽 B、颈口宽度 b、分流角 δ、旧河道流量 Q_1 和颈口分流量 Q_2。

国内外关于颈口裁弯模式尚未见报道，本节通过总结野外观测和遥感影像的裁弯现象，依据裁弯的平面形态和力学机理，将颈口裁弯划分为 3 种模式：崩岸型、冲切型和串沟型（图 3.28）。

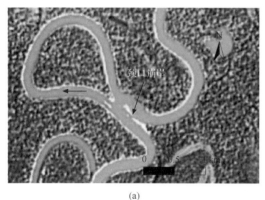

(a)

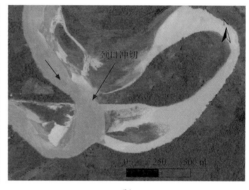

(b)

(c)

图 3.28　颈口裁弯的 3 种模式（来源于 Google Earth 遥感影像）

（a）崩岸型；（b）冲切型；（c）串沟型

崩岸型裁弯是河湾的平面形态弯曲程度逼近极限状态，形成 Ω 形河湾。形态统计表明，颈口宽度缩窄至平均河宽的 1/8～1/3，甚至更窄，但河湾并未因洪水作用发生裁弯［图 3.28(a)］。颈口上游与下游河岸受上游来水的冲刷，侵蚀河岸底部，使得颈口两侧发生崩岸，最终颈口上、下游水流自然连通，实现颈口裁弯。从亚马孙河流域和额尔齐斯河出现较多崩岸型裁弯来分析，可判断其发生条件是河岸物质组成具有较强抗冲能力和径流量充足，并不需要高水位洪水直接冲刷。崩岸型裁弯是狭窄颈口的两侧崩岸而贯通形成的裁弯，在亚马孙河、西伯利亚冲积河流和黄河源草甸型弯曲河流中较常见。

冲切型裁弯是极端高水位洪水漫滩沿最大坡降方向冲刷颈口，一次性冲开颈口，在较短时间内形成新河槽，旧弯道入口逐渐淤塞，最终演变成牛轭湖［图 3.28(b)］。冲切型裁弯的发生条件是颈口宽度较小和高水位洪水强烈冲刷。河湾颈口宽度一般小于河道宽度，河湾的弯曲度高，高水位洪水强烈冲刷是冲切型裁弯的根本动力。在荆江、汉江、黑龙江、白河、黑河、亚马孙河流域和西伯利亚冲积河流等，冲切型裁弯最为常见。

串沟型裁弯是颈口宽度较大，较高水位洪水漫滩后，洪水冲刷颈口，形成较浅的雏形串沟。由于颈口宽度较宽、洪水的涨落和植被抗冲刷的影响，一次洪水冲刷不足以完全冲开颈口形成新河槽［图 3.28(c)］。颈口已形成雏形串沟，即使下一波洪水水位低于前次，洪水仍可漫过串沟，再次冲刷串沟，多次冲刷后可能形成新河槽。串沟型裁弯的形成条件：①颈口宽度较大；②初次漫滩洪水形成串沟，后续多次洪水冲刷切深串沟。串沟型裁弯是多次洪水冲刷的结果，在亚马孙河流域、北美冲积河流和渭河下游（庞炳东，1986）较常见。

2）崩岸型裁弯模式

崩岸是一种几乎发生于所有冲积河流河岸的自然现象，尤其是弯曲河流凹岸，崩岸受水流、河岸土质、河道形态和植被等因素影响，其成因与机理较为复杂。本节分析崩岸裁弯模式，采用广泛引用的河岸稳定性分析方法(Osman and Thorne，1988)，颈口崩岸横断面概化如图 3.29 所示。

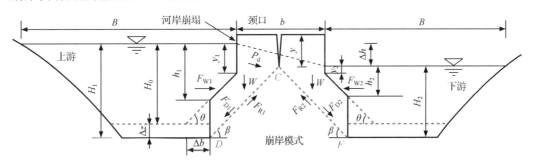

图 3.29　崩岸型裁弯模式的 $M\text{-}M$ 横断面概化图

作如下假定：①河岸土体为黏性均质土，崩塌滑动面经过岸脚；②暂不考虑土壤径流、植被和地下水位作用；③颈口岸坡陡，坡角大于 60°，河岸上部接近垂直；④颈口两侧崩岸近似对称，地表张裂缝处在中间位置。图 3.29 中 Δb 为侧向冲刷宽度；Δz 为侧向冲刷深度；H_0 为初始河道深度；H_1 和 H_2 分别为冲刷后颈口上游和下游河道深度；y 为河岸表层张裂缝深度；一般表示为 $y = 2c\tan(\theta + \varphi/2)/\gamma'$，$c$ 为土壤凝聚力，γ' 为河岸饱和土容重，θ 为岸边坡角，φ 为河岸软弱土层的内摩擦角。

颈口左岸崩塌体的滑动面 CD 的抗滑力可表示为

$$F_{R1} = cL_{CD} + \left(W\cos\beta + F_{W1}\sin\beta + \frac{P_d b}{\sqrt{h^2 + b^2}}\sin\beta\right)\tan\varphi + F_{W1}\cos\beta + \frac{P_d b}{\sqrt{h^2 + b^2}}\cos\beta$$

$$(3.14)$$

式中，L_{CD} 为崩塌体滑动面的长度；W 为崩塌体的重力；β 为崩塌体滑动面倾角；F_{W1} 为左侧动水压力，$F_{W1} = \rho g(\alpha V^2/2g + H_1^2)/2$，$\rho$ 为水的密度，g 为重力加速度，α 为流速分布不均匀系数，V 为近岸流速；P_d 为孔隙水压力；h 为颈口两侧水位差。

相应的左岸崩塌体下滑力表示为

$$F_{D1} = W\sin\beta + \frac{1}{2}\rho g(h_1^2 - y_1^2)\cot\theta \qquad (3.15)$$

颈口右岸崩塌体的抗滑力可表示为

$$F_{R2} = cL_{CF} + \left(W\cos\beta + F_{W2}\sin\beta - \frac{P_d b}{\sqrt{h^2 + b^2}}\sin\beta\right)\tan\varphi + F_{W2}\cos\beta \qquad (3.16)$$

相应的右岸崩塌体下滑力表示为

$$F_{D2} = W\sin\beta + \frac{1}{2}\rho g(h_1^2 - y_2^2)\cot\theta + \frac{P_d b}{\sqrt{h^2 + b^2}}\cos\beta \qquad (3.17)$$

可通过抗滑力与下滑力的差值判断单侧岸体的稳定性，令 $F_{s1} = F_{R1} - F_{D1}$ 和 $F_{s2} = F_{R2} - F_{D2}$ 分别作为判断颈口左侧和右侧崩塌体失稳的理论依据。将式(3.15)～式(3.17)代入 F_{s1} 和 F_{s2} 可知，颈口左侧崩塌体的土壤凝聚力、内摩擦角和孔隙水压力越大，越有利于崩塌体抗滑稳定，动水压力以及较小的坡角和滑动面倾角有利于崩塌体稳定，但较大的近岸流速会冲刷岸脚，引起底部悬空，坡角变大，加速崩塌体失稳。颈口右侧崩塌体除孔隙水压力不利于崩塌体稳定之外，其他因素与左侧趋同。在不考虑颈口上下游河湾形态的前提条件下，可认为颈口右侧比左侧更易出现崩岸。

当 $F_{s1} > 0$ 且 $F_{s2} > 0$ 时，左侧和右侧崩塌体处于稳定状态，颈口暂时不会发生裁弯；当 $F_{s1} < 0$ 且 $F_{s2} < 0$ 时，左侧和右侧崩塌体处于失稳状态，颈口发生裁弯；当 $F_{s1} = 0$ 且 $F_{s2} = 0$ 时，左侧和右侧处于临界状态，颈口随时可能发生裁弯；当 $F_{s1} < 0$ 或 $F_{s2} < 0$ 时，单侧发生崩岸，水流顶冲另一侧岸体以及渗透压力加大可能引发管涌和流土等情况，使得颈口在短时间内发生裁弯的可能性变大。

3) 冲切型裁弯模式

冲切型裁弯在颈口裁弯中最为普遍，它与洪水冲刷的频率、水位和流量紧密相关。冲切型裁弯的力学机制在于漫滩水流沿最大的比降冲刷，遇上较窄的颈口与下游河道相距最近，水流顺势强烈冲刷，一次性冲开一条新河槽。由于颈口宽度较窄，可不考虑溯源冲刷，冲切型裁弯的颈口水流冲刷主要可分为两个过程：①漫滩水流的表面冲刷，颈口的植被冲倒和移除；②新沟槽冲切加深，两侧土体坍塌，沟槽展宽。

作如下假定：①暂不考虑植被、渗透压力和地下水作用；②颈口土体非黏性；③新沟槽的宽度远大于冲刷深度；④新沟槽横断面为矩形。设上游来流量为 Q，旧河道流量为 Q_1，新沟槽流量为 Q_2，颈口处上、下游水位差为 Δh，冲切型裁弯的概化图如图 3.30 所示。

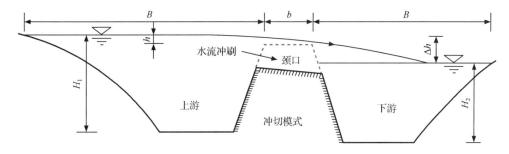

图 3.30　冲切型裁弯模式的 M-M 横断面概化图

第一个过程是漫滩水流冲刷过程，引用 Wang 等（1997）的冲刷速率公式如下：

$$S_r = \eta \frac{\gamma}{\gamma_s - \gamma} \cdot \frac{J^{\frac{1}{2}}}{d^{\frac{1}{4}}} \left[\frac{\gamma Q_2 J}{B_c} - \frac{1}{10} \cdot \frac{\gamma}{g} \left(\frac{\gamma_s - \gamma}{\gamma} g d \right)^{\frac{3}{2}} \right] \qquad (3.18)$$

式中，η 为冲刷经验系数；S_r 为漫滩水流表面冲刷率；γ_s 为泥沙容重；γ 为水的容量；d 为冲积物的中值粒径；J 为漫滩水流坡降，$J = h/(b+B)$；Q_2 为漫滩水流流量；B_c 为表面冲刷后形成沟槽的底部宽度。

颈口表面冲刷形成沟槽，沟槽深度随时间由零逐渐变大，沟槽深度变大加速裁弯过程，可得沟槽深度随时间的变化率：

$$\frac{\mathrm{d}H_c}{\mathrm{d}t} = \frac{S_r}{\gamma_s \rho_0 B_c} \qquad (3.19)$$

式中，H_c 为沟槽的冲刷深度；t 为时间；ρ_0 为颈口冲积物的空隙率。

颈口裁弯一般发生在洪水期，裁弯时间短，缺乏观测数据，本节只初步分析颈口裁弯机制。为清楚分析颈口裁弯过程，将颈口冲刷分为 3 个阶段：第一个阶段，在漫滩洪水冲刷初期，水流宽度远大于水深，表面冲刷形成新的沟槽，漫滩水流归槽后，这个阶段可认为颈口分流量 Q_2 保持不变；新沟槽较浅，两侧未形成崩岸，沟槽的底部宽度保持不变；第二个阶段，新沟槽产生集中冲刷，冲刷深度加深，可假定当冲刷深度达到沟槽宽度的 1/2 后，沟槽冲刷深度和宽度保持相同速度且均匀发展，此时进入沟槽的流量 Q_2 将增大。冲刷深度可简化表示为

$$\frac{\mathrm{d}H_c}{\mathrm{d}t} = \frac{\mathrm{d}B_c}{\mathrm{d}t} \qquad (3.20)$$

第三个阶段，从颈口位置沟槽冲刷带来大量泥沙，新河道内会有一定程度的淤积，沟槽过流断面满足输水输沙能力时，沟槽断面达到基本稳定，不再展宽和冲深。由于无观测数据，不能直接验证上述公式和推断，但依据式(3.18)～式(3.20)可分析颈口裁弯时沟槽的发展过程和各参数随时间的变化。第一个阶段是表面冲刷形成新河道，漫流水注槽，过程较简单，根据式(3.18)可估算冲刷速率。第二个阶段的冲刷深度达到沟槽宽度的 1/2 之后，流量 Q_2 将变大，由于旧河道流量 Q_1 变小，相应地颈口下游水深将变小，

颈口的坡降 J 变大。将式(3.18)代入式(3.20)并对时间积分，得

$$H_c = 0.218 \frac{\gamma}{\gamma_s(\gamma_s - \gamma)} \cdot \frac{J^{\frac{1}{2}}t}{\rho_0 B_c d^{\frac{1}{4}}} \left[\frac{\gamma Q_2 J}{B_c} - \frac{1}{10} \cdot \frac{\gamma}{g} \left(\frac{\gamma_s - \gamma}{\gamma} gd \right)^{\frac{3}{2}} \right] \qquad (3.21)$$

由式(3.21)可知，冲刷深度 H_c 与 Q_2 和 J 成正比，与 B_c 成反比，颈口漫滩水流的入流量 Q_2 是洪水水位、洪峰流量和分流角的函数，颈口坡降 J 取决于河湾横向变形和颈口缩窄程度，横向变形越剧烈，颈口宽度越小，相应地坡降 J 越大，从而引导漫滩水流向坡降最大的方向冲刷，快速冲切形成新沟槽，在较短时间内实现裁弯。第2阶段的后半过程，B_c 和 H_c 均匀速率变大，但式(3.21)中 H_c 与 B_c 成反比，即沟槽宽度 B_c 的变大将迅速限制 H_c 加深，考虑到冲刷的床沙粗化，中值粒径 d 变大将抑制沟槽冲深，最终颈口在剧烈的河床变形后形成较稳定的新河道，河道内冲淤达到基本平衡。

4)串沟型裁弯模式

串沟型裁弯是多次洪水冲刷颈口的结果，初次洪水漫滩形成表面冲刷，在颈口地表形成串沟，再次洪水漫滩沿串沟继续冲刷，直至颈口两端相通，整个裁弯过程可概化如图 3.31 所示。

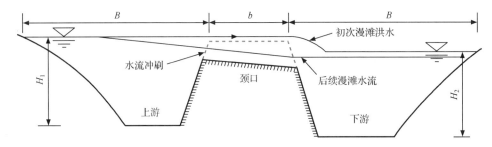

图 3.31　串沟裁弯模式的 M-M 横断面

串沟型裁弯发生时，不能一次发生冲切裁弯，其客观因素是颈口宽度较宽，初次洪水的水位和流量均不足以持续冲刷，从而不能贯通颈口上下游河道。而且，可能的原因还有当洪水正在冲刷沟槽时洪水水位消退使得冲刷停止，以及颈口表面树林茂密形成较强的水流阻力。

串沟型裁弯的第一个过程是串沟形成，这与冲切型裁弯的第一个阶段的漫滩水流表面冲刷相同，洪水消退后在颈口遗留下串沟。串沟型裁弯的第二个过程是下一次洪水到来，只要洪水位高于串沟底部高程即可，相当于降低了颈口裁弯的门槛。由于颈口宽度相当大和下游河道水面低于串沟入口水位，水流进入串沟后，主要的冲刷模式应是溯源冲刷。溯源冲刷的计算方法可借鉴彭润泽等(1981)的水库三角洲溯源冲刷理论方法。

串沟型裁弯在第二次洪水进入串沟时溯源冲刷能否持续进行形成裁弯，主要依赖于进入串沟的流量，而这个流量又依赖于上一次的串沟冲刷深度和这次洪水的水位、流量和分流角。

3. 斜槽裁弯与发育过程

1)斜槽裁弯定义

斜槽裁弯是弯曲河流的平面形态近似成 U 形，弯曲度中等但未形成颈口，高水位

洪水在河湾内侧某个位置冲刷形成新河槽。斜槽裁弯发生的位置具有不确定性，可分为
3 个区域，即凸岸边滩、弯道内侧中部和弯道湾内侧底部（图 3.32）。凸岸边滩的斜槽裁
弯，国内一般称为切滩撇弯，即从凸岸新淤积的边滩冲刷形成一条新河槽，使得主流分
汊，分离的边滩很可能发育成为稳定的沙洲。

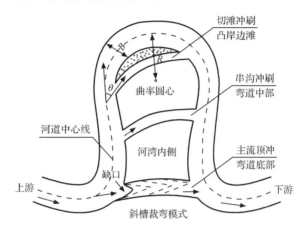

图 3.32　斜槽裁弯的形态特征参数

　　定义斜槽裁弯平面形态参数为平均河宽 B、曲率半径 R、分流角 θ（图 3.32）。尽管明
确了斜槽裁弯发生位置在河湾内侧的 3 个区域，但位置的不确定性和发育过程尚不清
晰，有必要将斜槽裁弯按形成机制进行分类，以便分别探讨其裁弯过程。
　　关于斜槽裁弯的分类，尹学良（1965）曾提出 5 种切滩形式：串沟过流扩大、主流带
顶冲、主流侧蚀、溯源切滩和向倒套切滩。根据野外观察和遥感影像，作者认为主流侧
蚀在弯曲河流中不会发生裁弯，向倒套切滩可归入串沟冲刷情况，而溯源切滩在斜槽裁
弯过程中是串沟发育中多次溯源冲刷的结果，也可归入串沟冲刷。
　　Constantine 等（2010b）总结前人斜槽裁弯观察资料和遥感影像，依据裁弯所处的环
境条件，将斜槽裁弯分成 3 种主要类型：沼泽地扩张，洪水引起河湾内侧切割张裂，以
及连续洪水促使河湾内侧湾状沟道向下游拓展。第一种裁弯类型是河道流经沼泽，由于
水流动力轴线转向，在河湾内侧的沼泽上冲出一条新流路，不发生河床演变。因此，这
个斜槽形成过程严格上不能称为斜槽裁弯。第二种裁弯类型是由于河道上游滨河树木倾
倒水中壅高水位，或者高水位洪水形成漫滩水流发生的溯源冲刷过程。第三种裁弯类型
是上游主流顶冲河湾内侧河岸，逐渐形成湾状缺口的沟道，水流向下游冲刷延伸，从而
实现斜槽裁弯，这个过程需要的时间很长。
　　目前，对斜槽裁弯类型的划分尚存在一定争议，有待进一步澄清和论证。在总结已
有的斜槽裁弯的室内实验、野外观测和遥感影像资料的基础上，依据斜槽裁弯的冲刷位
置和发育过程，作者将其划分为 3 种主要模式：切滩冲刷、串沟冲刷和主流顶冲
（图 3.32），以期更全面地概括斜槽裁弯的自然现象。
　　切滩冲刷模式是指在弯道弯顶位置，洪水期主流部分撇离凹岸深槽，在凸岸边滩上
冲出一条新河槽，边滩变成沙洲，新河槽与主河道可长期并存，这种类型常见于长江中
下游、汉江下游、额尔齐斯河中游和亚马孙流域的图马约河和乌卡利河。发生切滩冲刷

的条件主要是高水位洪水、凸岸边滩发育和边滩泥沙可冲性。

串沟冲刷模式是高水位洪水在河湾内侧漫滩后，漫滩水流冲刷将在内侧河滩形成一条或多条雏形串沟，降低了河湾内侧的高程。由于河湾内侧宽度较宽和洪峰的消落，一次洪水过程不足以完全冲刷形成新主槽。因为上一次洪水形成串沟，即使遇上比上次水位低的洪水时，洪水仍可漫滩冲刷雏形串沟，使得某条串沟受集中冲刷和溯源冲刷形成新河槽。发生串沟冲刷的条件：①河湾内侧宽度较大；②初次漫滩洪水形成串沟，后续洪水多次冲刷串沟，直至新的主槽形成。串沟冲刷模式是斜槽裁弯中最为常见的类型，且为多次洪水冲刷的结果，在渭河下游(庞炳东，1986)、亚马孙河、额尔齐斯河和北美洲冲积河流域普遍存在(Zinger et al.，2011；Micheli and Larsen，2011)。

主流顶冲模式是由于上游河湾横向变形，使得上游来流在河湾入口端顶冲河岸，引起河岸淘刷和崩岸，逐渐在河湾内侧形成一个湾状缺口，水流持续冲刷这个缺口，沿河湾内侧向下游方向拓展，直至上、下游水流贯通形成斜槽裁弯。发生主流顶冲的条件是上游来流顶冲弯道河岸，在亚马孙河、西伯利亚和北美洲冲积河流域等时有发生。

2) 切滩冲刷模式

切滩冲刷模式是指洪水期水流淹没凸岸边滩，主流冲刷边滩，形成新的流路(图3.33)。这个切滩过程不能简单应用顺直复式河道漫滩水流运动和漫槽交换模式计算方法。凸岸边滩新淤积的泥沙大部分是上游凹岸侵蚀冲刷下来的泥沙，由于弯道环流作用和床沙横向分选，凸岸边滩淤积泥沙颗粒较细，相应地起动流速较小，洪水期在凸岸边滩漫流冲刷。

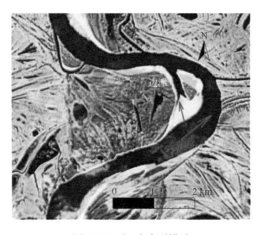

图3.33　切滩冲刷模式

统计长江、亚马孙河和额尔齐斯河发生切滩裁弯的67个河湾，分析发生切滩冲刷模式裁弯时，其弯顶曲率半径与河道平均河宽之比 R/B 和分流角 θ (图3.34)，R/B 值越大表示弯顶凸岸的局部曲率越大，Hickin和Nanson(1975)认为当 R/B 约等于3时，弯道横向演变速率达到最大值。分流角表示主流方向与切滩水流方向的夹角，分流角越大表示主流导向凸岸边滩的流量越大，有利于发生切滩冲刷模式裁弯。

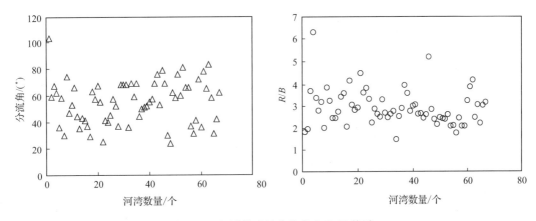

图 3.34　切滩模式的分流角和 R/B 统计

河湾发生切滩冲刷裁弯时，R/B 变化区间是 [1.48，6.28]，平均值等于2.92，（图3.34）。这个结果与 Hickin 和 Nanson(1975)认为当 $R/B \approx 3$ 时河湾弯顶裁弯速率最大较为一致，这说明弯顶的弯曲形态驱使水流更具冲刷能力，冲刷下来的泥沙横向输移至下一下弯道凸岸边滩，有利于凸岸边滩发育，一旦发生洪水漫滩，很可能发生边滩切割，形成切滩冲刷模式裁弯。分流角 θ 变化区间是 [24°，103°]，其平均值等于54.8°，除了长江中游的簰洲湾弯顶切滩冲刷裁弯的分流角为 103°（簰洲湾的弯顶严重偏向上游，凸岸边滩是弯顶一小部分发生切滩冲刷裁弯，分流角超过 90°属于特例），其他分流角都小于 90°。分流角平均值等于 54.8°，说明凸岸边滩较发育，主流流向发生一定角度的偏斜，就可能冲刷边滩，在边滩某个位置发生切滩冲刷。

切滩冲刷裁弯模式的发育过程是河湾凹岸冲刷蚀退，凸岸边滩发育较快且尚未稳定，洪水期间主流水流动力轴线偏向凸滩，淹没凸岸边滩并形成漫滩水流冲刷，极可能形成新斜槽。

3）串沟冲刷模式

串沟冲刷模式的斜槽裁弯最为普遍，串沟冲刷模式的形成过程是当某次洪水漫过河湾内侧时，漫滩水流形成表面冲刷，而水流寻求走坡降最大和相对抗冲能力弱的流路，易在河湾内侧冲刷形成多条串沟。由于洪水消落或河湾内侧较宽和表面植被阻力等客观因素，初次洪水不足以一次冲刷形成新河槽，后续洪水漫过串沟再次形成沟槽冲刷，这可能经历若干年的时间，最终在河湾内侧形成新河槽。

美国的 Wabash River 于 2008 年 6 月和 2009 年 6 月发生的两次斜槽裁弯具代表性，可较全面反映串沟冲刷和裁弯发育过程。Wabash River 位于美国伊利诺伊州和印第安纳州的分界线上，位置为 37°48′54″ N，88°03′08″ W，2 次裁弯发生位置在 Wabash River 下游的 Mackey 河湾，河道宽度为 200～300m，水深 2～8m，多年平均流量为 881m³/s，多年最大洪峰流量为 4112m³/s(Zinger et al.，2011)。Wabash River 是一个较大的弯曲河流，其发生斜槽裁弯引人注目，Zinger 等(2011)首次调查了这两次裁弯事件引发的高强度侵蚀，两次裁弯的侵蚀速率是此河湾横向演变侵蚀速率的 1～5 个数量级。从 Google Earth™ 可下载 Wabash River1994～2011 年的遥感图像。本节选取 1998

年、2003 年、2007 年、2008 年、2009 年和 2011 年的 6 张图像分析串沟冲刷模式的裁弯过程(图 3.35)。

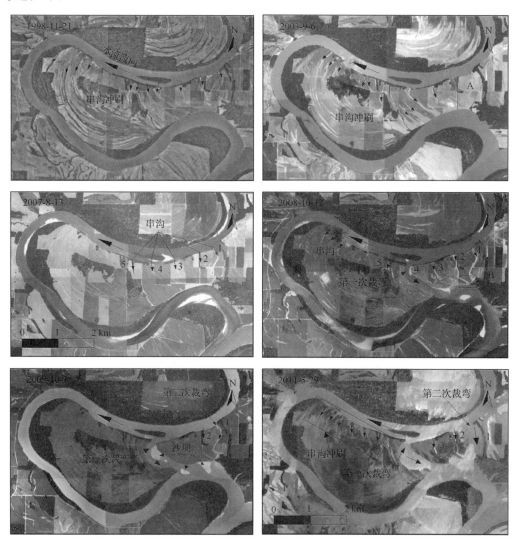

图 3.35　Wabash River 的 Mackey 河湾串沟冲刷裁弯过程(1994~2011 年)

Wabash River 在 1998 年前曾发生高水位洪水漫流冲刷,在河湾内侧已形成了 10 多条明显的串沟(也可能是水流冲刷曾经的凸岸形成的鬃岗地形),如图 3.35 中的箭头所示,在河湾内侧洪泛平原上留下了 10 多条弯曲的流路。2003 年可清晰发现,河湾中部的几条串沟有所发育,在河湾下部产生溯源冲刷造成边缘冲刷较深。2007 年,河湾内侧植被有所恢复,多数串沟痕迹并不明显,只有最右侧的 1 号串沟有所发育,宽度约为 50m,这表明 2003~2007 年没有较大洪水漫滩冲刷,大部分串沟维持原有状态。2008 年 6 月一场高水位洪水漫滩冲刷,在 4 号串沟处冲刷形成新河槽,即发生第一次斜槽裁弯。至 2008 年 10 月 12 日,裁弯后形成的新河道,拓展后的河道长约 1.3km,入口河宽约 110m,出口河道长度约 200m。

2009 年 6 月的汛期洪水在 1 号串沟处发生第二次斜槽裁弯，形成的第二条新河道宽度约为 60m，长度为 1.25km。至 2009 年 10 月 7 日，第一次裁弯的新河槽已展宽至 400m，第一次斜槽裁弯引起剧烈的河岸和河床侵蚀，在 1.5 年内侵蚀了超过 390 万 m^3 泥沙，使得新河道内部和下游发生强烈的河床演变，形成 3 处沙坝淤积，而第二次裁弯在不到 1 年的时间内已侵蚀超过 160 万 m^3 泥沙（Zinger et al.，2011）。1 号串沟发生斜槽裁弯是 2007 年 8 月之前多次串沟冲刷降低高程的累积结果，新形成的斜槽的宽度较小，说明 2009 年 6 月的洪水水位和流量都不是很大，这也验证了串沟冲刷是多次洪水累积冲刷的结果，前几次洪水的串沟冲刷降低串沟沟底高程，提高了实现斜槽裁弯的可能性。

2011 年 5 月 29 日的遥感图像揭示 4 号串沟第一次裁弯形成的新河道经过 3 年的河床演变基本达到稳定。1 号串沟第二次裁弯形成的新河道横向崩岸展宽较快，河宽已达 400m，2 号和 3 号串沟正在冲刷扩展，同时水流漫滩冲刷，河湾内侧在原来的多个串沟雏形上，继续发育明显串沟。Wabash River 此处发生的两处斜槽裁弯形成了两条新河槽，与主河道形成 3 条河道并行。

4）主流顶冲模式

主流顶冲模式是指上游河道来流顶冲河湾内侧河岸，引起局部河岸崩岸侵蚀，形成一个湾状缺口，多次洪水沿着这个缺口顶冲，在河湾内侧形成新河槽，直至上游与下游水流贯通。主流顶冲模式发生裁弯的时间较长且不普遍，较少为学者所关注，Hauer 和 Habersack（2009）调查了澳大利亚 Kamp River 的湾状缺口，认为洪水期间流量突然增加是缺口形成的原因。Constantine 等（2010b）运用 Sacramento River1938～2004 年的航空影像和遥感影像，找到 10 个主流顶冲模式的裁弯，分析主流顶冲模式的发育过程，并将这个缺口称作湾状物（embayment）。

Hickin（1974）曾对主流顶冲模式进行了探讨，揭示了这种斜槽裁弯的部分原因，但主流顶冲过程并不完全清晰。选取 Missouri River 一处发生主流顶冲模式的河湾（39°06′45″N，92°55′46″W）作为研究对象，Google Earth™ 可用遥感图像从 1995 年 2 月至 2011 年 3 月，这个河湾在 1993 年的一场洪水中形成一个湾状缺口，至 1995 年 2 月此缺口继续向下游延伸，已达到河湾内侧宽度的一半（图 3.36）。

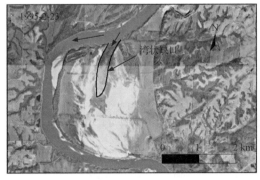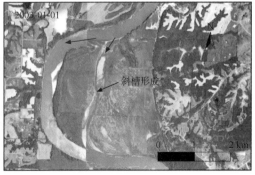

图 3.36　Missouri River 某个河湾主流顶冲模式（1995～2003 年）

1995～2002 年无图像可用，2003 年 1 月 1 日的遥感图像已表明主流顶冲完成斜槽裁弯，但不清楚裁弯的具体时间。主流顶冲模式的最重要特征是洪水顶冲河湾入口端河岸，形成湾状缺口，后续水流沿缺口继续顶冲。主流顶冲模式并不排除在缺口形成后，沿缺口向下游洪水漫滩发生串沟冲刷和溯源冲刷，但主流顶冲模式的触发因素是水流顶冲形成湾状缺口。2003 年新河槽的入口端河槽宽度约为 300m，中间位置水面宽度约为 260m，下游出口端水面宽度为 220m，说明此河湾以主流顶冲模式完成了斜槽裁弯（图 3.36）。

3.3.3　牛轭湖形成机制与演变

1. 形态参数定义

关于牛轭湖的形态分类，Weihaupt(1977)、Constantine 和 Dune(2008)利用遥感图像已开展了较系统的统计工作。下面通过定义颈口裁弯发生时河道形态和牛轭湖的几何形态，便于后面的理论分析。图 3.37 中，假设河道为矩形断面，河道宽度不变。Q 为

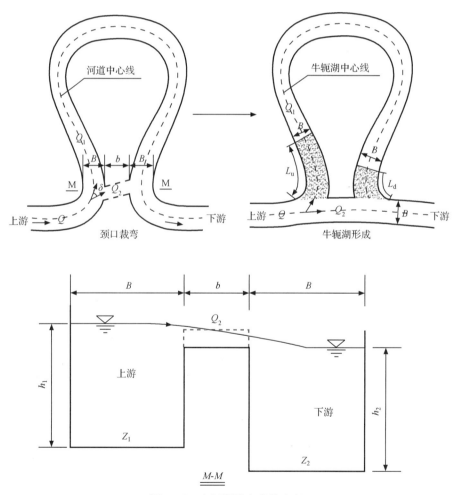

图 3.37　牛轭湖形态参数定义

主河道流量，Q_1 为进入原河道的流量，Q_2 为裁弯后进入新河道的流量，δ 为旧河道与新河道的分流角，b 为颈口宽度，B 为河道水面宽度。裁弯后，原河道的进口段和出口段泥沙淤积将形成沙栓，定义 L_u 和 L_d 分别为进口段和出口段的沙栓长度，Z_1 和 Z_2 分别为裁弯处进口段和出口段的河底高程，h_1 和 h_2 分别为裁弯处进口段和出口段的水深。

2. 进口段泥沙淤积

裁弯是牛轭湖形成的起点，河湾发展高度蜿蜒和颈口宽度收缩到相当窄时，高水位洪水冲切裁弯，或颈口两侧崩岸，或多次洪水漫滩串沟冲刷都能够实现颈口裁弯。Constantine 等（2010a）研究了 Sacramento River 的河湾和牛轭湖，结果表明分流角 δ 对牛轭湖的形成速率和进口段淤积速率具有一定影响，δ 越小进口段淤积越快。野外观察和牛轭湖的遥感图像均表明，牛轭湖进口段的淤积长度和淤积速率均大于出口段，牛轭湖堵塞一般是进口段先封闭，出口段后封闭。因此，进口段泥沙淤积过程是分析牛轭湖形成机制的关键。

根据曹跃华等（1995）对长江中游的沙滩子牛轭湖的钻孔取样来看，牛轭湖沉积体系分为 3 个层次，最下层为冲积相沉积层，中间为过渡层，最上层为湖相沉积层，沉积速率先快后慢。Wren 等（2008）研究了密西西比河的一个牛轭湖（Sky Lake），下层常年洪水引起的淤积速率为 1.1mm/a，中间层间歇性洪水引起的淤积速率为 0.2mm/a，24.2～5.2m 深的沙质（0.02～2mm）从 99％迅速减少至 5％，粉土（0.002～0.02mm）快速从 1％增加至 72％，黏土（小于 0.002mm）缓慢从 0 增加至 13％。

长江荆江石首段的沙滩子于 1972 年 7 月 22 日～31 日发生颈口裁弯，形成全长为19.8km 的牛轭湖。曹跃华等（1995）在沙滩子布置了 10 个剖面和 27 个钻孔取泥沙沉积样，表明最下层沉积为沙层且与边滩沙层呈过渡关系，说明牛轭湖形成初期进出口段存在少量推移质淤积，中间层以泥质粉沙沉积为主，夹有细沙薄层，最上层为泥质。Sky Lake 和沙滩子这两个牛轭湖的沉积钻孔揭示的沉积过程基本一致，说明牛轭湖具有相似的形成过程和沉积规律，且沉积以悬移质为主。进口段以悬移质淤积为主的原因是裁弯发生后，主流转向新河道，原河道流量锐减，在原河道进口端与新河道交汇处水流发生分离，产生逆时针横轴环流（Constantine et al.，2010a），新老河道交汇处水流形成逆时针竖轴环流，这两种环流加速进口段的河床淤积。

以水流连续方程、泥沙连续方程、河床变形方程和水流挟沙能力公式为基础，分析牛轭湖进口段泥沙淤积过程。新河槽冲刷展宽加深，进口端河床淤高，旧河道流量逐步减少。参考谢鉴衡（1990）的研究，由进口段悬移质一维河床淤积恒定流模型的基本方程，可给出水流连续方程为

$$Q_1 = U_1 h_1 B \tag{3.22}$$

本节的目的是揭示颈口裁弯后牛轭湖进口端淤积过程，并不寻求精确数值模拟，而且没有可靠的实测数据验证。对于进口边界条件，将上游来流水沙过程概化为恒定水沙处理。颈口裁弯后，新河槽快速发展后流量 Q_2 变大，进口端 Q_1 变小。为了反映 Q_1 随时间变小的特性，简化式（3.22），Q_1 流量过程简化为线性函数衰减如下：

$$Q_1 = at + c \tag{3.23}$$

式中，a 和 c 为待定系数，当 $t=0$，$Q_1=Q$ 时表示颈口正处在裁弯状态，当 $t=t_c$（t_c 为临界封闭时间），$Q_1=0$ 时表示牛轭湖已形成封闭水域，上游水流不能进入旧弯道，故 $a=-\dfrac{Q}{t_c}$，$c=Q$。

式(3.22)对时间求导，得

$$\frac{\partial Q_1}{\partial t}=-\frac{Q}{t_c} \tag{3.24}$$

河床变形方程为

$$\frac{\partial Z_1}{\partial t}=\frac{1}{\rho'}\alpha\omega(S-\overline{S}_*) \tag{3.25}$$

水流挟沙能力公式为

$$\overline{S}_*=k\left(\frac{U_1{}^3}{gR_1\omega}\right)^m \tag{3.26}$$

泥沙连续方程为

$$\frac{\partial(Q_1S)}{\partial x}+\frac{\partial(A_1S)}{\partial t}=-\alpha\omega B(S-\overline{S}_*) \tag{3.27}$$

式中，x、t 和 t_c 分别为距离、时间和临界封闭时间；A_1 为牛轭湖断面面积，$A=Bh_1$；Z_1 为断面平均河床高程；S 和 $\overline{S}_*$ 分别为断面平均实际含沙量和水流平均挟沙力；ρ' 为泥沙干密度；g 为重力加速度；ω 为悬移质断面平均沉速；α 为恢复饱和系数，计算淤积时可取 0.25；$R_1=Bh_1/(2h_1+B)$ 为水力半径；k 和 m 为经验系数。

根据谢鉴衡(1990)的研究，不考虑悬移质浓度随时间的变化，认为 $\dfrac{\partial(A_1S)}{\partial t}=0$ 不会带来较大误差，认为 S_* 在短河段内为常数，$\mathrm{d}S_*/\mathrm{d}x=0$。式(3.27)属于一阶线性常微分方程，在不考虑沉速 ω 随 x 变化的条件下，通过取 $x=0$ 的边界条件求式(3.27)的特解为

$$S=\overline{S}_*+(S_1-\overline{S}_*)\mathrm{e}^{-\frac{\alpha\omega L_u}{U_1h_1}} \tag{3.28}$$

式中，S_1 和 $\overline{S}_*$ 分别为断面进口的含沙浓度和进口段 L_u 长度内的平均挟沙力；L_u 为积分河段长度，即进口段沙栓形成长度，其与新河槽发展速率、河道宽度、水流流量、悬移质粒径和浓度有关。式(3.28)表明，进口段断面含沙量由两部分组成：①河段 L_u 长度内平均挟沙力 $\overline{S}_*$；②入口断面剩余含沙量 $S_1-\overline{S}_*$ 经过距离 L_u 衰减后的剩余部分 $(S_1-\overline{S}_*)\mathrm{e}^{-\frac{\alpha\omega L_u}{U_1h_1}}$。式(3.28)右边第一项为主要分量，第二项大小取决于挟沙水流的非饱和度 $S_1-\overline{S}_*$ 的大小，非饱和度越大，第二项所占的分量越大。

将式(3.28)代入式(3.25)中，得到河床高程 Z_1 随时间的变化：

$$\frac{\partial Z_1}{\partial t}=\frac{\alpha\omega}{\rho'}(S_1-\overline{S}_*)\mathrm{e}^{-\frac{\alpha\omega L_u}{U_1h_1}} \tag{3.29}$$

联立式(3.22)、式(3.24)、式(3.26)和式(3.29)，可采用非耦合方法求解牛轭湖进口段 L_u 长度内河床高程随时间的变化，L_u、h_1、t、Z_1 为 4 个自变量，4 个方程刚好可联立求解。以荆江石首河段的沙滩子裁弯和牛轭湖形成过程作为数值模拟背景，选取变量数

值，$Q = 12500\text{m}^3/\text{s}$，$t_c = 5$ 年，$B = 1000\text{m}$，$\rho' = 1400\text{kg/m}^3$，$\omega = 0.284\text{m/s}$，$\alpha = 0.25$，$m = 0.92$，$k = 0.03$。初始条件为当 $t = 0$ 时，$U_1 = 0.625\text{m/s}$，$h_1 = 20\text{m}$，$Z_1 = 0$；当 $U_1 \approx 0$ 时，牛轭湖进口段淤塞，计算结束，此时 Z_1 为进口段淤积厚度。

由于缺乏牛轭湖进口流量过程实测资料，只能以式(3.24)作为流量过程，再联立式(3.22)、式(3.24)和式(3.29)进行数值模拟实验，计算时间步长为 1 个月。从式(3.29)分析可知，在其他初始条件、几何边界和经验系数给定的条件下，影响进口段淤积速率的关键因子是悬移质浓度 S_1 和进口段淤积长度 L_u。下面采用数值模拟实验分析在 S_1 和 L_u 变化的条件下，进口段水深 h_1 和河床高程 Z_1 随时间的变化规律。

当 $S_1 = 1.0\text{kg/m}^3$ 时，分别计算 $L_u = 600\text{m}$、$L_u = 700\text{m}$、$L_u = 800\text{m}$ 时的水深和河床高程变化(图 3.38)。需要说明，悬移质浓度 S_1 在计算时间 5 年内不变，不符合天然河流悬移质浓度的月际和年际变化特征，这里是为了定量分析沙栓长度变化 L_u。

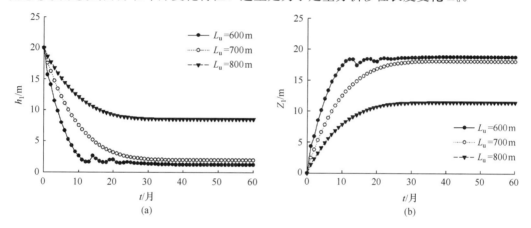

图 3.38　不同淤积长度 L_u 下水深和河床高程变化过程（$S_1 = 1.0 /\text{kg/m}^3$）

计算结果表明，在恒定悬移质浓度条件下，牛轭湖进口段水深随时间变浅和床面高程淤积升高，当 $L_u = 600\text{m}$ 时，在最初 24 个月内水深 $h_1 = 20\text{m}$ 先快速降低，后趋于平稳至 $h_1 = 1.6\text{m}$，床面高程相应地从 $Z_1 = 0\text{m}$ 淤高至 $Z_1 = 18.4\text{m}$ 后趋于稳定。当 $L_u = 700\text{m}$ 时，在 42 个月内由 $h_1 = 20\text{m}$ 先快速降低，后趋于平稳至 $h_1 = 1.95\text{m}$，床面高程相应地从 $Z_1 = 0\text{m}$ 淤高至 $Z_1 = 18.0\text{m}$ 后基本不变。当 $L_u = 800\text{m}$ 时，在 35 个月内由 $h_1 = 20\text{m}$ 先快速降低，后趋于平稳至 $h_1 = 8.58\text{m}$，床面高程相应地从 $Z_1 = 0\text{m}$ 淤高至 $Z_1 = 11.4\text{m}$ 后基本不变，这表明牛轭湖进口段淤积高度有限，封闭尚未形成。

以上 3 种计算结果反映了进口段淤积长度 L_u 越小，最初 2～3 年内淤积速率越快，最后河床淤积高度 Z_1 越大，相应原河道的水深越来越浅，这符合牛轭湖形成初期进出口淤积很快，后期淤积较慢的情况，且与沙滩子形成初期的观测结果相符合，其进口段沙栓的沉积速度相当快，达 2～3m/a(曹跃华等，1995)。淤积长度 L_u 是河道宽度 B、水流流量 Q_1、悬移质粒径和浓度 S_1 的函数，且沿水流方向有一定纵坡，河道宽度 B 和水流流量 Q_1 与 L_u 成正比，悬移质粒径和浓度 S_1 与 L_u 成反比。

当 $L_u = 800\text{m}$ 时，计算当 $S_1 = 1.0\text{kg/m}^3$、$S_1 = 1.5\text{kg/m}^3$、$S_1 = 2.0\text{kg/m}^3$ 时水深和河床高程变化(图 3.39)。计算结果模拟当进口段淤积长度不变时，牛轭湖进口段水深

随时间变浅和床面高程淤积升高的过程。当 $S_1 = 1.0\text{kg/m}^3$ 时，水深先快速变小，后缓慢降低至基本稳定，床面高程则先快速淤高，后缓慢升高至基本稳定，35 个月后水深从 20m 降低至 8.58m，河床淤高只至 11.4m，说明进口段仍与新河道相通，牛轭湖封闭尚未形成。当 $S_1 = 1.5\text{kg/m}^3$ 时，32 个月后水深降低至 4.8m，床面高程淤高至 15.2m，变化趋势与前面一致。当 $S_1 = 2.0\text{kg/m}^3$ 时，36 个月后水深降低至 1.72m，床面高程淤高至 22m，进口段水深很浅，基本处在封闭状态，这与牛轭湖的进口段封闭后，相当长时间仍与新河道相邻相符，只有遇上高水位洪水时，牛轭湖才与新河道相通。可见，牛轭湖进口断面的悬移质浓度越高，水深降低越快，床面高程淤积抬升越快，形成封闭水域的速率也越快，反之亦然。

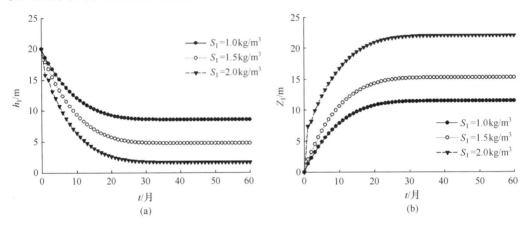

图 3.39　不同悬移质浓度下水深和河床高程变化过程（$L_u = 800\text{m}$）

在 $S_1 = 2.0\text{kg/m}^3$ 时水深和河床高程达到稳定的时间为 36 个月，比 $S_1 = 1.0\text{kg/m}^3$ 时的时间还长，作者认为有两个原因：①在悬移质浓度高时更易在进口段形成沙坎，计算中给定水深为 20m，平衡后河床高程为 22m，水深只剩下 1.72m，即 $S_1 = 2.0\text{kg/m}^3$ 时，进口段淤积的幅度比 $S_1 = 1.0\text{kg/m}^3$ 时大很多，相应需要更多时间完成计算；②$S_1 = 2.0\text{kg/m}^3$ 时，淤积的速率要快很多，只是到后期当水深降低至 2m 以下时，淤积速率变得非常小，而计算结果尚未收敛，故达到淤积平衡的时间更长。

3. 出口段泥沙淤积

颈口裁弯主流行走新河道后，挟沙水流先在原河道进口段淤积，原河道中间河道成为低流速区，水流挟沙能力降低，悬移质沿程淤积，水流随之变清，出口端悬移质可淤积量变得相当少，这可解释为什么牛轭湖一般是进口段先堵塞且淤积长度大，出口段后堵塞。牛轭湖出口段原河道水流汇入新河道主流，水流流态和淤积过程与进口段有所不同，不能再用式(3.22)和式(3.24)～式(3.27)予以描述，且在出口段低流速低含沙量水流汇入高流速高含沙量的新河道，水流运动和悬移质淤积都较为复杂，尚未找合适的动力学方程进行描述。

黄河源干流唐克牧场的一个牛轭湖平面如图 3.40(a)的遥感影像（拍摄于 2010 年 12 月 18 日）所示，冬季干流冰冻，牛轭湖内湖水已干涸。2011 年 7 月作者考察黄河源干流时调查了此牛轭湖，正值汛期，干流进入牛轭湖进口段和出口段，图 3.40(a)中 A 点为拍照点，在牛轭湖内 B 点和出口段与主流交汇处取水样，经测量 B 点悬移质浓度为 $50 kg/m^3$，C 点为 $254 kg/m^3$，同时观察到在干流的浑浊带顶冲进出口段相对低流速水体中，出现顺时针环流，出口段 C 点悬移质浓度是 B 点的 5 倍。主河道水流流速快且悬移质浓度高，而原河道水流流速低，两者在出口段交汇将产生顺时针环流，主河道将倒灌进入牛轭湖的相对低速水体，图 3.40(b)为黄河源干流唐克牧场的牛轭湖出口段水流流态。

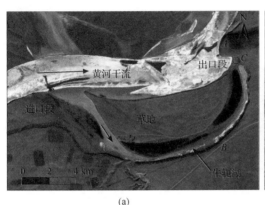 

图 3.40　牛轭湖出口段水流流态 遥感影像($33°24'$N，$102°23'$E)(a)和照片(b)

　　牛轭湖出口段泥沙淤积的根本原因是新河道挟沙水流的悬移质淤积，而且出口段出现顺时针环流潜入牛轭湖低速水体中，加速悬移质淤积。牛轭湖进口段入流量越小，湖内水流流速更低，在主流倒灌情况下出口段淤积速率更快。然而，进口段流量小的前提是进口段淤积抬高使得水深相应降低，野外观察与沙滩子沉积过程相符合，沙滩子形成初期，进口段沙栓沉积速率相当快，达 $2\sim3$m/a，其他部位为 $15\sim40$cm/a，进口段沙栓长度为出口段约两倍，演变中期进口段沉积速率为 $8\sim25$cm/a，其他部位沉积速率为 $2.7\sim6.8$cm/a(曹跃华等，1995)。牛轭湖形成的进口段淤塞是主要原因，后期出口段沙栓淤塞使得牛轭湖变为静水湖泊。

3.4　长江源的河床演变

　　为了认识长江源河流地貌情况，本科学考察组于 2010 年 7 月 10 日～17 日，沿青海湖北侧 G315 国道和南侧 G109 国道考察了青海湖周围和柴达木盆地。沿 G109 国道考察了格尔木到唐古拉山乡之间的河流地貌。沿 G109 国道从唐古拉山乡向南出发考察了长江源头河流地貌，途径楚玛尔河、沱沱河和布曲等，获取了丰富的测量数据和认识。

3.4.1　长江源河型特点

　　长江源的正源沱沱河发源于唐古拉山脉主峰各拉丹东雪山，与发源于唐古拉山东段霞舍日阿巴山的当曲汇合后称作通天河，随后与发源于可可西里山的楚玛尔河汇合，构成长江源区水系的基本格局。沱沱河-通天河左侧的主要支流有扎木曲、日阿尺曲、北麓河、然池曲、楚玛尔河、色吾曲、德曲，右侧的主要支流有当曲、莫曲、牙哥曲、科欠曲、宁恰曲、登艾龙曲、叶曲，它们共同构成长江源的主要水系格局(图 3.41)。

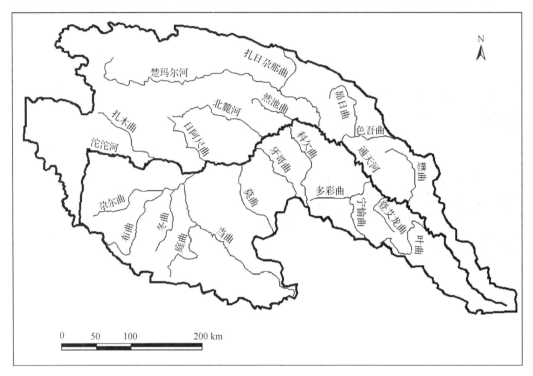

图 3.41　长江源区主要水系分布

　　沱沱河是长江的正源，长 350km，河床平均坡降为 3.9‰，流域面积为 1.76 万 km²，年径流量为 9.2 亿 m³。沱沱河从各拉丹冬发源后，由南向北流至坎巴塔钦，再折向由东向西流去，行进约 80km，又转向东南方向，再前进约 30km，折向东北方向，扎木曲入汇后，最终沿东南方向至与当曲汇合。李亚林等(2006)和赵洪菊等(2010)的研究表明，沱沱河的水系发育明显受制于地形和地貌格局，冰川和冻土融化是沱沱河水量的主要补给来源。

　　楚玛尔河是长江的北源，长约 515km，河床平均比降为 1.4‰，流域面积为 2.08 万 km²，年径流量为 5.74 亿 m³，发源于昆仑山南支海拔 5432m 的可可西里山黑脊山南麓，流经高原湖泊多尔改错。楚玛尔河从多尔改错流出后，沿东北方向，从发源地向东流去，先后穿过叶鲁苏湖及青藏公路，最后折转向南，在当曲河口下游约 200km 曲麻莱县以西的楚拉地区汇入通天河。

　　当曲是长江的南源，长约 352km，河床平均坡降为 1.6‰，流域面积为 3.12 万 km²，年径流量为 11.40 亿 m³，是长江三大源流中径流量最大的河流，发源自唐古拉山东段海拔 5395m 的霞舍日阿巴山东麓的沼泽地。当曲是长江源头的南源支流，也是长江最长的源头，支流众多，流量最大。当曲初始的源流形成后，先由南向北，又转向西北，再自西向东流去，在囊极巴陇与沱沱河汇合后，称作通天河。当曲有四条大的支流，分别是庭曲、尕尔曲、布曲和冬曲(图 3.41)，它们的源头却与沱沱河的源头相似，都是雪山或冰川融水，而不是沼泽湿地。

通天河是万里长江源头的干流部分，长约 813km，河床平均比降为 1.2‰，年径流量为 130 亿 m³。沱沱河与当曲在沱沱河大桥下游 60km 的囊极巴陇地区汇合后为通天河起点(34°05′38″N，92°54′48″E)。通天河上起囊极巴陇与长江南源当曲相接处，下至青海省玉树藏族自治州附近的巴塘河汇入口(32°58′34″N，97°14′48″E)，以下则为金沙江河段。通天河左岸有日阿尺曲、北麓河、然池曲、楚玛尔河、色吾曲和德曲等支流，右岸有莫曲、牙哥曲、科欠曲、宁恰曲、登艾龙曲和叶曲等支流(图 3.41)。

从源区整个水系格局来看，长江源的水系发育主要受地形和新构造运动控制，沱沱河-通天河的两侧支流具有平行状水系格局，除牙哥曲之外，其他支流的入汇角均小于 90°。

长江源区水系众多，河网密布，不同的河段具有不同的河道形态，不同河型的发育过程和河床演变规律各不相同。长江源区的河流地处高原腹地，尚无人类活动干扰，是研究冲积河流河型沿程变化现象和河床演变的天然实验场。选取长江源区的 4 条代表性河流：沱沱河-通天河、楚玛尔河、当曲和布曲作为研究对象。由于通天河在曲麻莱县以下为峡谷河段，且河道单一，不作考虑，故沱沱河-通天河的河段以沱沱河源头延伸到通天河的曲麻莱县为止。由于多尔改错以上流路多汊且不易辨识，故楚玛尔河的河段选取从多尔改错以下一直延伸与通天河汇合。当曲的河段从源头流路清晰处开始，一直到与沱沱河汇合为止。

长江源区的河流既有冲积河段也有峡谷河段，冲积河段的河型分类沿用国内外广泛认可的 4 种河型：顺直型、弯曲型、辫状型和分汊型(钱宁，1985；Tarboton，1996)，峡谷河段单独作为非冲积性河道类型。顺直型河流非常少见，容易辨识。弯曲型河流在冲积平原十分常见，一般认为弯曲度大于 1.3，野外容易辨识。辫状型河流和分汊型河流一般不容易区分，两者共同的特征是河道宽阔、水流平缓且多汊流、沙洲和浅滩众多。若沙洲植被覆盖度低，流路较多且不稳定，横向摆动频繁，可认为是辫状型河段。若沙洲植被覆盖度高，流路数量较少且基本稳定成岛屿，可认为是分汊型河段。

表 3.4 中显示了同一河流不同河型的长度和坡降。除了峡谷河段外，4 条河流以辫状型河段为主，局部弯曲型河段仍为限制性河段。沱沱河-通天河的辫状型河段有 5 个，峡谷限制河段有 5 个；楚玛尔河的辫状型河段有 3 个，峡谷限制河段有 3 个；当曲的辫状型河段有 6 个，峡谷限制河段有 5 个；布曲的辫状型河段有 2 个，峡谷限制河段有 3 个(表 3.4)。这说明在长江源辫状河型占绝对主导地位，其他河型发育不明显，甚至未出现。

表 3.4 4 条代表性河流的河型沿程变化

河流名称	统计河长/km	平均坡降/‰	参数	辫状河段	峡谷河段
			数量	5	5
沱沱河-通天河	727.3	1.8	长度/km	74.7/7.3/270.1/50.2/217	5.3/13.4/33.3/40.7/15.3
			坡降‰	5.7/2.1/1.3/1.1/1.0/1.1	18.1/1.8/1.8/0.9/0.8

续表

河流名称	统计河长/km	平均坡降/‰	参数	辫状河段	峡谷河段
楚玛尔河	362.2	1.3	数量	3	3
			长度/km	32.4/136.0/15.3	136.4/12.6/29.3
			坡降‰	2.1/1.3/1.6	0.9/2.2/1.5
当曲	327.8	1.9	数量	6	5
			长度/km	24.1/31.8/12.3/11.7/11.9/26.4	82.7/62.9/16.4/20.5/27.1
			坡降‰	1.2/0.9/0.9/0.8/1.4/1.2	4.7/0.8/0.7/1.1/1
布曲	221.3	4.2	数量	2	3
			长度/km	35.5/61.2	57.5/24.1/37.2
			坡降‰	3.8/3	9.1/2.1/1.2

　　沱沱河-通天河的宽谷河段，水流平缓，路流众多且不稳定，沙洲和浅滩林立，对应着辫状河型和分汊河型。窄谷河段，河道处在两侧山体中间，对应着峡谷河段，除了对应峡谷河段外，窄谷河段也对应着弯曲河型。每一个峡谷河段作为一个节点，不仅影响着河道走向，还对上游宽谷河段起控制作用，这种控制作用主要体现在维持上游辫状河型和阻止宽谷河段泥沙下泄，图3.42中呈现出一个宽谷河段紧跟一个窄谷，即辫状河型与峡谷河段交替出现。同时，沱沱河-通天河的两侧支流较多，扎木曲、当曲、日阿尺曲、牙哥曲、北麓河、科欠曲、然池曲、色吾曲等支流的入汇直接增加了干流的泥沙来量，促使干流向更加宽浅的方向发展，加剧了辫状河型的发育，河型从峡谷河段也过渡到辫状河型。沱沱河-通天河的河道宽度与河型呈一一对应关系，宽谷河段对应辫状河型，窄谷河段对应峡谷河段。

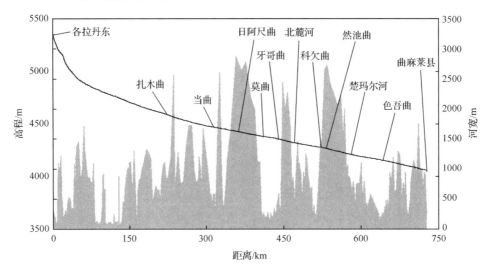

图3.42　沱沱河-通天河的纵剖面与河道宽度

　　楚玛尔河的统计河段只从多尔改错东端出口至汇入通天河，其平均坡降为1.3‰，沿程坡降变化先缓，后陡，再缓，后陡，沿程有多处坡降发生突变（图3.43），河床可能存在局部尼克点。楚玛尔河在流出多尔改错后，流经长达 136.4km 的一片高原湖泊湿地，平均坡降为 0.9‰，形成弯曲型河段，河宽 130～250m，且有一处自然裁弯遗留的牛轭湖(35°09′45″N，92°40′20″E)。在整个 362.2km 的统计河段中，河道平面上 3 次呈现宽窄交替的藕节状形态，其中辫状河段有 3 个(表 3.4)，河型的延伸距离较长。楚玛尔河的沿程河型转化依次是峡谷弯曲河段(136.4km)→峡谷河段(12.6km)→辫状河段(32.4km)→峡谷河段(29.3km)→辫状河段(15.3km)→辫状河段(136.0km)。

　　楚玛尔河河型转化的特殊性在于它流出多尔改错后，遇上地势平缓的高原湿地，发育弯曲型河段，经过一段峡谷河段，进入宽谷河段，路流众多且不稳定，沙洲和浅滩林立，沙洲表面呈现砖红色，水流颜色深黄，含沙量极大且粒径很细，这与河谷两侧的风沙运动有关。中间宽谷河段对应着辫状河型，此外河道非常宽浅，河宽最大宽度达2200m。两处窄谷河段的河道处在两侧山体中间，河道狭窄且微弯，对应着峡谷河段(图 3.43)。前一个峡谷河河段作为一个节点，上游弯曲河段起控制作用且防止下切维持下游弯曲河型。后一个峡谷河段维持上游辫状河型并阻止宽谷河段泥沙下泄。楚玛尔河只有 1 条较大的支流扎日尕那曲入汇，支流入汇影响较小。

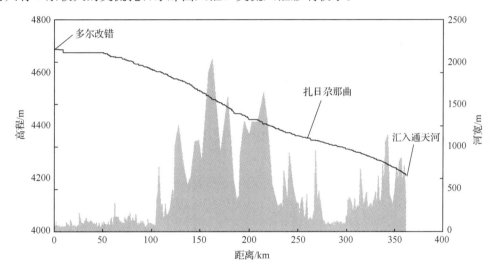

图 3.43　楚玛尔河的纵剖面与河道宽度

　　楚玛尔河的河道宽度与河型呈一一对应关系，起始段河道较窄为弯曲河段，中间和下游的宽谷河段对应辫状河型或分汊河型，其他窄谷河段对应峡谷河段。

　　当曲的统计河段从海拔 5097m 图像清晰的河道为起点，至囊极巴陇与沱沱河汇合为止，其平均坡降为 1.9‰，沿程坡降变化先陡、再缓、再陡，沿程有支流庭曲和布曲入汇(图 3.44)。

　　当曲从高山下来要经历一段长 82.7km 的峡谷河段，其坡降为 4.7‰。在整个327.8km 的统计河段中，河道平面 9 次呈现宽窄交替的藕节状形态，其中辫状河段 6 个(表 3.4)。当曲的沿程河型转化依次是峡谷河段(82.7km)→辫状河段(31.8km)→峡谷河段(62.9km)→辫状河段(12.3km)→峡谷河段(16.4km)→辫状河段(11.7km)→峡谷河段(27.1km)→辫状河段(11.9km)→峡谷河段(20.5km)→辫状河段(26.4km)→辫状

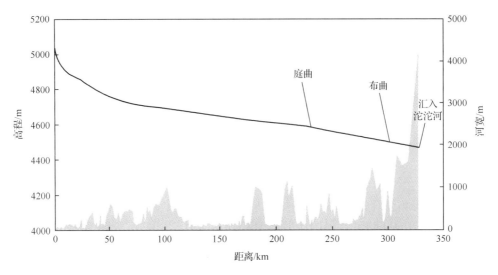

图 3.44 当曲的纵剖面与河道宽度

河段(24.1km)。

当曲从源头流出,经过一段峡谷河段河道宽度逐渐展宽到一定程度后,形成分汊河段,又被峡谷束缚形成峡谷河段。布曲入汇前,窄谷河段对应峡谷河段,而宽谷河段对应分汊河段,其间有一段弯曲河段,故河道宽度沿河流形成锯齿状(图3.44)。布曲入汇后,带来了大量泥沙,河道进一步展宽,促使当曲从分汊河段向辫状河段变化。峡谷河段作为一个节点,明显控制当曲的河型变化。

当曲的河道宽度与河型呈一一对应关系,宽谷河段对应分汊河段,窄谷河段对应峡谷河段,其中一段窄河道对应着弯曲河河段,布曲入汇使得当曲从分汊河段向辫状河段转化。

3.4.2 长江源辫状河道

1. 辫状河型成因初探

根据 Landsat 4-5TM 和 Google Earth 遥感影像,以及 2010~2011 年长江源野外考察,认为长江源的冲积河型以辫状河型为主导,基本特征是河型宽浅游荡,沙洲林立,多汊并行,水流散乱(图3.45)。长江源的辫状型河道尚处在完全自然状态,平面形态破碎,汊道此消彼长,变化多端,从目前来看运用平面几何和河流动力学均难以准确研究其内在发育和演变规律。由于长江源地处高原腹地,交通不便,导致这个区域的复杂辫状河道的研究工作较难开展,缺乏定性认识。下面将根据遥感影像和野外调查,从地形特征、河床坡降和床沙特点等方面,初步分析长江源辫状河道形成的原因。

沱沱河与当曲交汇后,进入通天河,这三个河段均为辫状河段 [图3.45(a)],楚玛尔河与通天河交汇处 [图3.45(b)] 也为辫状河段。从地形特征来看,这两个典型的辫状河段下游均为峡谷限制的窄谷河段,而辫状河段处在宽谷河段,可认为峡谷窄段受节点控制作用影响,当上游来沙量大于窄段的输沙能力时,促使窄段上游的宽河谷出

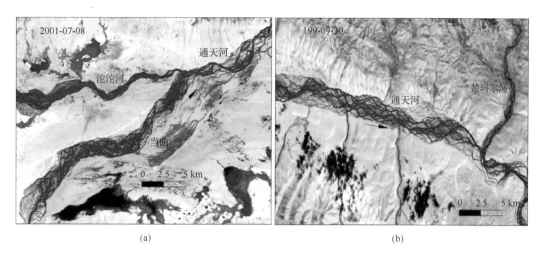

图 3.45 沱沱河、当曲和通天河的辫状河段
(a)沱沱河与当曲交汇；(b)楚玛尔河与通天河交汇

现持续泥沙堆积，这为河道向辫状发育创造了有利的地形条件。以往研究表明，辫状河型的形成需要更大的河床坡降，而且床沙粒径越粗，需要的坡降越大。沱沱河、楚玛尔河、当曲和通天河的平均河床坡降分别为 3.9‰、1.4‰、1.6‰ 和 1.2‰，长江源干流和支流的坡降大使得汛期水流易冲开新流路，发育新河槽，主流变化多端，支汊此消彼长。

布曲的辫状河段紧邻青藏公路(G109 国道)，为考察其河道形态和河型提供了便利。2010 年 7 月 14 日，课题组实地考察了布曲的辫状河段局部，并涉水登上沙洲进行植被样方和床沙取样 [图 3.46(b)]。图 3.46(a)显示布曲与尕尔曲交汇，进入当曲，3 个河段均为辫状河段，其下游同样为峡谷限制河段。布曲的这个辫状分汊型河段，河道分成多股汊流，分布形态多样的沙洲，部分为草本植被覆盖，沙洲和河床以卵砾石居多。由于河床粗颗粒多，河床比降大，细颗粒以悬移质形式输运，而卵砾石推移质在河床运动，走走停停，受峡谷河段节点控制，堆积在宽谷河段，为发育形成辫状河型提供了丰富的物

图 3.46 布曲辫状河段 Landsat 4-5TM 遥感图像(a)和野外考察照片(33°47′23″N，92°19′10″E)(b)

质来源。同时，河床主要为粗颗粒的卵砾石，黏性细颗粒含量低，使得河床难以形成稳定的河岸二元边界条件，故长江源较难形成弯曲型的单一河道和分汊型的稳定多汊河道。

综上分析初步可知，长江源发育辫状河型存在 3 个主要原因：①宽窄相间的河谷地形条件，峡谷限制河段的节点控制为宽谷河段形成、泥沙堆积和沙洲发育创造了条件；②河床坡降大，有利于水流冲刷分割沙洲和江心洲，形成多汊道系统，河型游荡散乱；③河床以粗颗粒泥沙淤积为主，使得河岸难形成稳定抗冲刷的二元结构，难以形成单一稳定河道。

2. 辫状河道的时间尺度

长江源的宽谷河段均是辫状河道，其形态之复杂，变化之迅速都超出了想象，考虑这个地区水文泥沙地形资料空白，运用 Landsat TM 多期遥感影像观测辫状河道在不同时间尺度的形态变化，无疑是一个好的选择。然而，遥感影像不是固定时间拍摄的，受拍摄时间的不定性和云朵等因素影响，只能尽可能选择数据质量好且有对照性的影像作为分析对象。同时，缺乏水位数据进一步制约了形态分析的定量性，本节只能定性初步分析辫状河道的多时间尺度特征。

对于短时间尺度(1 年)，相隔一个汛期，相同的辫状河段内，单个沙洲冲淤快，多汊道系统变化强烈，局部相近和整体紊乱，河道演变呈现无规则运动(图 3.47)。

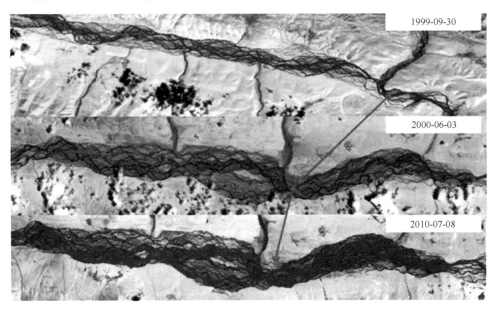

图 3.47　通天河的辫状河道演变(1 年时间尺度)

图 3.48 的中时间尺度(1～3 年)，相隔多个汛期后，辫状河段的多汊道系统此消彼长、河道形态复杂多变，整体呈现一定相似性。

如图 3.49，对于长时间尺度(5～10 年及以上)，很多个汛期之后，单个沙洲仍支离破碎，辫状河段的局部千差万别，但整体相似性和河性不变。

综上可知，长江源复杂辫状河道在时间上存在多时间尺度的形态表征，以不同的时

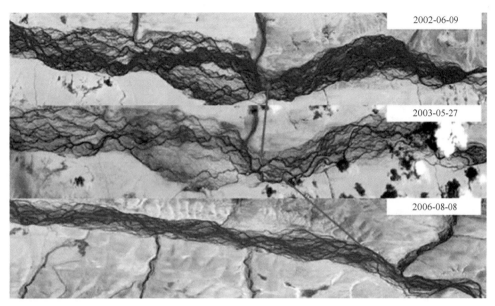

图 3.48　通天河的辫状河道演变(1～3 年时间尺度)

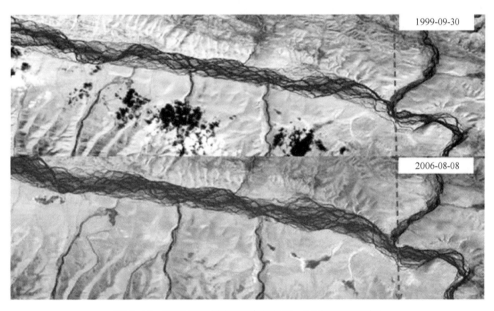

图 3.49　通天河的辫状河道演变(5～10 年时间尺度)

间窗口去观测辫状河道,其呈现的形态规律不尽相同,但在不同的时间尺度上形态又相互联系。具体表现为短时间尺度(1 年),相隔一个汛期,河道冲淤快且形态变化大,平面形态局部相近且整体紊乱,整个辫状河道呈现不稳定状态。中时间尺度(3～5 年),相隔多个汛期,主汊与支汊此消彼长、复杂多变,整体形态呈现一定相似性,整个辫状河道属于亚稳定状态。长时间尺度(10 年),相隔很多个汛期,河道形态的分汊形态是稳定的,局部形态与整体河段呈自相似,辫状河型的河型不变,整个辫状河道属于整体稳定状态。

本章参考文献

曹建廷，秦大河，罗勇，等.2007. 长江源区 1956～2000 年径流量变化分析. 水科学进展,18(1)：29-33.

曹跃华，张春生，刘忠保,等.1995. 沙滩子牛轭湖沉积特征. 石油与天然气地质,16(2)：196-201.

常国刚，李林，朱西德,等.2007. 黄河源区地表水资源变化及其影响因子. 地理学报,62(3)：312-320.

谷源泽，李庆金，杨风栋,等.2002. 黄河源地区水文资源及生态环境变化研究. 海洋湖沼通报,(1)：18-25.

郝振纯，王加虎，李丽，等. 2006. 气候变化对黄河源区水资源的影响. 冰川冻土,28(1)：1-7.

贾仰文，高辉，牛存稳,等.2008. 气候变化对黄河源区径流过程的影响. 水利学报,39(1)：52-58.

李亚林，王成善，王谋,等.2006. 藏北长江源地区河流地貌特征及其对新构造运动的响应. 中国地质,33(2)：374-382.

刘猛，夏自强，李俊芬,等.2008. 全球气候变暖背景下黄河源区蒸发变化研究. 人民黄河,30(9)：30-31.

马致远.2009. 三江源地区水资源的涵养和保护. 地球科学进展,增刊(19)：108-111.

倪晋仁，王随继，王光谦.2000. 现代冲积河流的河型空间转化模式探讨. 沉积学报,18(1)：1-6.

庞炳东. 1986. 兴建三门峡水库后渭河下游河道自然裁弯的研究. 泥沙研究,(4)：37-49.

彭润泽，常德礼，白荣隆,等.1981. 推移质三角洲溯源冲刷计算公式. 泥沙研究,(1)：14-29.

钱宁. 1985. 关于河流分类及成因问题的讨论. 地理学报,40(1)：1-10.

孙卫国，程炳岩，李荣.2009. 黄河源区径流量与区域气候变化的多时间尺度相关. 地理学报,64(1)：117-127.

王随继.2008. 黄河流域河型变化现象初探. 地理科学进展,27(2)：153-160.

谢鉴衡.1990. 河流模拟. 北京：水利电力出版社.

尹学良.1965. 弯曲性河流形成原因及造床试验初步研究. 地理学报,31(4)：287-303.

张永勇，张士锋，翟晓燕,等.2012. 三江源径流演变及其对气候变化的响应. 地理学报,67(1)：71-82.

赵芳芳，徐宗学. 2009. 黄河源区未来气候变化的水文响应. 资源科学,31(5)：722-730.

赵洪菊，贾小龙，王永贵,等.2010. 长江源区新构造运动特征分析. 西北地质,43(1)：60-65.

赵资乐.2005. 黄河上游黑河、白河流域水沙规律. 甘肃水利水电技术,41(4)：336-338.

周德刚，黄荣辉.2006. 黄河源区径流减少的原因探讨. 气候与环境研究,11(3)：302-309.

Blue B，Brierley G，Yu G A. 2013. Geodiversity in the Yellow River source zone. Journal of Geographical Sciences，23(5)：775-792.

Chang G G，Li L，Zhu X D，et al. 2007. Influencing factors of water resources in the source region of the Yellow River. Journal of Geographical Sciences，17(2)：131-140.

Constantine J A，Dune T. 2008. Meander cutoff and the controls on the production of oxbow lakes. Geology，36(1)：23-26.

Constantine J A，Dunne T，Piegay H，et al. 2010a. Controls on the alleviation of oxbow lakes by bed-material load along the Sacramento River，California. Sedimentology，57：389-407.

Constantine J A，Mclean S R，Dunne T. 2010b. A mechanism of chute cutoff along large meandering rivers with uniform floodplain topography. GSA Bulletin，122(5/6)：855-869.

Guo W Q，Yang T B，Dai J G，et al. 2008. Vegetation cover changes and their relationship to climate variation in the source region of the Yellow River，China，1990-2000. International Journal of Remote Sensing，29(7)：2085-2103.

Hauer C，Habersack H. 2009. Morphodynamics of a 1000-year flood in the Kamp River，Austria，and impacts on floodplain morphology. Earth Surface Processes and Landforms，34(5)：654-682.

Hickin E J，Nanson G C. 1975. The character of channel migration on the Beatton River，Northeast British Columbia，Canada. Geological Society of America Bulletin，86：487-494.

Hickin E J. 1974. The development of meanders in natural river-channels. American Journal of Science，274：414-442.

Huang H Q，Nanson G C. 2007. Why some alluvial rivers develop an anabranching pattern. Water Resources Research，43(7)，W07441，doi：10.1029/2006WR005223.

Immerzeel W W，van Beek L P H，Bierkens M F P. 2010. Climate change will affect the Asian water Towers. Science，382(5984)：1382-1385.

Lan Y C, Zhao G H, Zhang Y N, et al. 2010. Response of runoff in the source region of the Yellow River to climate warming. Quaternary International, 226: 60-65.

Li Z W, Wang Z Y, Pan B Z, et al. 2013. Analysis of controls upon channel planform at the First Great Bend of the Upper Yellow River, Qinghai-Tibet Plateau. Journal of Geographical Science, 23(5): 833-848.

Micheli E R, Larsen E W. 2011. River channel cutoff dynamics, Sacramento River, California, USA. River Research and Applications, 27: 328-344.

Osman A M, Thorne C R. 1988. Riverbank stability analysis I: Theory. Journal of Hydraulic Engineering, ASCE, 114(2): 134-150.

Parker G, Shimizu Y, Wilkerson G V, et al. 2011. A new framework for modeling the migration of meandering rivers. Earth Surface Processes and Landforms, 36: 70-86.

Pithan F. 2010. Asian water towers: More on monsoons. Science, 330(6004): 584-585.

Stroeven A P, Hatestrand C, Heyman J, et al. 2009. Landscape analysis of the Huang He headwaters, NE Tibetan Plateau- Patterns of glacial and fluvial erosion. Geomorphology, 103: 212-226.

Tarboton D G. 1996. Fractal river networks, Horton's laws and Tokunaga cyclicity. Journal of Hydrology, 187: 105-117.

Wang H, Zhou X L, Wan C G, et al. 2008. Eco-environmental degradation in the northeastern margin of the Qinghua-Tibetan Plateau and comprehensive ecological protection planning. Environment Geology, 55: 1135-1147.

Wang Z Y, Huang J C, Su D H. 1997. Scour rate formula. International Journal of Sediment Research, (3): 11-20.

Weihaupt J G. 1977. Morphometric definitions and classifications of oxbow lakes, Yukon River basin, Alaska. Water Resources Research, 13(1): 195-196, doi: 10. 1029/WR013i001p00195.

Wren D G, Davidson G R, Walker W G, et al. 2008. The evolution of an oxbow lake in the Mississippi alluvial flood-plain. Journal of Soil and Water Conservation, 63(3): 129-135.

Zhang S F, Hua D, Meng X J, et al. 2011. Climate change and its driving effect on the runoff in the "Three- River Head waters" region. Journal of Geographical Sciences, 21(6): 963-978.

Zhang Y, Liu S Y, Xu J L, et al. 2008. Glacier change and glacier runoff variation in the Tuotuo River basin, the source region of Yangtze River in western China. Environment Geology, 56: 59-68.

Zinger J A, Rhoads B L, Best J L. 2011. Extreme sediment pulses generated by bend cutoffs along a large meandering river. Nature Geoscience, 4: 675-678.

第4章 黄河源湿地退化机制和治理方略

4.1 黄河源的湿地

在黄河源，除了河流还有 5 种类型的湿地：高原草甸、湖泊、牛轭湖、沼泽和月牙泉。

1. 高原草甸(alpine meadow)

高原草甸是高原上分水岭附近坡度平缓的山间低地，由于融雪降雨地下水渗出形成的浅水区，虽然有坡降但常常由于出口狭窄或阻挡排水滞缓流速很低，并且具有在较高水分条件下发育起来的以多年生湿生草本为主体的植被类型。黄河源的星宿海就是典型的高原草甸。尽管在三江源高寒区甚至荒漠带的气候比较干旱，大气降水不足，但是这里蒸发量低，在地表径流汇集的低洼地和地下水位较高之处形成了许多高原草甸。高原草甸的植物主要有藏嵩草、矮嵩草、小嵩草、禾本科、莎草科、灯心草、豆科和杂类草等。

黄河源的草甸在过去 50 年里迅速萎缩，主要是公路建设配套的排水工程造成的。图 4.1 是黄河源典型的高原草甸在 2007 年和 2013 年的变化。在公路建设和草原建设发展的条件下，许多草甸的出口排水条件得到改善，排水率大大增加，草甸长期被浅水淹没的面积大大缩小。这一方面增加了放牧的草场并改善了公路建设的条件，另一方面大大减小了草甸湿地的面积，引起草甸植被向草原植被的演替。

(a)　　　　　　　　　　　　　　　　　(b)

图 4.1　黄河源典型高原草甸在 2007 年和 2013 年的变化

(a)黄河源 2007 年的典型高原草甸；(b)由于增加排水到 2013 年草甸大面积疏干

2. 湖泊

黄河源有许多湖泊,最大的是扎陵湖和鄂陵湖,其他湖泊有星星海(4 个)、茶木措、卓让错等 31 个面积大于 1km^2 的湖泊。作者统计的黄河源 2012~2013 年湖泊总面积为 1456km^2,其中扎陵湖和鄂陵湖面积超过 3/4。有的文献报道黄河源湖泊总面积为 1177km^2(尚小刚等,2006),这个统计可能因资料过时和不完全而偏小。

扎陵湖湖面面积为 526km^2,平均水深为 8.6m,最浅处仅 1m 多,蓄水量为 46 亿 m^3。扎陵湖水色碧澄发亮,湖心偏南是黄河的主流线,看上去,仿佛是一条宽宽的乳黄色的带子,将湖面分成两半,其中一半清澈碧绿,另一半微微发白,所以叫"白色的长湖"。扎陵湖的西南角,距黄河入湖处不远,有 3 个面积 1~2km^2 的小岛,岛上栖息着大量水鸟,所以又称"鸟岛"。这里的鸟大都是候鸟,有天鹅、大雁、鱼鸥、赤麻鸭等。黄河出扎陵湖经过一条长约 20km、宽 300m 的河谷,在西南隅流入鄂陵湖,多年平均径流量为 4.85 亿 m^3。

鄂陵湖水面面积为 628km^2,平均水深为 17.6m,最深可达 30m,蓄水量为 107 亿 m^3。鄂陵湖水色极为清澈,呈深绿色,天晴日丽时,天上的云彩、周围的山岭倒映在水中,清晰可见,因此叫"蓝色的长湖"。鄂陵湖烟波浩渺,波澜壮阔。上午,湖面风平浪静,下午大风骤起,平静的湖面波涛汹涌。鄂陵湖又称鄂灵海,古称柏海,藏语称错鄂朗,意为蓝色长湖。鄂陵湖与扎陵湖由一天然堤相隔,形似蝴蝶。湖中盛产冷水性无鳞鱼类,湖心的小岛候鸟群集,形成另一鸟岛。

鄂陵湖之东黄河之南翻过野马岭是隆热错(19km^2)、阿涌贡玛错(30km^2)、阿涌哇玛错(31km^2)、阿涌尕玛错(23km^2)4 个较大的湖泊和许多小湖组成的星星海。与扎陵湖和鄂陵湖不同,隆热错、阿涌贡玛错、阿涌哇玛错、阿涌尕玛错没有河槽与黄河连通。根据作者的测量和与过去卫星图片的对比,扎陵湖、鄂陵湖及星星海的面积在过去 20 年里略有增加,整个黄河源的湖泊总面积没有明显变化。有的湖泊面积略有增加可能是雪山冰川融化或建坝所致,也有的小湖泊面积略有减少,可能与增加排水有关。

3. 牛轭湖

黄河源有无数个牛轭湖,都是黄河及其支流在弯道发育演变过程中发生裁弯而形成的。本书第 3 章讨论了黄河支流白河、黑河牛轭湖的形成及演变机理。黄河本身也在演变过程中造出许多牛轭湖。图 4.2(a)是黄河柯生乡的牛轭湖,宽 100m,长 1km,湖内长满了水草。由于黄河泥沙含量较高,黄河裁弯之后牛轭湖上下游进出口迅速淤积与黄河隔离。牛轭湖中心部位能够保持 1m 以上的水深。当黄河发生 10 年或几十年一遇的较大洪水时,这些牛轭湖再次与黄河短暂连通。洪水带来的泥沙在牛轭湖淤积,使得牛轭湖逐渐退化。因为洪水不能把卵石带进牛轭湖,湖底沉积了一层大约 0.5m 厚的淤泥,盖在原来的卵石河床上。采样分析发现湖内生长着 20 多种无脊椎动物和数种鱼类,主要物种是螺蛳、线虫、萝卜螺、圆扁螺、划蝽、龙虱、摇蚊及高原裂腹鱼等。图 4.2(b)是黄河在唐克镇附近的黄河第一弯斜槽裁弯形成的牛轭湖,长 3km,宽 100 多米,这个牛轭湖与黄河保持着连通,所以淤积比较快,牛轭湖很浅,人可以踩着木板过去。

(a)　　　　　　　　　　　　　　　　　(b)

图 4.2　黄河源的牛轭湖

（a）黄河柯生乡的牛轭湖，前方湖端是隔断黄河的天然堤；（b）唐克镇附近黄河第一弯斜槽裁弯形成的牛轭湖，已经快速淤积变浅

　　黄河的许多支流是弯曲河流，在弯道演变过程中形成大量牛轭湖。例如，白河有 90 多个牛轭湖，黑河有 250 多个牛轭湖。图 4.3（a）显示正在演变的黄河支流兰木错曲和远处已经形成的几个牛轭湖，图 4.3（b）是很久之前形成的牛轭湖，一半已经淤积并生长了茂盛的植被。作者测量了弯顶演变的速率，大概每年向凹岸演进 0.5～1m，而一个完整的弯道直径大约有 300m。按照颈口裁弯弯道上下游同步演变的规律，可以推断从裁弯之后到发育弯道和下次裁弯大约历时 200 年。裁弯之前原来的堰塞湖已经完全消失，估计每个堰塞湖的生存时间不到 100 年。

(a)　　　　　　　　　　　　　　　　　(b)

图 4.3　兰木错曲的牛轭湖

（a）黄河支流兰木错曲弯曲河流演变和远处的几个牛轭湖；（b）已经淤积一半的牛轭湖生长了茂盛的植被

4. 沼泽

黄河源的沼泽湿地主要在若尔盖高原。沼泽和高原草甸的区别在于沼泽的水面基本是静止的，而高原草甸的浅水淹没区水是缓慢流动的。由于沼泽的长期静水淹没和下层的低氧或无氧条件，沼泽水生植物死亡后不能氧化，在底部演化成泥炭。若尔盖沼泽下面有一层 0.3~3m 厚的泥炭层。1935~1936 年红军长征过草地，若尔盖沼泽的浮泥层给红军带来无穷的艰辛并造成上万将士的死亡。但是，80 年后的今天，若尔盖沼泽已经大面积消失，大部分变成了草原牧场，也有一小部分沙漠化，成了活动沙丘肆虐的地方。

若尔盖高原位于青藏高原东部，西起巴颜喀拉山和阿尼玛卿山，东抵岷山，北自尕海，南至邛崃山，区域经纬度范围为 33°11′N~33°57′N，102°02′E~102°52′E，海拔高度为 3400~3900m。若尔盖高原涵盖四川省的红原县、若尔盖县和阿坝县以及甘肃省的玛曲县和碌曲县，总面积达 1.6 万 km²。若尔盖高原为起伏平缓的丘陵地貌，其内部广泛分布低山、丘陵、河流阶地、河漫滩、沼泽湿地、弯曲河流和浅水湖泊等地貌类型。黄河干流以倾斜的 U 形大拐弯流经若尔盖高原，其主要支流为白河和黑河，黄河干流与支流的改道和自然裁弯给若尔盖高原遗留下星罗棋布的牛轭湖。沼泽湿地是若尔盖高原最重要的生态系统与自然景观，其中若尔盖沼泽是世界最大的高原泥炭沼泽湿地。若尔盖沼泽湿地面积曾超过 4600km²。若尔盖沼泽湿地具有超强的含水特性，是黄河源地区重要的水源涵养地，每年补给黄河玛曲水文站的水量是实测年径流量的 30%。但是现在若尔盖沼泽仅存 2200km²，面积萎缩达 52.2%，沼泽湿地功能严重退化（孙广友，1992；宁龙梅和王华静，2010）。

对于若尔盖沼泽湿地退化的原因有广泛争议。许多人认为气候变化是主因。气候变化体现在近 50 年以来全球气温持续升高，从而使得若尔盖气温也明显升高，升高的速率维持在 0.3℃/10a。气温升高引起地面蒸发增加和植物蒸腾作用加强，从而将湿地地表的水体蒸发到大气中，因此气温升高的影响不能忽视。但是仅仅气温升高不会造成若尔盖沼泽湿地大面积萎缩，这是因为若尔盖属于高寒气候区。若尔盖县 1957~2011 年平均气温和年平均降水量分别为 1.14℃ 和 645.0mm，红原县 1961~2011 年分别为 1.50℃ 和 746.5mm，玛曲县 1967~2011 年分别为 1.62℃ 和 601.1mm。该区气候主要特征是寒冷湿润，四季不明显，仅有寒暖二季。若尔盖沼泽湿地最发育的时间为 5~9月，此时正值降雨季节，由于升温引起的地表水减少并不明显。气温增高主要在寒季，但是寒季沼泽湿地冰封，蒸发作用很小。

另外一种观点是过度放牧导致沼泽退化。若尔盖地区 2007 年比 1981 年牲畜数量增加 15%，加速了草地生产力的下降（郑群英等，2009）。然而，过度放牧是湿地退化成草原后，才使得当地牧民有条件增加牲畜数量。为了把沼泽变成草原以利于放牧，人们开渠排水加速局部沼泽退化。据统计，20 世纪 60~70 年代，若尔盖县内统计共开沟300km，疏干沼泽 1400km²，使得若尔盖县内沼泽湿地萎缩。红原县共开沟 700 多条，总长度约 1000km，大面积疏干和改造沼泽，其中红军曾经穿越的日干乔大沼泽的湿地萎缩面积达 85% 以上。

　　作者通过 2011～2013 年连续 3 年的野外调查发现，黄河干流、白河和黑河及支流的溯源侵蚀是若尔盖湿地在更新世晚期以来的 3.5 万年长期从若尔盖湖向沼泽演变，从沼泽向草原演变的根本原因。黄河干流下切速率为 0.5～2.2m/ka（Harkins et al.，2007），支流局部下切速率要大得多。早在 20 世纪 60 年代，柴岫和金树仁（1963）根据野外调查指出，若尔盖沼泽趋向自然疏干的主要原因可能是河流下切使得地下水位下降，气候变暖也有一定贡献。黑河及支流控制着大部分的若尔盖沼泽，河床普遍下切很深。河流下切和支流溯源切蚀大大加强了沼泽地排水，是导致沼泽大面积疏干的重要原因。

5. 月牙泉

　　著名的甘肃敦煌沙漠里的月牙泉，南北长近 100m，东西宽约 25m，最深处约 5m，弯曲如新月，有沙漠第一泉之称。月牙泉的成因有多种解释，共同点就是由于某种原因地下水抬升，高过了沙丘低凹处形成月牙泉，并且湖水不断得到地下潜流的补给而不枯竭。实际上，月牙泉是一种水文地貌现象。只要沙漠里地下水抬升到沙丘的丘间凹陷处以上，就会在此处形成小湖泊。因为沙丘呈新月形，丘间的水平切线就是月牙状，所以这些小湖泊都是月牙泉。

　　王兆印及其团队 2011 年在玛多县鄂陵湖与黄河之间的黄河源沙漠里发现许多月牙状小湖泊，都是由于地下水抬升渗出并汇集在沙丘间的低凹处形成的，他把这种小湖泊都称为月牙泉。黄河源沙漠位于鄂陵湖以东黄河故道以及两旁。现代黄河在此处也是不稳定的，每次移动都留下大片风动沙组成的黄河滩。随着黄河的摆动，原来的黄河河床沉积物在高原风的吹蚀作用下风动沙聚集成沙丘，逐渐发展成面积大约为 1000km² 的沙漠。

　　黄河源沙漠海拔高度在 4200m 以上。作者的研究发现黄河源沙漠里共有 8400 多个月牙泉。这些月牙泉比敦煌月牙泉大，长度为 100～300m，宽度为 30～100m，最深点达 1～10m。图 4.4 是发育初期的月牙泉，都是沙漠地下水涌出形成的月牙泉。夏季白天由于蒸发而萎缩，夜间地下水补给逐渐恢复。黄河源沙漠是黄河故道，原来地下水位就在沙漠表面之下。20 世纪 60 年代以来，三江源气温上升，雪水融化，黄河源沙漠周围地下水位上升，地下水渗透过沙粒进入沙漠中沙丘之间的凹陷处，形成一些月牙泉。到 2002 年，鄂陵湖下游的黄河上修建了黄河源大坝，坝高 20 多米，把坝前和鄂陵湖的水位都抬升到 4270m 以上。从卫星照片分析得出，大坝修建后黄河源沙漠里月牙泉的数量从 6800 多突然增加到 8400 多，而且月牙泉的水面面积也明显增大。由于缺少早期的卫星照片，没有发现最早的月牙泉是何时开始形成的。月牙泉湿地是在高原上新发现的湿地类型，其形成演变、固沙作用和生态作用都具有重要意义。4.3 节讨论初步研究成果。

　　黄河源除了河流之外的 5 种湿地类型的变化总结为：高原草甸和沼泽湿地发生了急速萎缩，对高原生态系统有很大的影响；湖泊变化不大；牛轭湖基本上随弯曲河流的演变周期性地形成和消失，目前保持着一种动态平衡，如果河流上建坝，牛轭湖会被水库替代；月牙泉群是高原局部地下水上升形成的新生湿地，对于固定沙漠和绿化沙漠有着不可估量的作用。

图 4.4　玛多县黄河源沙漠里处于发育初期的月牙泉

4.2　若尔盖沼泽湿地的萎缩

4.2.1　沼泽退化机制

2011～2013 年，作者连续 3 年针对若尔盖沼泽湿地开展了调查研究，研究区如图 4.5所示。水文数据采用《黄河水文年鉴》中的数据，包括水位和月平均流量，资料采用玛曲水文站和唐乃亥水文站的资料，其时间系列分别为 1959～1990 年和 1956～2011 年，玛曲的水位-径流量数据系列为 1959～1971 年。若尔盖湿地内黄河的主要支流是白河和黑河，其主要水文站为唐克和大水(赵资乐，2005)。气温和降雨量采用国家气象信息中心的中国地面气候资料年值数据集。考虑该地区的气候特征，四季的划分为春季是 3～5 月，夏季是 6～8 月，秋季是 9～11 月，冬季是 12 月至翌年 2 月，沼泽湿地特征出现的时间是夏季和秋季。选取美国陆地卫星 Landsat TM 和 ETM SLC-on 的遥感影像和 Google Earth 遥感影像，空间分辨率分别为 30m 和 15m。

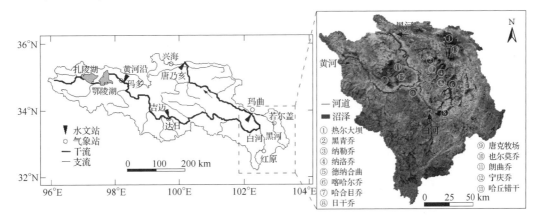

图 4.5　若尔盖沼泽湿地

野外调查发现，原沼泽内的人工渠道都较为顺直，深度为 0.5～2m，与自然水系连通，这为在遥感影像上运用目测法识别人工渠道提供了极大便利。若尔盖沼泽的弯曲河流普遍下切较深，在河道两侧形成疏干带，直接疏干泥炭质沼泽。

1. 若尔盖沼泽的退化

根据历史记载和文献调查，20 世纪 30 年代之前，若尔盖基本保持无人类活动干扰的原始沼泽，如热尔大坝、黑青乔、纳勒乔、纳洛乔、德纳合乔、喀哈尔乔、哈合目乔、日干乔、唐克牧场、也尔莫乔、宁庆乔等 12 个主要的大沼泽(图 4.5)，均为人畜不能靠近的原始沼泽区，而且常年片状积水、季节性湿地积水，普遍积水深约 1m。

若尔盖沼泽广泛发育的最著名的历史见证是红军过草地的艰难历程。据历史文献记载，1935 年 8 月 21 日～27 日，红军徒步穿越若尔盖大沼泽。正值雨季沼泽浮泥发育，红军战士步行十分艰难，每一段沼泽都是死亡陷阱，加之高原缺氧，天气多变，风雨雪交加，非战斗减员很多。据统计，因泥泞、寒冷、伤病、饥饿和陷入泥潭造成的减员达 2.33 万余人，其中红一方面军 1935 年 8 月约 6200 人牺牲，红二方面军 1936 年 7 月约 3100 人牺牲，红四方面军三次过草地约 14000 人牺牲。可见当时若尔盖沼泽湿地的面积之大、泥质化之深和地表积淤泥之厚，以及给红军带来的困难与损失之巨大。自然生态学方面，若尔盖沼泽是黄河源最重要的湿地生态系统，具有很高的生态系统服务价值(Zhang and Lu，2010)，同时以其特殊的地理位置、独特的高原泥炭沼泽而具有重要的研究价值。

然而，20 世纪 60 年代初，若尔盖沼泽开始出现明显的退化迹象，具体体现在几个大沼泽的地表积水面积显著减少、浅水湖泊萎缩变浅、地下水水位持续下降、生物多样性急剧减少，曾经人畜不能通行的沼泽仅剩下雨季的黑青乔、纳勒乔、纳洛乔及热尔大坝的局部区域。进入 80 年代，沼泽湿地萎缩现象更趋明显，其退化速率也加快。2000 年以后，除了哈丘、错拉湖、花湖、孕海等面积大的湖泊和黑河上中游的沼泽化河漫滩之外，其他曾经的大沼泽雨季已无明显地表积水，大多数沼泽变成湿地草原(杨永兴，1999；沈松平等，2003)。

若尔盖沼泽急剧萎缩是近 50 多年以来气候变暖、人类活动、河流溯源下切和水系连通等不利因素的叠加作用所造成的。沼泽面积减少超过 52%。曾经人畜不能进入的大面积沼泽已消亡殆尽，众多大小湖泊干涸消失，支流沟道断流。沿黄河干流、黑河和白河两岸的局部地区出现沙漠化(周国军和李华，2003)。沼泽湿地退化导致生物多性样降低、草地鼠害泛滥、草地沙化等。沼泽湿地正向草甸演替，这对于畜牧业有利，若尔盖湿地 2007 年的牲畜量比 1981 年增加了 15%(郑群英等，2009)。

2. 气温升高对沼泽的影响

由于全球性气候变化的全局性影响，若尔盖湿地区域的气温在最近数十年来也出现显著升高。图 4.6 显示过去 50 多年来(1956～2011 年)气温线性升高，若尔盖县夏季和秋季气温升高的速率分别为 0.75℃/10a 和 0.95℃/10a，红原县夏季和秋季气温升高的速率分别为 0.21℃/10a 和 0.27℃/10a，玛曲县夏季和秋季气温升高的速率分别为

0.38℃/10a 和 0.46℃/10a。另一方面，分析蒸发量数据发现，玛曲县近 40 年蒸发量呈减少的趋势，减少率为−44mm/10a，而且夏季蒸发量减少最为明显，可能风速的降低是蒸发量下降的主要原因（宁和平等，2011）。气温升高引起的蒸发量增加比风速降低引起的蒸发量降低小得多。

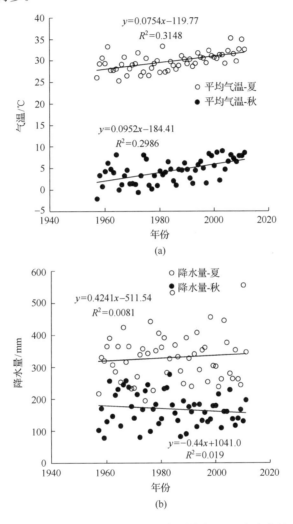

(a)

(b)

图 4.6 若尔盖县 1956～2011 年的年平均气温(a)和降水量(b)

　　若尔盖地区处在高原寒冷带，湿地特征主要体现在夏季和秋季，而该地区的大部分降水正是在夏季和秋季，其中若尔盖县夏季 6～8 月和秋季 9～11 月的多年平均降水量占全年的 77.2%，红原县为 74.4%，玛曲县为 79.4%。图 4.6～4.8 表明，若尔盖县和玛曲县的夏季降水量略有增加的趋势，红原县的夏季降水量略有减少趋势，若尔盖县、玛曲县和红原县的秋季降水量均略有减少。这说明 1956～2011 年的 56 年时间内，若尔盖沼泽湿地的降水量基本稳定，没有明显增加或减少，这就是将降水量排除在湿地退化的主要原因。该地区降水量并未发生显著变化，气温升高的幅度较为有限，区域气温升高尚不足以在短期内引起若尔盖湿地快速萎缩。

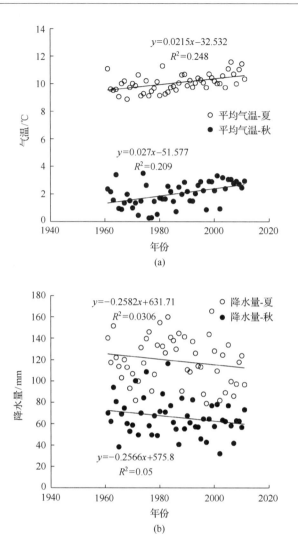

图 4.7　红原县 1961~2011 年的年平均气温（a）和降水量（b）

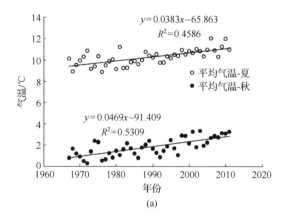

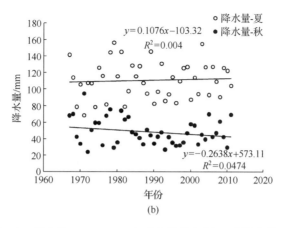

(b)

图 4.8　玛曲县 1967～2011 年的年平均气温(a)和降水量(b)

3. 径流量变化

若尔盖沼泽水系相当发育,白河与黑河及其支流都是弯曲河流,在各个山前宽谷中
蜿蜒迂回,连绵不断。黄河干流的玛曲水文站位于玛曲县城以南的黑河入汇口以下,其
流量和水位变化直接决定白河与黑河的河道水位,白河与黑河的河道水位控制着整个湿
地的地下水水位。因此,黄河干流的水位下降与上升直接关系湿地的萎缩与扩张。若尔
盖沼泽湿地涵蓄玛曲水文站 30% 的径流量,每年注入黄河干流的水量约 46.1 亿 m³,
占黄河兰州水文站 1950～2011 年多年平均径流量 308.8 亿 m³ 的 14.9%,是名副其实
的黄河上游“蓄水池”。

图 4.9 表示玛曲站与唐乃亥站径流量的变化过程,图 4.10 是玛曲站与唐乃亥站的
水位与年径流量关系曲线,可见径流量与水位有很高相关性。玛曲站的水位-径流量的
相关系数达 0.963,唐乃亥站与玛曲站的年径流量的相关系数达 0.965。根据唐乃亥站
1956～2011 年的年径流量数据,1991～2011 年的平均年径流量为 178.3 亿 m³,比

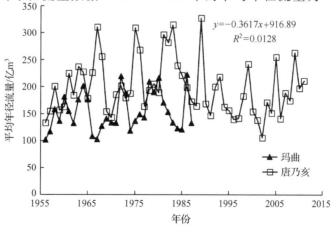

图 4.9　唐乃亥站(1956～2011 年)和玛曲站(1959～1990 年)径流量变化

1956～1990 年的 212.1 亿 m³ 相对减少 15.9%。相应地玛曲站的平均年径流量从 150.6 亿 m³ 减至 127.8 亿 m³，水位下降 0.16m(图 4.11)。黄河干流水位下降 0.16m，对应主要支流白河与黑河及其支流水位的下降将更大。近 20 多年以来黄河源径流量的减少使得支流水位降低，进一步降低了若尔盖湿地的地下水水位，对若尔盖沼泽萎缩有一定影响。

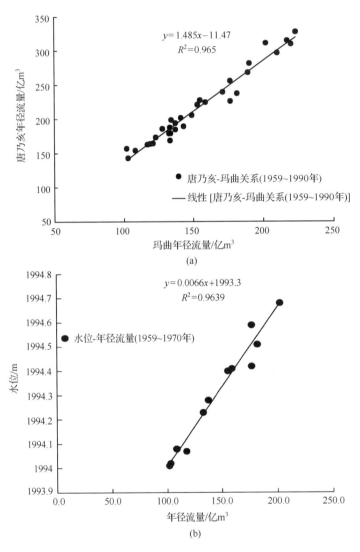

(a)

(b)

图 4.10　唐乃亥-玛曲的径流量关系及玛曲(1959～1990 年)水位-年径流量的关系

图 4.11 反映了白河与黑河 1981～2002 年的年径流量变化，减少率分别为 0.398 亿 m³/a 和 0.514 亿 m³/a，黑河减少的趋势更明显。这一方面说明了白河与黑河径流量正在下降，另一方面反映湿地退化使得沼泽的含水能力下降，补给白河与黑河的流量正在快速减少，从而加剧主流和支流水位下降，反过来促进沼泽进一步脱水。

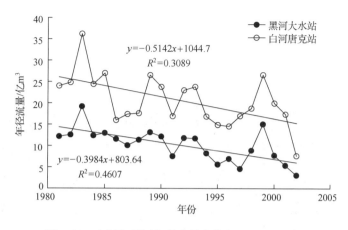

图 4.11　白河与黑河年径流量变化(1981~2002 年)

4. 人工开渠造成的湿地退化

从 20 世纪 60~70 年代，若尔盖县、红原县和玛曲县为开辟新草场以发展畜牧业，对部分沼泽湿地开展了人工开渠排水，从而增加草地面积，使得沼泽湿地在较短时间被大面积疏干。据资料统计，1965~1973 年，若尔盖县累计开渠 380km，使得 2.1km² 常年积水的沼泽变成干沼泽，90 年代又在辖曼乡、黑河牧场等沼泽开渠 17 条，总长 50.5km，又使得 0.22km² 的沼泽变成草原。若尔盖县和红原县在沼泽湿地共计开渠 700 余条，长约 1000km。日干乔大沼泽面积为 85km²(图 4.12)，曾经是 1935 年红军长征经过之处，是给红军过草地带来巨大损失的大沼泽。如今纵横交织的人工渠道鱼网状横贯整个大沼泽，已基本疏干这片大沼泽，总面积的约 85% 已经变成草原，只有雨季在沼泽中间低洼处有少量明水聚集。

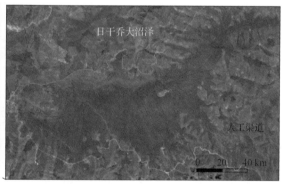

图 4.12　日干乔沼泽的人工渠道分布(Google Earth，2010 年 9 月 20 日)

图 4.13 显示沼泽里的人工渠道，虽然渠道开挖得较浅，但随着水流的冲刷作用，逐渐变成深沟。有的沼泽湿地完全由人工渠道疏干，如日干乔大沼泽、哈合目乔及许多小片封闭的小流域。有的沼泽湿地由人工渠道和自然水系交织共同疏干，如红原县的麦洼和色地、若尔盖县的黑河牧场、玛曲县的阿万仓等(图 4.14)。根据卫星图片和湿地

调查，完全由人工渠道疏干的湿地面积为 219.7km²，人工渠道与自然水系共同疏干的沼泽面积为 428.6km²，分别为原沼泽面积的 4.78% 和 9.32%。

图 4.13　若尔盖沼泽湿地内的人工渠道

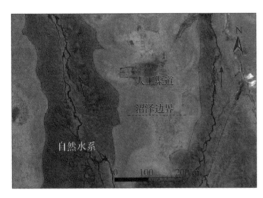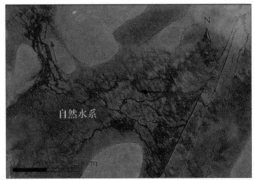

图 4.14　人工渠道与自然水系共同疏干的沼泽

人工开渠排水是最直接最强烈的破坏若尔盖沼泽湿地的人类活动，在短期内导致原有沼泽迅速变成草原。开渠排水的直接后果是渠道两侧大面积的沼泽积水被快速排走，使得沼泽脱水，泥炭板结硬化，其演变的趋势是沼泽、半沼泽、草原和沙化草原。脱水后沼泽可能盐渍化，限制优良牧草的生长，草原有时被杂草迅速挤占。人工渠道与自然水系连通，增加了自然水系的输水效率，引起河道放射状溯源侵蚀下切，降低地下水水位并快速排走沼泽或草原的地表水与地下潜水，加剧沼泽脱水和萎缩。

若尔盖沼泽湿地是泥炭质沼泽，泥炭厚度为 0.3~3m，泥炭为密织缠绕的枯死草根有机质，具有很强的抗水流冲刷作用，在一定程度上可降低自然水流的溯源侵蚀速率。人工开挖渠道后，去除表层的泥炭层，其下覆层为若尔盖古湖所沉积的细沙和粉沙层，这些非黏性的细沙和粉沙层极易受到水流冲蚀，使得沟道下切并向沼泽深处溯源延伸，进一步加速湿地退化，而且这种作用会长期持续，野外调查多发现近沟道向湿地内部溯源侵蚀的情景。

4.2.2　河流溯源下切加速湿地退化

1. 黄河溯源侵蚀

现代黄河河道以 U 形大拐弯流经若尔盖盆地，根据黑河牧场沉积物 ^{14}C 年代学测年结果，黄河溯源袭夺若尔盖盆地的时间约为 38～35ka B. P. (王云飞等，1995)。由沉积物测年可知，35ka B. P. 之前黄河源头的泥沙进入若尔盖古湖沉积，直至更新世晚期，若尔盖古湖才为黄河干流溯源切穿，湖水外泄加速玛曲以下冲积下切，引导玛曲河段、黑河和白河水系的溯源侵蚀和发育。若尔盖盆地原有的湖泊环境向沼泽和草地环境演变。

孙广友等(1992，2001)的野外调查统计表明若尔盖高原是我国最大的泥炭分布区，泥炭面积达 4605.28km^2，储存体积达 7361.67 亿 m^3，同时，红原泥炭厂和日干乔剖面的泥炭纹泥计年和 ^{14}C 测年表明，全新世泥炭层下的腐泥形成于 12ka B. P.。若尔盖湿地的草皮层由现代草本植物根系与腐殖土组成，具有良好的透水性及储水功能。泥炭是松软和松散的有机质堆积物，呈黑褐色或褐色，广泛分布于宽谷的地表表层，形成于晚更新世晚期至全新世，而且这个时期该地区较温暖湿润。泥炭露出地表风化后易破碎，孔隙度大于 50%，是该地区赋存地下水最多的含水层。

王云飞等(1995)通过若尔盖县黑河牧场西南的钻孔取样，根据 ^{14}C 测年和磁极性测试推断，若尔盖古湖的古环境经历了湖泊环境、黄河干流袭夺初期的湖泊充填和黑河下游平原沉积 3 个阶段。张智勇等(2003)认为 30ka B. P. 溯源侵蚀切开贵南南山和西秦岭，上溯若尔盖盆地再抵达黄河源头区。Harkins 等(2007)和 Craddock 等(2010)认为黄河龙羊峡以上干流的形成是经历短暂快速溯源冲积下切的结果，溯源冲积下切的平均速率约为 350km/Ma，其中玛曲河段的平均下切速率为 0.5～0.6m/ka。

若尔盖地区地处青藏高原东部，相对较稳定，区域构造以绕地块展布，部分断裂带延伸到地块边缘即消失。地块边界由 5 条大断裂切割组成，北界为玛沁-略阳断裂带，北东界为若尔迈玛断裂带，南东界为龙日坝断裂带，南西界为阿坝断裂带，北西界为久治断裂带。这 5 条内部的大断裂有可能引起若尔盖盆地内部向外部流域持续排水，从而在一定程度上减少盆地内地下水水量(Li et al.，2011)。孙广友(1992)通过野外调查发现白河、黑河及其支流的河床下切较深，降低了两岸的地下水潜水位，在河床两侧形成沼泽疏干带，分割了泥炭分布的连续性，从而限制了两侧泥炭沼泽的发育。达水曲上游河床下切深度为 0.5～1.3m，未切穿泥炭层，两岸植被为沼泽植被；中游下切深度为 1.6m，疏干宽度为 10～30m，为雨季积水沼泽；下游下切深度达 4.85m 时，疏干宽度超过 600m，其范围内为草甸植被，无沼泽和泥炭发育。

2. 河床下切速率

为了得到黄河干流及支流河床下切速率，需要采用第四纪测年技术测算河流阶地的埋藏年龄，以估算河床下切速率(Huntley et al.，1985；陈淑娥等，2003)。2011 年作者在黄河源野外调查过程中，运用光释光取样方法取样 13 个，经中国科学院地质与地球物理研究所的光释光测年法(OSL)在实验室检测,最后取得 9 个有效的测年结果(表 4.1),9 个样品分布于黄河干流、大河坝河和巴曲。2012 年黄河源野外调查过程中,再取 10 个样品,分布于黄河干流、兰木错曲和黑河。2011~2012 年野外考察的光释光取样点分布如图 4.15 所示。

表 4.1　黄河源河流阶地光释光测年结果

编号	位置	埋藏深度/m	等效剂量/Gy	含水率/%	年剂量率/(Gy/ka)	年龄/ka	误差/ka	下切深度/m	下切速率/(m/ka)
BQ-01	35°14′53″N, 100°29′06″E	15	237.85	0.60	3.486	68.2	14.5	48	0.70
BQ-02	35°14′40″N, 100°29′04″E	12	241.32	0.53	3.319	72.7	12.3	75	1.03
BQ-03	35°14′35″N, 100°29′05″E	15	282.83	0.69	3.133	90.3	17.1	57	0.63
HQH-05	35°53′04″N, 99°40′54″E	65	175.64	0.36	5.351	32.8	12.5	8	0.24
LJS-08	34°41′11″N, 100°39′24″E	3.5	47.89	1.01	3.267	14.7	4.7	8	0.54
LJS-09	34°41′20″N, 100°38′56″E	1.5	57.01	0.35	3.676	15.5	3.7	12	0.77
QSA-11	34°20′25″N, 100°12′41″E	1	183.78	0.73	2.201	83.5	24	24.5	0.29
TNH-12	35°30′31″N, 100°09′48″E	8	180.15	0.50	2.257	79.8	20.5	6	0.08
DHB-13	35°33′50″N, 99°54′35″E	1.5	64.15	0.39	5.183	12.4	4.1	13	1.05

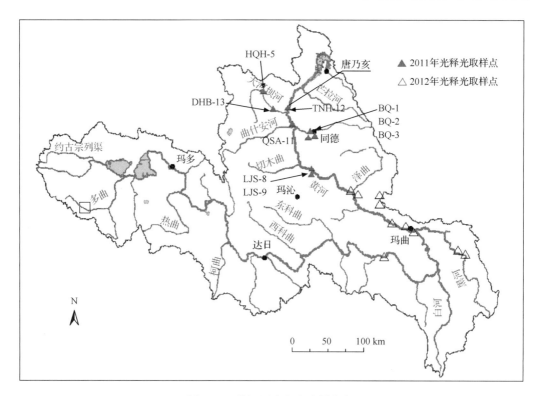

图 4.15　黄河源光释光取样分布

　　表 4.1 中 BQ-1、BQ-2 和 BQ-3 位于同德盆地,计算河床下切速率为 0.63~1.03m/ka。HQH-05 位于大河坝上游的黄青根河,其河床下切速率只有 0.25m/ka,DHB-13 位于

大河坝河中游，其河床下切速率为 1.05m/ka，反映从黄河干流向支流的溯源侵蚀，越往上游河床下切速率越小。QSA-11 位于曲什安河入汇黄河干流以下的干流阶地上，河床下切速率为 0.28m/ka。TNH-12 位于唐乃亥水文站附近干流左侧的一级阶地上，河床下切速率为 0.08m/ka。Harkins 等（2007）研究黄河源快速河床下切速率时，采用 OSL 和 ^{14}C 的测年方法选取从玛曲阿万仓到同德盆地取样，测年结果是同德盆地河床下切速率为 0.9~1.0m/ka，黄河干流拉加寺河段 60m 地层为 1.4~1.8m/ka 和 220m 地层为 2.1~2.4m/ka，泽曲入汇黄河处河床下切速率小于 2.5m/ka，黄河干流的阿万仓段河床下切速率小于 0.64m/ka。2011 年作者的测年结果表明，在同德盆地的测年结果与 Harkins 等（2007）的结果基本一致，黄河干流河床下切速率约为 1m/ka，支流小于 0.6m/ka，而玛曲-若尔盖盆地的黄河干流河床下切速率约为 0.6m/ka。

3. 河流溯源下切对沼泽的疏干作用

黄河干流玛曲河段从阿万仓至玛曲县城，下切深度沿程增加，至玛曲水文站，水面与一级阶地高差为 10~15m。白河沿程普遍下切较深。黑河自入汇口以上下切深度沿程减小，至若尔盖县以西，一级阶地与水面高差为 4~6m，黑河的主要支流格曲、麦曲和哈曲均存在下切的阶地，下切深度为 0.1~3m，河道两岸为疏干带，基本无沼泽发育（图 4.16）。若尔盖盆地内主流与支流发育明显持续下切的阶地，而且支流正在溯源侵

图 4.16　黄河干流、黑河中游、黑河支流格曲及哈曲的下切河岸

蚀,河床下切加快水量输送,降低河道两侧的地下水水位,从而在自然疏干若尔盖沼泽的过程中起到了长期作用。

黄河干流、白河与黑河的缓慢下切及整个若尔盖沼泽湿地内河流的溯源侵蚀过程一直没有停止。野外调查和遥感影像表明,各个支流切入沼泽中心部位,源源不断地疏干沼泽,扩大沼泽泥炭疏干带。地表的泥炭层对水流有一定的抗侵蚀作用,但不能抵抗崩塌后退模式的溯源侵蚀,一旦水流切穿泥炭,其下覆细沙层和粉沙层极易被水流冲刷流失。在很多溯源观察点发现,由于溯源点的水流冲刷作用形成高达 8.5~9m 的台阶(图 4.17),使得周围沼泽 3 个方向的水流向这里汇集,其排水作用相当惊人。

图 4.17　若尔盖沼泽湿地内的溯源侵蚀(33°5′6.7″N, 102°50′10.6″S)

图 4.18 显示 9 个河岸物质的粒径级配,中值粒径 D_{50} 为 0.07~0.125mm,D_{90} 为 0.021~0.2mm,基本在粉沙范围内。沼泽下覆粉沙层抗侵蚀能力弱,在雨季发生河岸崩塌和溯源侵蚀,进一步加速沼泽湿地萎缩。自然水系的河床下切和溯源侵蚀的疏干作用过去一直未引起重视,实际上沼泽湿地内完全由自然水系疏干的封闭小流域也相当普遍。

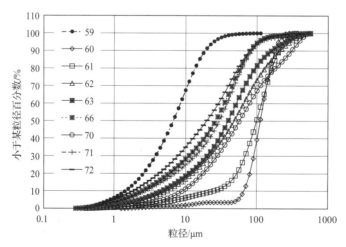

图 4.18　黑河及支流的 9 个泥炭覆盖层之下河岸物质粒径级配
59、60 等数字为取样点编号

4. 溯源下切速率

　　若尔盖沼泽内溯源侵蚀对疏干沼泽具有重要作用，为了能够定量评估若尔盖内溯源侵蚀速率，需要野外调查和遥感影像。运用 Google Earth 2010 年 9 月 20 日和 2013 年 6 月 15 日的遥感影像对比测算平均溯源侵蚀速率。若尔盖沼泽内的黑河支流麦曲、哈曲和吉曲，其河岸普遍下切较深。S301 省道贯穿若尔盖湿地，其修建完工于 2010 年 10 月 15 日，为了沼泽排水需要，S301 省道沿程设置了数量较多的桥梁和涵洞，依据桥梁和涵洞的建设时间估计最近 3 年的下切情况，结果见表 4.2，共统计了 18 个桥梁和涵洞，其中 5 个无下切迹象，可能与上游无来水有关。表 4.2 列出 13 个桥梁的下切深度，沟道平均下切速率为 0.24m/a。由于桥梁和涵洞出口为无泥炭层保护且为水流集中冲刷处，其下切速率大于一般沟道下切速率。

表 4.2　沼泽内 S301 省道上的桥梁和涵洞下切情况

编号	经纬度	洞口净高/m	洞口宽度/m	下切深度/m	水深/m	下切速率/(m/a)
B-1	32° 57.143′N, 103° 02.588′E	2.65	3.5	0.75	0	0.25
B-2	32° 57.143′N, 103° 02.589′E	2.4	5.5	0.65	0.59	0.22
B-3	33° 06.287′N, 102° 38.000′E	1.55	1	0	0	0.00
B-4	33° 05.766′N, 102° 39.059′E	2.55	2	0.2	0.05	0.07
B-5	33° 05.906′N, 102° 43.291′E	3	8	0.2	0.48	0.07
B-6	33° 05.156′N, 102° 45.430′E	2.5	2	0	0.1	0.00
B-7	33° 05.477′N, 102° 46.085′E	1.5	1.2	0	0	0.00
B-8	33° 05.607′N, 102° 46.599′E	1.2	2	0.85	0.1	0.28
B-9	33° 05.348′N, 102° 48.272′E	1.5	1.5	1.3	0.04	0.43
B-10	33° 05.302′N, 102° 49.352′E	1.2	6	0	0.29	0.00
B-11	33° 05.309′N, 102° 49.443′E	1.2	1.4	0.8	0.05	0.27
B-12	33° 04.659′N, 102° 50.210′E	3	2	2.7	0.03	0.90
B-13	33° 04.753′N, 102° 50.574′E	5	2	0.1	0.26	0.03
B-14	33° 04.129′N, 102° 52.205′E	1	2	0.8	0.05	0.27
B-15	33° 02.168′N, 102° 55.503′E	1	0.8	0.5	0.04	0.17
B-16	32° 58.140′N, 103° 05.045′E	2.4	6	0.2	0.15	0.07
B-17	32° 57.926′N, 103° 06.329′E	1.2	1	0	0.01	0.00
B-18	32° 57.313′N, 103° 07.168′E	4.5	5	0.3	0.2	0.10

　　沟道向若尔盖沼泽湿地中心的溯源侵蚀速率是关乎沼泽退化速率的重要因素。作者依据近年获得的遥感影像，结合地面调查估算溯源下切速率。图 4.17 是若尔盖沼泽的一个典型溯源侵蚀点，其 2010 年 9 月 20 日和 2013 年 6 月 15 日的遥感影像如图 4.19 所示。表 4.3 列出了沼泽内沟道溯源侵蚀速率，其中 H-10 就是图 4.17 和图 4.19 中的溯源沟道。测量时选取固定参考点，测量固定参考点与溯源点之间的长度，调节两期遥感影像至相同的分辨率，即可得到年平均溯源侵蚀速率。H-10 的平均侵蚀速率为

1.52m/a，这符合野外现场实测的结果。运用相同方法，在若尔盖沼泽内选取了 30 个溯源沟道，测量 2010～2013 年沟道向上游溯源侵蚀的速率，结果为 0.68～17.12m/a。

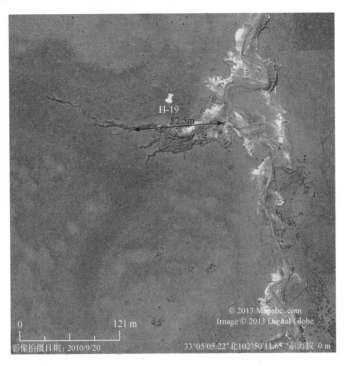

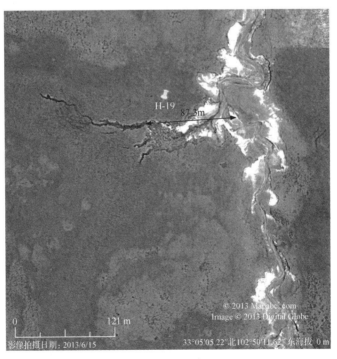

图 4.19　典型溯源侵蚀点的速率测量

某些上游流域面积大的沟道，溯源侵蚀的速率较快，同时沟道明显出现展宽，且毛细沟道向两侧延伸，从而加速沼泽疏干。若尔盖沼泽内自然水系的溯源侵蚀加速沼泽退化，是若尔盖沼泽退化最普遍最重要的机制。

表 4.3　溯源侵蚀速率估算

编号	经纬度	2010 年相对长度/m	2013 年相对长度/m	侵蚀速率/(m/a)
H-1	33°06′16″N，102°38′02″E	238.4	240.6	0.88
H-2	33°06′19″N，102°38′03″E	136.8	144.0	2.88
H-3	33°05′57″N，102°38′57″E	28.6	39.9	4.52
H-4	33°05′56″N，102°42′50″E	370.5	397.7	10.88
H-5	33°05′15″N，102°43′50″E	547.6	583.0	14.16
H-6	33°05′15″N，102°43′50″E	332.1	335.9	1.52
H-7	33°05′02″N，102°45′50″E	444.7	489.2	17.80
H-8	33°05′02″N，102°45′50″E	106.5	148.9	16.96
H-9	33°05′11″N，102°48′27″E	300.9	343.7	17.12
H-10	33°05′05″N，102°50′12″E	83.5	87.3	1.52
H-11	33°05′05″N，102°50′12″E	155.0	169.5	5.80
H-12	33°04′36″N，102°50′34″E	204.7	206.4	0.68
H-13	33°05′12″N，102°50′15″E	41.2	51.9	4.28
H-14	33°05′12″N，102°50′15″E	35.0	43.6	3.44
H-15	33°05′12″N，102°50′15″E	32.8	36.9	1.64
H-16	33°05′24″N，102°50′03″E	147.0	166.7	7.88
H-17	33°06′19″N，102°50′05″E	229.1	249.8	8.28
H-18	33°05′39″N，102°49′05″E	627.5	664.2	14.68
H-19	33°05′01″N，102°44′26″E	121.6	137.6	6.40
H-20	33°05′14″N，102°47′07″E	199.5	236.6	14.84
H-21	33°05′14″N，102°47′07″E	211.2	241.0	11.92
H-22	33°03′51″N，102°42′21″E	150.6	159.9	3.72
H-23	33°05′47″N，102°38′19″E	234.0	250.7	6.68
H-24	33°05′47″N，102°38′19″E	140.6	154.9	5.72
H-25	33°05′47″N，102°38′19″E	158.9	176.5	7.04
H-26	33°05′50″N，102°37′25″E	167.3	200.4	13.24
H-27	33°04′25″N，102°30′48″E	136.1	150.0	5.56
H-28	33°04′19″N，102°28′25″E	37.2	43.3	2.44
H-29	33°04′44″N，102°29′21″E	123.4	126.8	1.36
H-30	33°04′44″N，102°29′21″E	142.5	147.5	2.00

4.3　月牙泉湿地的形成与演变

4.3.1　黄河源沙漠月牙泉群的运动特性

黄河源沙漠化土地面积约为 $2500km^2$，主要位于优尔曲入汇黄河口以上流域，分布于岗纳格玛错西北方向至黄河乡的黄河谷地、日格错岔玛东北方向的黄河宽谷、多曲与黄河交汇处东南的山前冲积扇、喀日曲河谷、星宿海附近的山前冲积扇、约古宗列曲北岸宽谷。通过遥感影像分析和野外调查发现，黄河源沙漠里的月牙泉主要分布在东曲河口以上至鄂陵湖段。作者取这一片沙漠为研究区，收集并选择了 1977~2013 年的多期、多类型、多光谱遥感影像为基础数据。为使遥感分析结果具有可比性，尽量选用不同年份相同季节的遥感影像，同时结合连续 3 年对月牙泉湿地的野外调查和观测研究月牙泉的成因、运动和生态。

图 4.20 是黄河源沙漠在鄂陵湖以下部分的分布图。鄂陵湖形状是不规则的正三角形，黄河从左角（西）流入鄂陵湖，古代从鄂陵湖的右角（东）流出，现在改成从上角（北）流出。鄂陵湖以下黄河源沙漠呈条带状分布，面积为 1000 多平方千米，最西端上接鄂陵湖的右角。整个黄河源沙漠正是黄河从鄂陵湖右角流出时的黄河故道。由于古河道沉积了一层卵石和沙，黄河源沙漠可以通过地下渗流与鄂陵湖相连。2002 年黄河源大坝建成蓄水后，整个鄂陵湖的水位提高了，鄂陵湖周围的地下水水位也随之抬高。

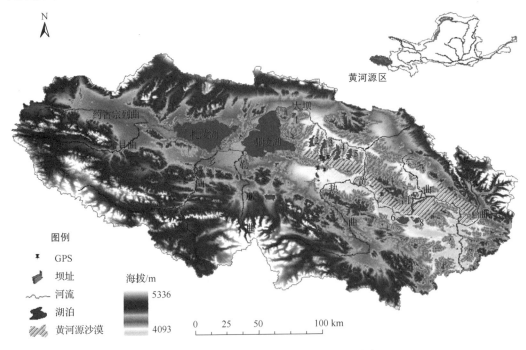

图 4.20　黄河源海拔高度和黄河源沙漠分布

黄河源沙漠里的 8000 多个月牙泉绝大多数是基本稳定的，但是新生的月牙泉可以随沙丘运动而运动。这种月牙泉成为活动月牙泉。一般的活动月牙泉数年保持水量,周边沙丘发育植被就会逐渐稳定下来。图 4.21 是一个活动月牙泉的形状测量结果,活动月牙泉稳定时间较短,保持一定的活动性,一般是新生的月牙泉。这个月牙泉被 3 个小型沙丘包围,月牙泉顺风向宽度只有 36m,垂直风向宽度有 146m。月牙泉的上风面月牙泉边是沙丘的背风坡,坡度达 25°～45°,对面是另一沙丘的迎风坡,坡度小于 15°。实测了附近 4 个月牙泉的水面高度和相对高差,基本上都在 4230m 左右,相邻月牙泉的相对高差都在 0.5m 之内。图 4.22 显示相临近的 4 个活动月牙泉的相对高差。相对高差采用精度为 1cm 的激光测距枪测量。虽然月牙泉之间被上百米的沙丘相互隔离,但是它们的地下水基本上是相互连通的。

图 4.21　一个活动月牙泉的形状测量结果

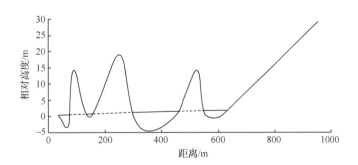

图 4.22　临近的 4 个活动月牙泉的相对高差测量结果

　　活动月牙泉随着沙丘运动而运动。作者在几个新生月牙泉边做标记,连续两年观测,再利用历史上的遥感影像分析发现,活动月牙泉的运动速率达 4～10m/a。在每年长达 8～9 个月的冰封季节里,月牙泉边下风头的沙被风吹走,开冻之后水流进下风头吹蚀的沙坑内,同时另一面月牙泉上风头一侧一年四季都有风沙吹进。这样,月牙泉随着两侧沙丘的运动而向下风方向运动。

4.3.2　月牙泉的形成机理

1. 月牙泉是地下水渗流形成的

黄河源沙漠发育在黄河故道上，地下水水位比较高。由于气候变化、融雪水增加或者其他原因地下水水位抬高，通过渗流进入沙丘间月牙状低凹处就形成月牙泉。图 4.23(a)显示从高的沙丘渗出来的地下水逐渐向低凹处汇集；图 4.23(b)是根据实测数据得出沿着月牙泉群水面梯度最大的方向切割的沙面和水面的纵剖面线，左边是鄂陵湖方向，右边是黄河的方向。由于右边低凹处的月牙泉长期保持一定的水深，周围初步发育植被，水里也生长了以水葱为优势物种的水生植被，形成了一片湿地。图 4.23(a)显示的渗流正是沙漠月牙泉透过沙丘的渗流。这片湿地有一个流入黄河的出口，流量大约为 0.1m³/s，要保持这样的流动需要一定的水头，所以两边水位差较其他相邻月牙泉间的水位差大。

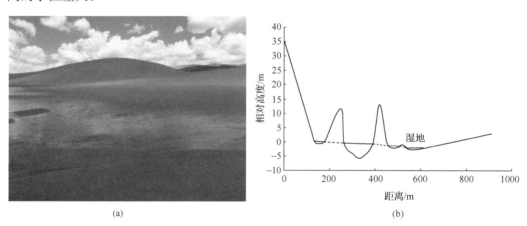

(a)　　　　　　　　　　　　　　　　　　(b)

图 4.23　地下水向低凹处汇集形成月牙泉

(a)由于地下水位抬升从沙丘渗出来的地下水逐渐向低凹处汇集；(b)沿月牙泉群水面梯度最大的方向的沙面和水面纵剖面线

2. 大坝蓄水抬高水位的影响

2002 年黄河源大坝蓄水后，整个鄂陵湖的水位提高到 4273m，之后鄂陵湖下游特别是黄河源沙漠的地下水水位有明显的抬升。分别采取 2001 年和 2010 年的遥感数据计算平均辐射亮度，得出地面在 2、3、4、5 这 4 个波段的平均反射率，然后建立了反射率与土壤含水量关系并计算出土壤含水百分率，最后利用 GLDRS 模型计算出地下水位。图 4.24 显示了鄂陵湖下游黄河两岸、星星海附近和黄河源沙漠区 2010 年比 2001 年地下水抬升的区域分布。最明显的地下水水位抬升区恰好与黄河源沙漠区重合，这是因为黄河故道地下渗流比较发育的缘故。根据计算，黄河源沙漠区地下水水位抬升了 1~3m。

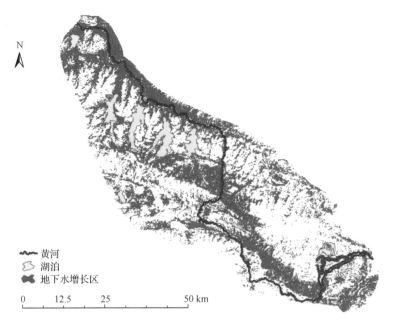

图 4.24　鄂陵湖下游黄河两岸、星星海附近和黄河源沙漠区 2010 年比 2001 年地下水抬升的区域分布

　　水库蓄水和鄂陵湖水位抬升导致周围的湖泊水位抬升了一定幅度。图 4.25 是鄂陵湖周边湖泊表面面积在水库蓄水前后的变化。这 8 个湖泊在 2002 年水库蓄水前都呈现不同程度的萎缩，阿涌尕玛错、隆热错、阿涌哇玛错、哈江盐池在建坝前 20 年都有连续的快速萎缩。这些湖泊在 2002 年水库蓄水后不约而同地停止萎缩并逐渐扩大，阿涌尕玛错、隆热错、哈江盐池等基本已经恢复到 20 世纪 70 年代的水平了。这些湖泊与黄河源大坝和鄂陵湖都没有地表水流连通，这种明显的响应必然是地下水连通的结果。

　　黄河源沙漠里的月牙泉数量在水库大坝建成蓄水后迅速增加，水面面积也相应扩大。离鄂陵湖较近的一些沙漠月牙泉已经相互连通，形成较大的湖泊，只有沙丘顶部出露在水面上，形成千岛湖景观。图 4.26 是相互连接的月牙泉形成的曲折弯绕的湖面和出露的沙丘群。因为这些月牙泉形成时间较长，沙丘表面发育了稀疏的草本植被。

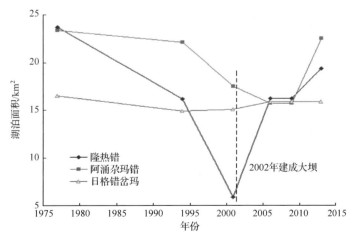

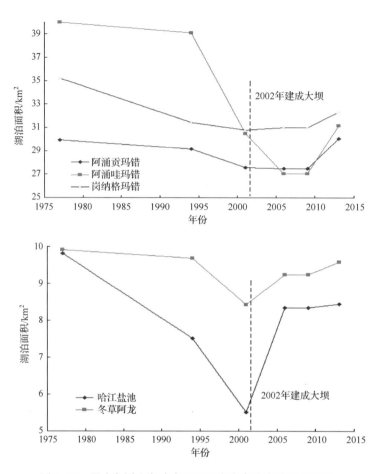

图 4.25　鄂陵湖周边湖泊水面面积在水库蓄水前后的变化

图 4.26　相互连通的月牙泉形成的曲折弯绕的湖面和出露的沙丘群

　　图 4.27 是一些新生的月牙泉群的水面相对高度，非常明显地显示月牙泉群的水位梯度向着鄂陵湖的方向。由于这个测量是在 7 月阳光灿烂的白天进行的，水位梯度偏大一点，夜间或蒸发量较小的时间段梯度会小一些。平均看来月牙泉群的水位梯度为 0.5～1m/km。这跟鄂陵湖湖面至下游 50km 处的水位差为 40m 是较吻合的。

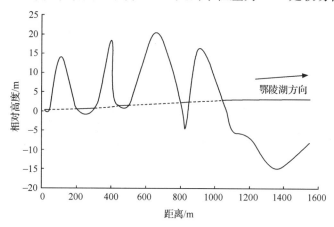

图 4.27　新生月牙泉群的水位梯度向着鄂陵湖方向

4.3.3　月牙泉的生态作用

　　如果月牙泉长期得到地下水的补给，能够维持水面不减，周围的沙丘运动被大大减弱，沙漠表面就开始发育植被。沙漠上的先锋物种线叶蒿草最早生长（植被覆盖度为 2%～5%），然后形成以西藏蒿草、棘豆、高原早熟禾、醉马草、钻苞风毛菊为主要物种的稀疏植被（植被覆盖度为 10%～20%）。经过 5～10 年的稳定，植被物种群演替为以肉果草、矮生忍冬、青藏苔草、块根紫菀、乳白花黄芪、地肤、乳白香青、西伯利亚蓼、猪毛菜、二裂委陵菜为主要物种的初步植被，同时钻苞风毛菊、西藏蒿草仍然是重要物种（植被覆盖度为 30%～50%）。到植被覆盖度发育到 60% 以上时，物种更加丰富，形成主要物种为青藏苔草、垂穗披碱草、二裂委陵菜、臭蒿、冷蒿、西北针茅、棘豆、钻苞风毛菊、白香青、弱小火绒草、急弯棘豆、松潘黄芪、偏翅龙胆等的复杂植被。长期稳定后，可以发育灌木植被，形成以高山绣线菊为优势灌木的灌草复合植被。图 4.28(a) 是新生月牙泉初步稳定下来发育的植被；图 4.28(b) 是长时间稳定后发育的复杂植被。

　　月牙泉的水生态环境也不断发生改变，新生月牙泉经过一年就由水生动物占领，早期水生动物以沟虾为极为优势的物种，还有一些宽水蚤、龙虱、划椿等物种。随着稳定时间的增长，物种丰富度增加。沟虾不再那么优势，与萝卜螺和 Chironomus 同为优势物种。线虫、宽水蚤、龙虱、划椿仍然是重要物种，还出现了扁卷螺、颤蚓、盘丝蚓、长腹剑水蚤、鳞石蛾、管石蛾、枝角目、泥龙虱、胖龙虱等物种。基本上，物种数量随着月牙泉的稳定时间增长而增加。

　　月牙泉群现象向我们提示，高原沙漠化问题可以通过建设大坝提高地下水位来解决。实际上，三江源的许多生态问题都是由于人类开发疏浚排水造成的。随着三江源人

(a)　　　　　　　　　　　　　　　　(b)

图 4.28　月牙泉的植被变化

(a)新生月牙泉初步稳定下来发育的初级植被；(b)月牙泉长时间稳定后发育的复杂植被

类活动加强，原来的高原沼泽、滨河湿地、高原草甸逐渐被疏干，用来发展畜牧业和建设公路矿山。在这个过程中无意释放出大量风动沙，这些风动沙聚集造成沙漠化。如果综合考虑开发与生态修复，可以在规划水电大坝的时候考虑抬高沙漠化地区的地下水位，把高原上的沙漠转变成月牙泉，由此使沙漠固定发育植被从而修复生态。利用月牙泉可以治理高原沙漠化，但是不一定能治理干旱地区的沙漠化。高原上温度低蒸发量小，地下水补给超过蒸发损失。而干旱地区沙漠里蒸发量太大，地下水的补给有限，难以形成足够的数量和规模的月牙泉。

4.4　高原湿地保护与修复方略

由于气候变化和人类活动，黄河源各种湿地都有一定的变化。随着人类活动的不断加强，湿地的动态变化还会继续甚至加强。根据前面的讨论，若尔盖沼泽湿地和高原草甸大面积萎缩，主要原因是增加排水以及河流和排水渠道下切。因此，控制湿地萎缩的基本方略就是控制排水。综合考虑放牧草场的管理，要停止以疏干湿地为主要方法的草场扩展。公路建设中如果要避过草甸湿地，可以通过抬高路面而不是疏干草甸的方法达到。在主要排水口建设碎石堰，控制排水流量，使得湿地水量流失减慢。在高原河流上建设大坝可以增加湖泊，同时可抬高地下水水位，增加沙漠月牙泉湿地。建设大坝也可以用作修复若尔盖沼泽湿地的方略。

对于若尔盖沼泽湿地的保护和修复，建立保护区、停止人工排水、控制河流下切、禁止泥炭开采、控制畜牧压力都是有效的措施。中国政府于 1998 年批准建立四川若尔盖湿地自然保护区，而且其于 2008 年入选"国际重要湿地"名单，其总面积达1665.7km²，东西宽47km，南北长63km，保护区内的沼泽草甸和沼泽植被是当地野生动植物繁殖和栖息的重要地区。由于气候变暖不能人为调节，加之人类活动(包括人工渠道排水、开采泥炭、地下水开采、过度放牧和旅游业发展等)持续加强,尽管建立了若尔盖湿地保护区,但沼泽湿地萎缩仍未停止,特别是没有有效控制水系溯源侵蚀和人工排水。这些不利情况对于整个若尔盖沼泽湿地保护以及自然保护区的维持均有不利影响。

　　建设低坝有利于快速修复湿地。若尔盖花湖湿地的原水面面积 156hm²,2011 年水面已萎缩至原来的 1/3,周边局部已出现沙化。2011 年在花湖出流河流下游修建了一个低坝,拦蓄水量,使得花湖湿地面积迅速扩展到 2000hm²。修复后的若尔盖花湖烟波浩渺,宛如一块镶嵌在川西北边界上的瑰丽夺目的绿宝石,成为我国三大湿地旅游区之一。

　　向华龙和沈珠江(2005)提议在黄河玛曲县城下游 100km 的峡谷河段修建水库,提升若尔盖地下水水位,再造新若尔盖湖,这样可以一劳永逸地解决沼泽湿地萎缩和土地沙化问题。焦晋川等(2007)提出将对若尔盖湿地的全程控制(法律、政策、宣传和行政管理等)和末端治理(保护草皮和治理沙化)相结合的方法来保护若尔盖湿地。高洁(2006)提出控制沼泽退化的对策包括法律宣传与执行、人口控制与生态移民、禁止泥炭开采、限制畜牧业发展和发展旅游业。蒲珉锴等(2010)针对已全面退化成草原的日干乔湿地提出修复方法,如减少放牧和禁牧、发展旅游业、堵沟和植被恢复。可见,目前关于若尔盖沼泽修复的措施和方法较多,但由于既有的退化现状和放牧需求,这些措施和方法难以得到实施,怎样提出更有效可行且为牧民接受的治理方法仍是一个难点,需要进一步深入调查研究。

本章参考文献

柴岫,金树仁. 1963. 若尔盖高原沼泽的类型及其发生与发展. 地理学报,29(3):219-240.

陈淑娥,李虎侯,庞奖励. 2003. 释光测年的研究简史及研究现状. 西北大学学报,33(2):209-212.

高洁. 2006. 四川若尔盖湿地退化成因分析与对策研究. 四川环境,25(4):48-53.

焦晋川,杨万勤,钟信,等. 2007. 若尔盖湿地退化原因及保护对策. 四川林业科技,28(1):99-102.

宁和平,李国军,王建兵. 2011. 黄河上游玛曲地区近 40a 蒸发量变化特征分析. 干旱区资源与环境,25(8):113-117.

宁龙梅,王华静. 2010. 若尔盖高原湿地研究 10 年回顾与展望. 安徽农业科学,38(26):14552-14557.

蒲珉锴,杨满业,杜笑村,等. 2010. 日干乔湿地恢复的可行性分析. 草业与畜牧,179(10):50-52.

尚小刚,张森琦,马林,等. 2006. 黄河源区湖泊萎缩的原因初步分析. 高原地震,18(2):49-54.

沈松平,王军,杨铭军. 2003. 若尔盖高原沼泽湿地萎缩退化根因初探. 四川地质学报,23(2):123-125.

孙广友. 1992. 论若尔盖高原泥炭赋存规律成矿类型及资源储量. 自然资源学报,7(4):334-346.

孙广友,罗新正,Turner R E. 2001. 青藏东北部若尔盖高原全新世泥炭沉积年代学研究. 沉积学报,19(2):177-181.

王云飞,王苏民,薛滨,等. 1995. 黄河袭夺若尔盖古湖时代的沉积学依据. 科学通报,40(8):723-725.

向华龙,沈珠江. 2005. 论营造高原过水湖泊-新若尔盖湖. 科技导报,23(12):16-19.

杨永兴. 1999. 若尔盖高原生态环境恶化与沼泽退化及其形成机制. 山地学报,17(4):318-323.

张智勇,于庆文,张克信,等. 2003. 黄河上游第四纪河流地貌演化-兼论青藏高原 1∶25 万新生代地质填图地貌演化调查. 地球科学(中国地质大学学报),28(6):621-626.

赵资乐. 2005. 黄河上游黑河、白河流域水沙规律. 甘肃水利水电技术,41(4):336-338.

郑群英,泽柏,李华德,等. 2009. 若尔盖沼泽草甸载畜量变化. 草业与畜牧,163(6):14-16.

周国军,李华. 2003. 若尔盖草原沙化成因及治理对策研讨. 四川草原,(1):35-36.

Craddock W H, Kirby E, Harkins N W, et al. 2010. Rapid fluvial incision along the Yellow River during Headward basin integration. Nature Geoscience, 3(3):209-213.

Harkins N W，Kirby E，Heimsath A，et al. 2007. Transient fluvial incision in the headwaters of the Yellow River，northeastern Tibet，China. Journal of Geophysical Research，112(F3)：F03S04，doi：10. 1029/2006JF000570.

Huntley D J，Godfrey-Smith D I，Thewalt M L W. 1985. Optical dating of sediments. Nature，313：105-107.

Li Y，Yan Z，Gao S J，et al. 2011. The peatland area change in past 20 years in the Zoige Basin，eastern Tibetan Plateau. Frontiers of Earth Science，5(3)：271-275.

Zhang X Y，Lu X G. 2010. Multiple criteria evaluation of ecosystem services for the Ruoergai Plateau Marshes in southwest China. Ecological Economics，69：1463-1470.

第 5 章　青藏高原沙漠化及治理方略

沙漠化是指气候变化和人类活动等因素引发的以风沙活动为主要标志的环境退化过程，包括土地风蚀、出现活动沙丘和形成沙漠的过程。沙漠化已经成为世界生态环境的焦点问题之一。2006 年 6 月，联合国环境规划署（UNEP）发布题为"全球沙漠展望"的报告，指出全球面临的沙漠化威胁越来越严重，沙漠面积已达 3800 万 km^2，占全球陆地面积的 25%。更为严重的是这个数字还在不断增长，人类每年因沙漠化而丧失 5 万～7 万 km^2 的良田。撒哈拉沙漠每年向南扩展 1.50 万 km^2。中国也是沙漠化严重的国家。根据国家林业局公布，中国沙漠化土地面积 1949 年为 67 万 km^2，1985 年增长到 130 万 km^2，2006 年进一步增长到 173 万 km^2。

土地沙漠化严重影响多数国家的农牧业发展，不仅使农牧业土地面积减少，而且降低土地生产能力，造成严重的经济财产损失。据估计，沙漠化使农田产量普遍下降 20%～25%，草场产草量下降 30%～40%（杨俊平和邹立业，2000；Wang，2004）。全世界沙漠化每年给农业生产造成的损失达 260 亿美元（石弘之，1991；Houghton，1998）。20 世纪中期，非洲撒哈拉沙漠边缘区发生了持续 17 年的大旱，给附近国家造成了巨大的经济损失和灾难，死亡人数达 200 多万，震惊世界（任振球，1990）。此外，沙漠化破坏生物栖息地，由沙漠化导致的物种灭绝问题已引起科学界和各国政府的高度重视（赵春晖，2005；王晴，2006；杨学祥，2010）。沙漠化引发的风沙灾害还具有区域与全球尺度的环境效应。风沙过境会掩埋毁坏农田、河流、湖泊、房屋、公路、铁路及水库等，造成频繁的交通设施改道、村庄搬迁、基础设施毁坏等事件，影响人们生产生活，甚至危及人类的生命安全。例如，源自西北地区的沙尘暴常常影响北京春季的大气能见度，有时还会影响到朝鲜半岛和日本（张永民和赵士洞，2008）。

在过去几十年里，长江源和黄河源的草原沙漠化严重，影响当地畜牧业和生态环境发展。本章讨论青藏高原沙漠化及植被修复方法，为高原沙漠化治理奠定基础。

5.1　青藏高原沙漠化及风沙特性

5.1.1　青藏高原的沙漠化

高原高寒沙漠化地区在纵向剖面上是风成沙、黄土与古土壤交互叠覆的沉积相系列，横向上是风成沙、黄土、古土壤与河湖相沉积物同期并存。末次冰期以来，黄河源典型沙漠化区交替经历了沙漠化发生、扩大的"正过程"和流沙缩小、固定成壤的"逆过程"（陶贞和董光荣，1994）。各种时间尺度的沙漠化正过程未进行到底便被新的沙漠化强逆过程所代替。气候条件波动是沙漠化正逆交替复杂过程的主要影响因素，另外自人类历史时期以来，不合理的经济活动也是促使沙漠化"正过程"加剧和发展的重要因素(董光荣等，1987)。

20世纪50年代开始，我国学者对高寒沙漠化地区进行过数次科学考察、普查和遥感数据调查，发现青藏高原的山间盆地、河流谷地、湖泊盆地和山前洪、冲积平原等地貌单元上沙漠化问题严重(国家林业局，2009)，无论是沙漠化面积还是沙漠化程度都朝着恶化的方向发展(胡光印等，2008)。近40年来，长江、黄河源区人类活动日渐加剧，特别是过度放牧，人工疏干草原使得鼠兔和旱獭过度繁殖，大量啃吃草根破坏草原，导致沙漠化再度处于高活跃期。另外，气候变化使得年平均气温上升了0.7～0.8℃，加剧了高原沙漠化(汪青春和周陆生，1998；王根绪等，2001)。目前沙漠化已经成为三江源区最严重的生态环境问题(Dai et al.，2010)。

植被破坏是沙漠化的前奏曲。早期河湖相沉积物随着高原的抬升逐渐干涸，裸露于地表，另外高寒风沙土广泛分布于三江源区内高滩地、阶地和丘陵上。在特殊的高原地理和气候环境影响下，这些沉积物上发育脆弱的植被生态系统。20世纪90年代，一些学者发现黄河源和长江源广泛分布的现代活动沙丘以及更新世、全新世或更早地质历史时期内的沙漠，后来被植被固定或半固定下来，形成风沙土(方小敏等，1998)。气候干旱化和人类不合理活动等因素造成植被退化，部分地区的地表植被破坏严重，草皮下的细沙为风沙活动提供了丰富的物质来源(赵秀峰，1991)。在强烈的风力作用下，草皮下的细沙被释放并形成活动沙丘，活动沙丘的运动进一步掩埋破坏草皮释放细沙，加剧沙漠化正过程的发生(Feng et al.，2004；陈登山，2005)。

图5.1显示三江源沙漠化土地以及河流水系和湖泊的分布图，是以美国宇航局STRM数据及全国1∶25万地形数据库为基础，依靠地理信息系统ArcGIS提取出来的。三江源沙漠化区集中分布在黄河源区和长江源区，沙漠化土地面积大约为3000km²。目前三江源现代风沙活动非常强烈，威胁着三江源的生态环境和农牧草场

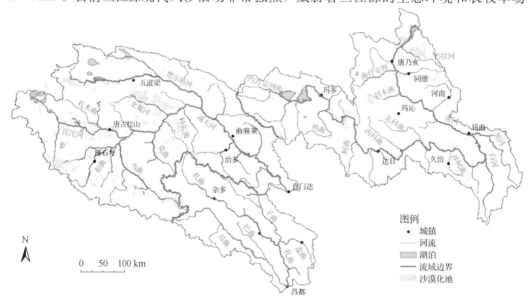

图5.1　三江源水系及沙漠化土地分布图

(图 5.2)，影响当地农牧民的生产和生活。更严重的是，青藏高原已成为中国重要沙尘源区之一，因"世界屋脊"特殊的海拔，在强劲的风力作用下沙尘容易进入西风急流区，成为全球远程传输的主要沙尘源区之一，进而可能影响全球气候(方小敏等，2004)。

(a)　　　　　　　　　　　　　　　　　　　　(b)

图 5.2　黄河源风沙掩埋植被导致植被下面的细沙释放加剧沙漠化
(a)贵南县芒拉乡；(b)贵南县沙坡头

5.1.2　风动沙及特性

各种岩石的风化产物含有大量的风动沙，即矿物以石英为主，粒径在 $0.05 \sim 0.25$mm 的沙。这样的沙粒容易被风吹动、在沙漠表面做跳跃运动，但是不会飞扬上高空。它们在运动过程中不会离散，具有很强的聚集性。沙漠化就是由于大量的风动沙聚集在一起，埋没植被形成活动沙丘的结果。在没有人类干扰的条件下，这些沙以不同形式储存起来，但一旦释放并聚集在一起，就形成了沙漠。

三江源区风沙沉积物广泛分布，包括活动沙丘、半固定沙丘和固定风沙土。活动沙丘由 90% 以上的风动沙组成，地表植被盖度小于 5%，表层颗粒在风力作用下活动强烈，沙丘处于流动状态。半固定沙丘含有 80% 左右的风动沙，地表植被盖度大于 5%，且局部表层出现结皮层或腐殖质层，抑制下层细沙运动，无保护层的地表风沙活动较强。半固定沙丘结皮层比较脆弱，一旦破坏，细沙再次被风吹起发生风沙活动。半固定沙丘在一定程度上夷平，但仍保持一定的沙丘状。固定风沙土只有 70% 左右的风动沙，地表植被盖度超过 60%，表层大面积具有一定厚度的腐殖质层，能够有效抑制风沙活动。

为了研究三江源区风沙沉积物的粒度特征，对典型地区进行了野外调查和泥沙采样。调查区覆盖长江源区的五道梁、唐古拉山乡和不冻泉，以及黄河源区的贵德县、贵南县、泽库县、河南县等地区(图 5.3)。采样点包括 5 处活动沙丘(A1~A5)、3 处半固定沙丘(SF1~SF3)、5 处固定风沙土(F1~F5)、14 处河流沉积物(FD1~FD14)及 1 处坡积物(SD)。采用 GPS(误差小于 1m)确定地理位置；采用激光测距仪和罗盘测量沙丘的高度和坡度；采用土壤采样器钻取沙丘表面泥沙，每个沙土样重达 300g；结合标准筛分法和激光粒度法测量了沙土样的颗粒级配(牛占等,2006);采用 X 射线衍射仪(仪器稳定度为 0.01%)定量分析沙土样的全岩矿物和黏土矿物组成。

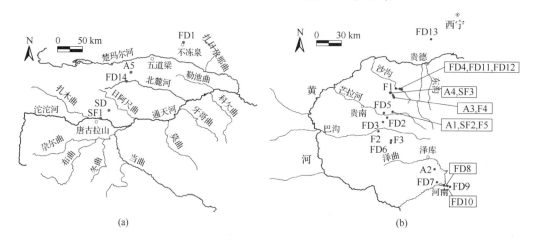

图 5.3　三江源区地表覆盖物采样点分布图
(a)长江源区;(b)黄河源区

　　虽然目前三江源区沙漠化是由于固定风沙土和半固定沙丘中风动沙的释放和聚集造成的,但是追根溯源,这些风动沙都是来自河流沉积物。一般侵蚀产生的泥沙,如崩塌、滑坡、泥石流沉积物和坡积物、残积物都有较宽的级配,风吹蚀后,其表面残留的粗颗粒会成为保护层,避免下层的细沙再被风吹蚀。但是,上述各种泥沙被河流搬运后就发生分选,细沙集中沉积在河滩上,在风力作用下,能够被连续吹蚀,并被风带到一定距离的地方停下来,形成活动沙丘。图 5.4 分别为长江源区楚玛尔河流域、黄河源区沙沟河流域、黄河源区茫拉河流域的活动沙丘(A1、A3、A4、A5)和附近河流滩地沉积物(FD1、FD2、FD4、FD5)的颗粒级配曲线对比图。从图中可明显看出,风沙颗粒粒度集中,与附近河滩沉积物颗粒级配相近,是河滩泥沙中粒度为 0.1~0.2mm 的泥沙颗粒经风进一步分选作用生成。

　　图 5.5 分别为上述活动沙丘(A1、A3、A4、A5)和河流滩地沉积物(FD1、FD2、FD4、

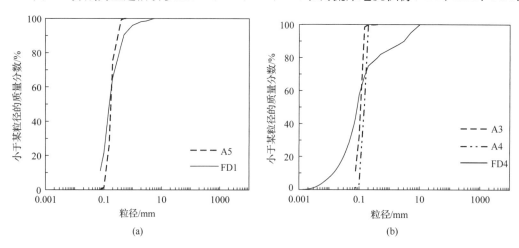

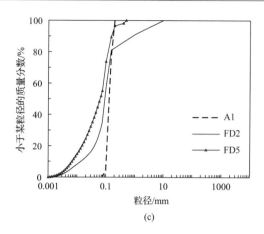

(c)

图 5.4　三江源区河滩沉积物(FD1、FD2、FD4、FD5)与附近活动沙丘(A1、A3、A4、A5)的颗粒级配对比

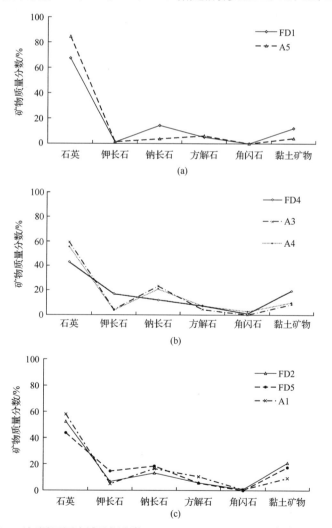

(a)

(b)

(c)

图 5.5　三江源区河流滩地沉积物(FD1、FD2、FD4、FD5)与附近活动沙丘
(A1、A3、A4、A5)的矿物成分对比

FD5)的矿物含量曲线对比图。从图中可看出,河流沉积物的矿物成分含量与风沙基本相同,主要有石英、长石类、方解石、角闪石以及黏土矿物。其中,黏土矿物是指粒径小于0.002mm的层状硅酸盐矿物,主要有高岭石、伊利石、蒙脱石、绿泥石、伊蒙混层矿物、绿蒙混层矿物等。活动沙丘中黏土矿物含量较河流沉积物中少,而石英矿物含量大,说明风沙分选时河滩沉积物中的石英颗粒进入风沙,而部分黏土颗粒被吹散。

　　为了研究风动沙的粒径级配特性,作者采样分析了三江源区13个活动沙丘和15个河流沉积物和坡积物的级配。另外,收集了71个国内外其他区域的活动沙丘、重力侵蚀以及水力侵蚀沉积物的粒径级配资料,其中21个风沙样品选自内蒙古高原(吴正,1987;刘虎俊等,2005)、非洲撒哈拉沙漠及沙特阿拉伯等地区的沙漠区(Abolkhair,1986;Khatelli等,1998)以及青藏高原河谷、干旱荒漠、干旱半荒漠和半湿润地表的沙漠化区(陈隆亨,1998);1个坡积物、5个滑坡堆积物、7个崩塌堆积物、12个坡面泥石流、12个沟内泥石流、13个河流沉积物(包括洪积物、河床淤积物、床沙质、三角洲、河漫滩沙洲及河道推移质)选自西藏、四川、云南及黄河三角洲等典型流域区(叶青超,1992;康志成等,2004;何丙辉和刘立志,2007;Li et al.,2010)。综上所述,共获得46个沙漠活动沙丘、2个坡积物、5个滑坡堆积物、7个崩塌堆积物、24个泥石流堆积物以及27个河流沉积物泥沙粒径级配。

　　图5.6为风沙与水力、重力侵蚀等沉积物的中值粒径和分选系数对比图,其中分选系数定义为D_{84}与D_{16}比值的平方根。可见,不同地区风动沙的粒径组成非常接近,中值粒径和分选系数分别集中在0.05～0.25mm和1.0～2.5的窄小范围内。其中,风动沙的中值粒径为0.15mm,分选系数为1.35,这个粒度范围内的泥沙颗粒是形成活动沙丘的关键物质来源。水力侵蚀和重力侵蚀沉积物的组成颗粒和分选系数差距很大,重力侵蚀沉积物的中值粒径分散在20～5000mm,分选系数可达15;泥石流沉积物的中值粒径分散在5～1000mm,分选系数可达40;河流沉积物的中值粒径分散在0.01～1000mm,分选系数可达30。可见,各地沙漠的活动沙丘都具有相同的粒径分布和极小的分选系数,完全区别于其他类型的沉积物,这是风动沙的鉴定特征。

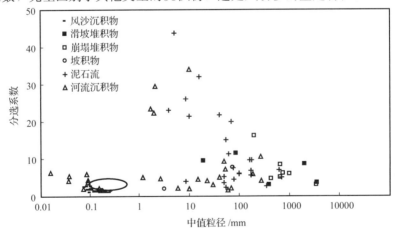

图5.6　沙漠泥沙(风动沙)与其他地表沉积物的中值粒径和分选系数的对比

5.2 沙漠化土地的植被修复作用

5.2.1 沙丘固定与植被发育的相互影响

如果沙漠化地区有超过 200mm 的年降水量，只要沙丘不运动，植被就会恢复。所以控制沙丘运动是沙漠绿化的关键。植被能够影响风蚀过程、风沙输移过程（Buckley，1986；van de Ven et al.，1989；Wolfe and Nickling，1993）和沙丘固定过程，进而控制沙丘活动（Durán and Herrmann，2006）。植被发育演替过程与沙丘固定成土过程相互促进，植被作用加速沙丘稳定和沙漠化土地生态恢复过程，使三江源风沙区朝着生态良好方向演变。玛多县不同发育程度风沙土的养分状况分析表明，流动沙丘固定过程中有机质含量、土壤氮磷含量、细菌总数及微生物的生物多样性均呈递增趋势（齐雁冰等，2005；林超峰等，2007）。

为了研究沙丘固定对植被的修复作用，作者对图 5.3 中的 5 处活动沙丘（A1～A5）、3 处半固定沙丘（SF1～SF3）及 5 处固定风沙土（F1～F5）进行了采样分析和测量。活动沙丘一般呈新月形，沙丘高度为 7～10m（如 A1、A2 和 A5），植被覆盖度（包括草、灌木和树木）为 0% 或<5%。A3 和 A4 是小面积沙漠化区的独立活动沙丘，高度为 2～3m。半固定沙丘 SF1 和 SF3 经过自然恢复的植被的较长时间固定作用而形成，植被盖度近 35%；而半固定沙丘 SF2 是人工植树后，经过人工和自然恢复的植被几年的固定作用而形成的，植被盖度为 20%。固定风沙土 F1～F4 是经过自然恢复植被的几十年甚至几百年的固定作用而形成的，植被覆盖度达 65% 以上，而固定风沙土 F5 是人工植树后经过人工和自然恢复的植被的十余年的固定作用而形成的，植被覆盖度达 40%。固定风沙土的地面起伏高度小于 0.5m，几乎处于夷平状态。

图 5.7 显示了活动沙丘和经过植被长期作用的半固定沙丘和固定风沙土的级配对比。活动沙丘粒径在 0.2～0.075mm，中值粒径约为 0.15mm，其中 Average(A) 是活动沙丘 A1～A5 的颗粒级配曲线的平均值[图 5.7(a)]。活动沙丘经固沙措施和(或)植被的固定作用后，在降雨和植被的作用下表层颗粒发生风化，生成大量粒径小于 0.075mm 的细颗粒，包括细沙粒、粉砂粒和黏粒。图 5.7(b)为自然植被作用下的半固定沙丘 SF1、SF3 和固定风沙土 F1～F4 的颗粒级配曲线，可见经过长时间自然植被作用，半固定沙丘和固定风沙土的细颗粒含量分别约占颗粒组成的 10% 和 20%。活动沙丘、半固定沙丘和固定风沙土风化产生的黏土颗粒含量逐渐增多，分别为 5%、5%～10% 和 10%～20%。细颗粒含量的增多导致分选系数增大，活动沙丘、半固定沙丘和固定风沙土的平均分选系数分别为 1.35、1.5 和 2.2。

沙丘固定过程中，沙丘表层长石类和碳酸盐类矿物经过水解或碳酸化形成黏土矿物，此外，沙丘表面聚集的植物残体、动物尸体及排泄物等有机质经微生物作用生成腐殖质。因此，可通过沙丘表层矿物成分及腐殖质含量分析，判识沙丘的固定程度。图 5.8 为沙丘表层沙土样矿物成分分析结果。如图 5.8(a)所示，4 处活动沙丘的风沙沉积物的矿物成分主要有石英、长石类、方解石、角闪石以及黏土矿物，其中黏土矿物含

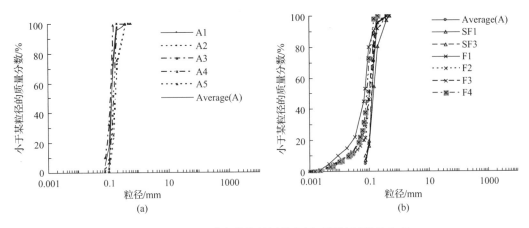

图 5.7　三江源沙漠自然植被风化作用对颗粒级配的改变

(a)活动沙丘；(b)自然植被风化作用后的半固定沙丘和固定风沙土

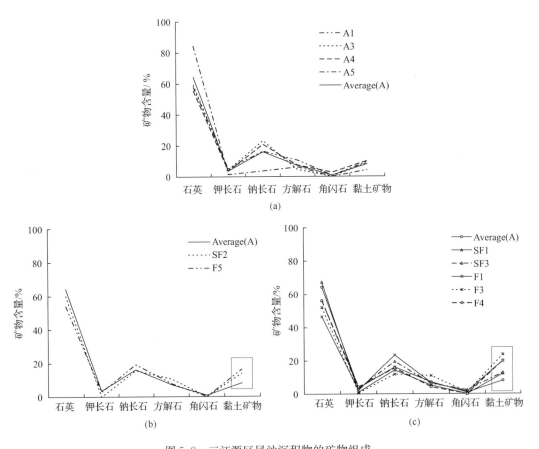

图 5.8　三江源区风沙沉积物的矿物组成

(a)活动沙丘；(b)自然植被的半固定沙丘和固定风沙土；(c)人工植被的半固定沙丘和固定风沙土

量约为 8%。活动沙丘固定后，表层矿物颗粒发生变化，表现为黏土矿物含量增加。如图 5.8(b)所示，自然植被作用下的固定风沙土和半固定沙丘的表层沙土中黏土矿物含量分别平均为 22% 和 10%。如图 5.8(c)所示，人工植被作用下的半固定沙丘和固定风沙土表层黏土矿物含量分别平均为 18% 和 15%。此外，部分沙丘表层沙土的腐殖质含量的测定结果也表明，沙丘固定后，表层腐殖质含量增加。例如，活动沙丘 A1、A3 和 A4 的腐殖质含量分别为 4.9g/kg、5.23g/kg 和 4.88g/kg，半固定沙丘 SF3 和固定风沙土 F1 的腐殖质含量分别为 7.92g/kg 和 15.08g/kg。总之，固定风沙土的黏土矿物含量超过活动沙丘的两倍，而半固定沙丘局限于两者之间，固定风沙土的腐殖质含量达到活动沙丘的三倍以上。

活动沙丘发育为固定风沙土的过程中，腐殖质颗粒和黏土颗粒增加并胶结成块，在沙丘表层形成结皮层和腐殖质层，阻止了表层风蚀作用，是抑制沙漠边缘活动沙丘扩张的关键。半固定沙丘表面结皮层厚度约为几毫米至几厘米，而固定风沙土的表面腐殖质厚度约为几厘米至几十厘米。人工植被作用下的固定风沙土，成土时间短，地表腐殖质层为几厘米厚，而自然植被作用的古代固定风沙土，成土时间长达几百年，地表腐殖质厚度可达几十厘米，且含大量植物根系。与自然植被长时间作用的风沙土相比，人工植被作用的沙丘固定和风沙成土过程较快，经过十余年沙丘固定后的细颗粒含量与几十年自然植被作用下的半固定沙丘细颗粒含量相当，说明人工植被作用能够促进颗粒风化过程。

5.2.2　沙漠植被的演替过程

为了控制风沙灾害、阻止沙漠扩张，地方部门展开了风沙治理工作，在长江源和黄河源沙漠化地区，主要有机械固沙、植树种草、草方格、砾石固沙以及封山育林等防风固沙措施(张登山等，2003)。沙丘固定过程中，地带性草原物种陆续着生发育，地表经历植被演替过程。

作者对活动沙丘 A1 和 A2、半固定沙丘 SF1 和 SF2 以及固定风沙土 F1 和 F5 的地表植被特征进行了调查，其中 A1、SF2 及 F5 都处于贵南县木格滩沙漠化区。对于种群均匀分布的沙丘植被，选取 3 个 1m×1m 的代表性样方进行测量分析；而对于种群集群分布的植被，采用 1 个 5m×5m 或 10m×10m 的典型大样方和 2 个 1m×1m 的代表性样方。表 5.1 为自然植被作用下的活动沙丘 A2、半固定沙丘 SF1 及固定风沙土 F1 的地表植被调查结果，这些沙丘地表植被生活型结构仅有草本层。表 5.2 为人工植被作用下的活动沙丘 A1、半固定沙丘 SF2 和固定风沙土 F5 地表植被特征。人工植被生活型结构包括灌木层和草本层。植被作用下活动沙丘发育为固定风沙土的过程中，沙丘迎风坡和背风坡植被物种组成和盖度略有差别，因此，植被特征按照迎风坡和背风坡分别统计，其中迎风坡和背风坡的盖度、丰富度和植被平均高度是根据沙丘样方植被调查结果计算得到的，丰富度为物种数。

由表 5.1 可见，自然植被作用下沙丘固定过程中，沙丘迎风坡和背风坡植被特征发育一致。活动沙丘 A2 地表植被中莎草科和禾本科占优势，半固定沙丘 SF1 地表植被中唇形科、莎草科、十字花科和禾本科占优势，固定风沙土 F1 地表植被中禾本科、玄参科和莎草科占优势。莎草科的青藏苔草是先锋物种，经过几十年甚至几百年的发育和演替，发育为以禾本科西藏早熟禾为优势物种的植被，覆盖度达 95%，物种丰富度达 11

种，植被平均高度达 40cm。

表 5.1　自然植被作用下沙丘地表植被特征

编号	沙丘高度/m	坡面	生活型结构	分层覆盖度/%	分层丰富度/种	分层植被平均高度/cm	物种组成
活动沙丘 A2	7	迎风坡和背风坡	无植被	0	0	0	无
半固定沙丘 SF1	5	迎风坡和背风坡	草本层	30	8	20	异叶青兰（*Dracocephalum heterophyllum* Benth.）；青藏苔草（*Carex moorcroftii*）；葶苈（*Draba nemorosa*）；披碱草（*Elymus dahuricus*）；梭罗草（*Kengyilia thoroldiana*）；黄芪（*Astragalus*）；涩荠（*Malcolmia africana*）；棱子芹（*Pleurospermum*）
固定风沙土 F1	0.5	迎风坡和背风坡	草本层	95	11	40	西藏早熟禾（*Poa tibetica*）；披碱草（*Elymus dahuricus*）；青藏苔草（*Carex moorcroftii*）；阿拉善马先蒿（*Pedicularis alaschanica*）；草地早熟禾（*Poa pratensis*）；甘肃马先蒿（*Pedicularis kansuensis*）；蒲公英（*Taraxacum mongolicum*）；野葱（*Allium fistulosum*）；鹅首马先蒿（*Pedicularis chenocephala*）；狼毒（*Stellera chamaejasme*）

由表 5.2 可见，人工植树后，沙丘地表草本植被发生演替，活动沙丘 A1 地表植被中莎草科占优势，半固定沙丘 SF2 地表植被中莎草科和豆科占优势，固定风沙土 F5 地表植被中莎草科、豆科、十字花科和玄参科占优势。活动沙丘地表经过人工栽植青杨和沙柳等固沙植被后，林下自然发育草本层植被，其中莎草科的青藏苔草、莎草和禾本科的旱雀麦是先锋物种，经过十余年的植被发育和演替作用，灌木层物种数保持不变，盖度和植被高度分别达 30% 和 300cm，而草本层植被覆盖度达 60% 以上，物种丰富度达 11，植被高度达 45cm，演替为以豆科的镰荚棘豆为优势物种的植被。

自然植被作用的活动沙丘 A2 经历上百年自然植被发育和演替过程发育为固定风沙土 F1，而人工植被作用的活动沙丘 A1 仅经历十余年植被发育和演替过程发育为固定风沙土 F5。固定风沙土 F1 和 F5 地表植被物种数相同，但是物种组成差异较大。活动沙丘演变为固定风沙土的过程中，地表植被覆盖度和物种丰富度明显增加，植被盖度由小于 5% 增加到 60% 以上，物种丰富度平均由几种发展到十几种。随着地表植被的发育和演替，自然草本层的植株高度增加，由几厘米增加到几十厘米，而人工乔、灌木层由几十厘米增加到几百厘米。

表 5.2　人工植被作用下沙丘地表植被特征

编号	沙丘高度/m	坡面	生活型结构	分层覆盖度/%	分层丰富度/种	分层植被平均高度/cm	物种组成
活动沙丘 A1	9	迎风坡	灌木层	0.015	1	60	青杨(*Populus cathayana*)
			草本层	2.5	1	8	无
		背风坡	灌木层	0.01	1	60	青杨(*Populus cathayana*)
			草本层	3	3	10	莎草(*Cyperus*)；青藏苔草(*Carex moorcroftii*)；旱雀麦(*Bromus tectorum*)
半固定沙丘 SF2	4	迎风坡	灌木层	0.09	1	160	青杨(*Populus cathayana*)
			草本层	3	1	25	青藏苔草(*Carex moorcroftii*)
		背风坡	草本层	30	2	25	青藏苔草(*Carex moorcroftii*)；镰荚棘豆(*Oxytropis falcata* Bunge)
固定风沙土 F5	1	迎风坡和背风坡	灌木层	30	2	300	青杨(*Populus cathayana*)；沙柳(*Salix psammophila*)
			草本层	45	11	45	镰荚棘豆(*Oxytropis falcata* Bunge)；青藏苔草(*Carex moorcroftii*)；臭蒿(*Artemisia hedinii*)；龙胆(*Gentiana scabra* Bunge)；盐爪爪(*Kalidium foliatum*)；鹅首马先蒿(*Pedicularis chenocephala*)；棱子芹(*Pleurospermum*)；阿尔泰狗娃花(*Heteropappus altaicus* Novopokr.)；鹅绒委陵菜(*Potentilla anserina*)；秦艽(*Gentiana macrophylla* Pall.)

　　植被演替过程中，各物种的重要值发生变化，先锋物种重要值逐渐降低，不同阶段的优势物种重要值随之增加。图 5.9 为典型风沙沉积物的地表草本植被组成科的重要值组成。植被物种的重要值是根据地表物种组成及物种个数计算获得的，即为该物种的相对密度、相对盖度与相对频度之和，物种相对密度、相对盖度和相对频度分别等于该物种的密度、盖度和频度占群落中所有物种总密度、总盖度和总频度的百分比(付必谦，2006)。

　　活动沙丘表面没有植被或零星分布有莎草科和禾本科等一年或多年生草本植物。随后地带性草原物种着生发育，莎草科的重要值降低，逐渐演替为以唇形科和禾本科为优势物种的植被群落，另外还有禾本科和玄参科等参与演替过程。在人工固沙木本植被作用下，地带性草原植物陆续着生，林下草本层植被发育和演替。首先着生的有莎草科和禾本科，逐渐演替为以豆科和玄参科为优势物种的植被群落，另外有菊科、蔷薇科和伞形科参与演替过程。风沙固定成土生成黏土矿物的过程促进了植物繁殖和演替，反过来，植被发育和演替加速了风沙黏土矿物和腐殖质增加过程。固定风沙土 F1 和固定风沙土 F5 的先锋草本物种均是莎草科的青藏苔草，两者分别经历了近百年的自然植被演

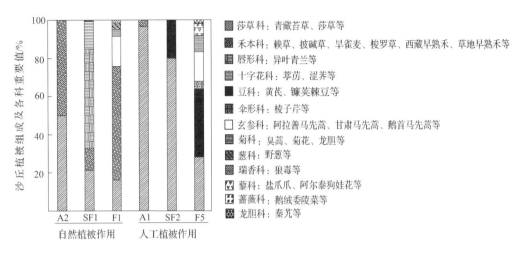

图 5.9　半固定固定沙丘草本植被物种组成科的重要值

替过程和十余年的人工固沙植被作用下的植被演替过程，目前两者地表植被覆盖度均达到 70％以上，且植物丰富度达 11 种。同时，自然植被固定的风沙土 F1 和人工植被固定的风沙土 F5 地表腐殖质层均具有一定的厚度，细颗粒含量达 10％以上，黏土矿物含量达 20％，处于稳定状态。综上说明，无论经历自然植被发育演替过程或是人工固沙植被作用下的植被演替过程，当沙丘地表植被发育和演替至一定程度时，沙丘表层颗粒即风化至一定程度，使得沙丘在无破坏干扰条件下达到稳定状态。人工植树造林加速沙丘地表植被演替和风沙成土过程，促进沙丘快速稳定和沙漠化区生态恢复。

5.3　植被-风沙侵蚀动力学模型及应用

5.3.1　风沙与植被的相互作用

　　风沙活动影响植被生长、发育以及生产力，是植被的生态限制因子之一（Bendali et al.，1990；刘志民等，2002）。风沙活动中，风蚀、风沙输移以及风沙堆积过程均影响植被的生长和发育。风蚀破坏土壤结构，降低土壤肥力，进而影响植被生长、减少植物生长量，甚至造成植物干枯死亡（廖次远，1980；蒋瑾，1983）。活动沙丘是风沙沉积的产物，在风力作用下会掩埋和破坏农田、草地等，致使植被死亡。沙埋影响植物的侵入、定居、生长和分布，另外强烈的风蚀作用使得埋在细沙中的植物种子裸露，从而影响植物种子萌发、生长发育、繁殖生存的整个定居过程。风沙在输移过程中，破坏植物的生长发育和群落结构，严重时可导致植被裸根和折断等。除了对草本植物和灌木造成机械损伤外，风沙流也影响植被的光合作用和水分利用过程（Schenk，1999）。

　　植被可以控制水流侵蚀和风力侵蚀，复杂植被甚至对重力侵蚀也有一定的控制作用。最简单的植被，如草原甚至土壤表层的苔藓都可以控制风力侵蚀。首先，植被通过影响土壤风蚀和风沙输移过程来控制风沙活动，植被地上部分保持土壤水分、增加地表粗糙度、减小或分解地表风能、吸收跃移沙粒动量、影响输沙过程、拦截风沙等（van de Ven et al.，1989)，植被地下根群固着土壤、改善土壤结构(何志斌和赵文智，2003)。其次，人工或自然植被固定活动沙丘，随着植被覆盖度的增加，活动沙丘演变为半固定和固定沙丘，在自然和生物作用下沙丘土壤化，表面不再发生风沙活动(张宏俊等，2009)。

　　除了植被作用外，气候条件和人类活动也是影响沙丘固定的主要因素(吴正，1987)。在植被固定活动沙丘的过程中，沙丘地表先锋植物在生物、环境以及植物相互作用下经历发育和演替过程。在相同的演变时间内，受人类活动干预和气候环境影响，沙丘的固定程度、风沙土特征以及地表植被构成均存在较大差异。发育在风沙土地表的植被，因不同地理气候条件以及不同人类干扰时间和方式等，表现出不同的演替过程，另外不同物种之间的竞争也会影响演替发展(赵存玉和王涛，1999；陈生永，2001；Hrsak，2004)。

　　风沙侵蚀与植被发育是沙漠化区的主要地表过程，风沙侵蚀破坏植被和生态环境，而植被防风固沙和恢复生态环境，两者相互作用，相互制约，竞争结果决定沙漠化区边缘的扩张或退缩，进而决定沙漠化区的地貌变化过程。建立基于风沙侵蚀与植被发育相互作用的预测模型，评价和预测沙漠化区的植被发育与风沙活动的现状和演变趋势，可为沙漠化区的治理和生态修复工作提供研究工具。

5.3.2　植被-风沙侵蚀动力学模型

　　国内外对风沙侵蚀模型的研究始于 20 世纪 40~50 年代，很多学者已经提出了不同形式的风沙侵蚀预报模型，并在风沙侵蚀预报和评价中得到广泛应用。目前，已有的风沙侵蚀模型可分为经验模型、物理模型和数学模型三大类。经验模型主要是通过统计分析实验模拟结果或野外观测结果所建立的经验公式，缺乏严密的物理和数学基础。物理模型首先确定关键变量，再根据风沙侵蚀过程中各变量的物理机制而建立，但因为风沙侵蚀过程复杂，很多物理机制尚不清楚，所以物理模型难以客观地反映风沙侵蚀过程。数学模型一般通过求解风沙流体动力学方程组获得，建立的风沙侵蚀过程方程组十分复杂，必须逐步简化才能求解。另外，数学模型中的许多参数没有明确的物理意义，在实际应用中不能确定(吴正，2003)。

　　对于风沙活动模拟计算的研究，国内外学者对植被作用下风沙侵蚀起沙、输沙以及沙丘形成发育过程进行了计算和模拟。考虑植被作用下的输沙率计算模型有很多，有些学者通过考虑植被盖度影响风速或沙粒起动风速的输沙率模型计算区域输沙率(Wasson and Nanninga，1986；Buckley，1987；石雪峰，2005)，也有学者首先研究单一植被作用下的风速值，再结合泥沙输移方程模拟了单一灌木作用下的风沙侵蚀输沙模型(Leenders，2011)。此外，模拟植被作用下沙丘形成和发育过程的模型也有很多，常用的是迭代耦合计算风剪切应力模型、输沙率方程、质量守恒定律、植被生长模型，并在迭代前给定沙丘表面演变处理方法、植被盖度和生长速度等初始条件，目前已被成功应用(Durán et al.，2008；Luna et al.，2011)。

　　植被的生长和分布受到温度、光、水分以及土壤养分等因素的影响，植被发育演变过程中会与外界的物质、能量和动量发生交换。国内外植物生长模型较多，从考虑单变量环境因素到多方面复杂因素(Walker et al.，1981；Olson et al.，1985)，从植物个体到植被群落的模拟均有较成熟的模型。动态植被模型模拟植被对CO_2浓度或气候等环境因素变化的响应(王雪梅，2006)。20 世纪 90 年代后期，动态全球植被模型(DGVM)成为植被模型的研究热点，可用于评价气候条件变化对植被发育的影响(王旭峰等，2009)。

除了气候条件和土壤因素外，植被生长发育过程受到自然灾害或人类活动等生态应力的扰动，改变了原有的发育和演替过程(王兆印等，2003a，2003b)。根据不同的作用方式，生态应力分为致死应力和损伤应力，致死应力是指导致植物直接死亡和植被覆盖度减少的应力，如森林火灾、森林砍伐、火山爆发、滑坡、泥石流等；损伤应力是指仅降低植被活力但未致植被死亡的应力，如病虫害、放牧、风灾、干旱、污染等(Wang et al.，2005)。对于生态应力作用下植被的生长变化过程，国内外侧重于模拟单一或多种损伤应力作用下植被的生理变化过程，如树木死亡模型、森林植被系统(FVS)林火扩展模型、FVS 病虫害模型等(Pedersen，1998)。

以上模拟计算风沙活动和植被发育的众多模型中，均将植被或风沙活动作为影响因素考虑。但基于风沙活动与植被发育两者相互作用的模拟研究较少，有学者建立了植被-风沙动力过程耦合模型，将植被覆盖和风沙活动放在同等地位上来考虑，参数反映降水量、气温、土壤类型和风况等因素的影响(李振山等，2009)，但在模型中没有直接量化生态应力及其对植被生态系统的影响。

王兆印等(2003a)创建了植被-侵蚀动力学相关理论，模型不仅突出植被与侵蚀之间的相互作用关系，而且强调了生态应力尤其是人类活动的影响，宏观上能较客观地评价水土流失区的植被发育和侵蚀状况以及水土保持措施的治理效果。植被-侵蚀动力学模型及状态图可用于模拟和预测研究区植被和侵蚀的演变过程和发展趋势，评价水土保持措施，已被成功应用到我国多个水流侵蚀区，提出的优化治理方略为制定流域水土保持措施提供了理论依据(王兆印等，2005；王费新，2006；Wang et al.，2008)。

与水流侵蚀不同，在沙漠化和沙漠地区，风沙活动与植被发育是相互作用的地貌过程，风沙侵蚀减少植被覆盖度，而增加植被覆盖度可有效控制风沙侵蚀，两者的相互作用遵循一定的动力学规律。在沙漠边缘，风沙侵蚀与植被相互竞争，竞争结果决定沙漠边缘状态，而沙漠边缘状态决定着沙漠化的扩张或退缩。因此，植被覆盖度的改变和风沙侵蚀量的计算都应以沙漠边缘区为研究对象，将植被-侵蚀动力学理论扩展引用到植被-风沙侵蚀动力学模型，模拟和预测沙漠边缘的植被发育和风沙活动的演变过程，进而探索沙漠扩张或退缩的现状和发展趋势，为沙漠治理措施的制定和生态环境修复工作提供理论依据。

在沙漠边缘地区，植被发育与风沙活动在竞争演变过程中受到其他自然和人类活动的影响，其中植被发育主要受到植树造林、乱砍乱挖固沙植物等因素的影响，而风沙活动受到草方格、砂砾石等人类固沙措施的影响。这些自然或人类活动对沙漠边缘区的风沙活动和植被发育的演变过程起着关键作用。仿照王兆印等(2003a)的植被-侵蚀动力学理论，假定各应力的作用是相互独立的，建立植被-风沙侵蚀动力学方程式：

$$\begin{cases} \dfrac{dV}{dt} - aV + cE = V_R + V_\tau \\[2mm] \dfrac{dE}{dt} - bE + fV = E_\tau + E_S \end{cases} \tag{5.1}$$

式中，V 为植被覆盖度；E 为风沙侵蚀模数，量纲为 $[M \cdot L^{-2} \cdot T^{-1}]$；$V_R$ 为植树造林应力，量纲为 $[T^{-1}]$；V_τ 是乱砍乱挖固沙植物造成的植被破坏率，量纲为 $[T^{-1}]$；E_τ 为采用草方格措施的风沙减蚀量，量纲为 $[M \cdot L^{-2} \cdot T^{-2}]$；$E_S$ 为采用砂砾石、沙障机械等固沙措施的风沙减蚀量，量纲为 $[M \cdot L^{-2} \cdot T^{-2}]$；量纲中 M、$L^2$ 和 T 分别表示质量、面积和时间。

方程中各参数的物理意义分别为：①参数 a 代表植被作用下的沙丘地表植被覆盖度的增加率，量纲为 $[T^{-1}]$，沙丘植被保持地表水分和养分，促进沙丘矿物风化生成黏土和腐殖质等，有助于植被进一步繁殖、发育和演替，增加植被面积和密度；②参数 c 代表风沙侵蚀量对植被覆盖度的减少率，量纲为 $[L^2 \cdot M^{-1}]$，风沙侵蚀土壤，损伤植被根系甚至致植被死亡，活动沙丘入侵破坏植被，均减少植被覆盖度；③参数 b 代表风沙侵蚀作用下风沙侵蚀模数的增加率，量纲为 $[T^{-1}]$，风沙侵蚀破坏了沙丘表层沙土的团粒结构，吹蚀表土迫使固沙植被根系裸露，减弱其固沙作用，另外风沙侵蚀破坏地表植被，使得深层细沙裸露等，均会进一步增加风沙侵蚀模数；④参数 f 代表植被发育对风沙侵蚀的减少率，量纲为 $[M \cdot L^{-2} \cdot T^{-2}]$，植被发育固定活动沙丘，同时促进风沙沉积物的成土作用，形成结皮层和腐殖质层，抑制风沙侵蚀。

非齐次线性常微分方程组(5.1)的理论解为

$$V = c_1 e^{m_1 t} + c_2 e^{m_2 t}$$
$$+ e^{m_1 t} \int \left\{ e^{-m_1 t} e^{m_2 t} \int e^{-m_2 t} \left[\frac{d(V_\tau + V_R)}{dt} - b(V_\tau + V_R) - c(E_\tau + E_S) \right] dt \right\} dt \tag{5.2}$$

$$E = c_1 \frac{a - m_1}{c} e^{m_1 t} + c_2 \frac{a - m_2}{c} e^{m_2 t}$$
$$+ e^{m_1 t} \int \left\{ e^{-m_1 t} e^{m_2 t} \int e^{-m_2 t} \left[\frac{d(E_\tau + E_S)}{dt} - a(E_\tau + E_S) - f(V_\tau + V_R) \right] dt \right\} dt \tag{5.3}$$

式中，c_1 和 c_2 是采用边界和初始条件确定的积分常数，指数 m_1、m_2 由下式给出：

$$m_{1,2} = \frac{1}{2} \left[(a + b) \pm \sqrt{(a + b)^2 - 4(ab - cf)} \right] \tag{5.4}$$

特征参数 a、c、b、f 是植被-风沙侵蚀动力学方程式的重要组成部分，是绘制植被-风沙侵蚀状态图的基础。它们仅和气候条件、土壤特征以及地形地貌密切相关，而与流域植被和侵蚀率的状态无关。相同气候条件和地形地貌条件的沙漠化地区，具有相同的植被-风沙侵蚀动力学特征参数和状态图。可结合实测资料，利用植被-风沙侵蚀动力学模型试算确定这些参数。具体算法：先将实测植被覆盖度 V，风沙侵蚀模数 E，生态应力 V_τ、V_R，以及风沙减蚀量 E_τ、E_S 的多年序列值，代入植被-风沙侵蚀动力学方程式的差分方程，时间单位为年，应用差分方程试算，获得特征参数 a、c、b、f 的值；再对参数值微调，使方程最大近似模拟实测系列；最后利用所得参数值作出植被-风沙侵蚀状态图，并应用状态图分析植被发育和风沙侵蚀的现状和演变趋势。下节通过木格滩沙漠的应用实例来说明。

5.3.3 植被-风沙侵蚀动力学在木格滩沙漠的应用

1. 木格滩沙漠概况

木格滩沙漠化区位于黄河源共和盆地，面积为 790km²。图 5.10 为木格滩沙漠化区及周边水系图。共和盆地广泛沉积着灰黄色粉砂-中砂岩，物探证实沉积厚度为 1500m 左右(徐叔鹰和徐德馥，1983)。青藏运动使高原主夷平面在差异性隆升中彻底解体，垂直变形量高达 1700m。共和运动使黄河在 0.11Ma 进入共和盆地，其后黄河以 3.5mm/a 的平均侵蚀速率形成下切盆地，同时造成盆地边部的山前古冲、洪积扇以大致相近的速率抬升，最终塑造高差为 2000m 左右的层状地貌系统。黄河及其支流茫拉河和沙沟河长期冲刷下切形成多级阶地，从海拔 3000m 左右降至 2200m。木格滩沙漠位于高台阶地上，不受黄河干流和支流的水蚀影响。木格滩属于高原大陆性气候，多年平均气温为 2.4℃，多年平均日照时数长达 2720h，多年平均降水量约为 400mm，而多年平均蒸发量为 1500mm。该区优势主风向为东南偏南，多年平均最大风速为 14m/s，年平均大风(≥7m/s)日数为 12 天(郭连云等，2009；郭守生等，2010)。

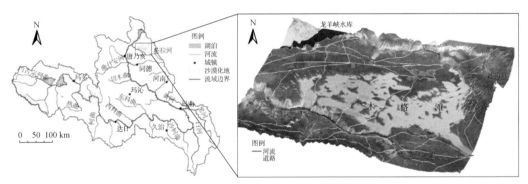

图 5.10　黄河源木格滩沙漠化区及周边水系图

图 5.11 给出了 1961 年至今的年平均大风日数和年最大风速序列值。木格滩沙漠化区边缘风沙灾害严重，流沙吞噬草场和掩埋公路，影响当地农牧民的生存和生活。20 世纪 70 年代开始，当地相关部门在沙漠边缘开展了的植被治理工程，主要包括植树造林、铺设草方格以及砂砾石固沙等措施，使得沙漠边缘区植被与风沙侵蚀竞争激烈。木格滩沙漠治理效果取决于沙漠边缘区地表植被覆盖程度能否控制风沙侵蚀，即一定范围内的活动沙丘能否演变为固定风沙土，迫使沙漠化区退缩。沙漠边缘区内分布有活动沙丘、半固定沙丘和固定风沙土，其中活动沙丘区地表植被覆盖度几乎为零，仅有少数沙丘迎风坡上植被零星分布[图 5.12(a)]。固定风沙土地表植被覆盖度高[图 5.12(b)]，地表腐殖质层厚度达到 1～3cm，不发生风沙活动。半固定沙丘区地表植被覆盖度为 5%～60%，其中，覆盖度为 5%～30% 的半固定沙丘区地表覆盖乔灌木固沙植被[图 5.13(a)]，地表风沙活动较强；而覆盖度为 30%～60% 的半固定沙丘区地表覆盖乔灌木固沙植被[图 5.13(b)]，地表风沙活动较弱。

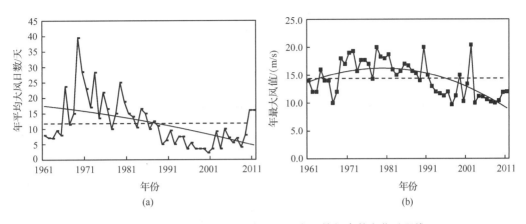

图 5.11　1961 年至今大风气象因子的主要特征参数变化过程线

图 5.12　木格滩沙漠的活动沙丘区(a)和固定沙丘区(b)

图 5.13　木格滩沙漠的半固定沙丘区
(a)植被覆盖度为 5%~30%；(b)植被覆盖度为 30%~60%

作者利用 1977 年 Landsat 卫星 MSS 遥感影像(分辨率为 78m)，1988 年、1996 年、2003 年、2005 年、2007 年、2008 年、2009 年、2010 年 Landsat 卫星 TM 遥感影像(分

辨率为30m），以及2006年SPOT卫星遥感影像（分辨率为10m）的几何和大气校正后的卫星影像数据（均在7～8月获得），并以43个野外调查点（遍布木格滩沙漠边缘区）为遥感数据识别根据。采用ENVI软件对遥感影像进行识别（韩海辉等，2009；马玉凤等，2011），再利用ArcGIS系统读取每年研究区的地物分类及相应面积值。地物类型包括活动沙丘区、低植被覆盖度（5%～30%）的半固定沙丘区、中植被覆盖度（30%～60%）的半固定沙丘区、高植被覆盖度的固定风沙土及草地、裸地、水体六类。其中高植被覆盖度草地是指植被覆盖度超过70%，不发生风蚀的农牧草场，而裸地是指沙漠边缘区内植被覆盖度较低的农牧草场。考察中发现裸地的植被是多年生的草本植被，根系发达，虽地表植被覆盖度低，但风蚀深度远远小于沙漠区，故风蚀量计算中忽略。对比1977～2010年木格滩沙漠边缘区的植被和地物特征，划分1977～2010年木格滩沙漠边缘区范围，面积为423.9km²。图5.14（a）和图5.14（b）分别给出了图5.10中木格滩沙漠局部位置a和位置b的示意图。图5.15为研究区边缘处的地物照片。

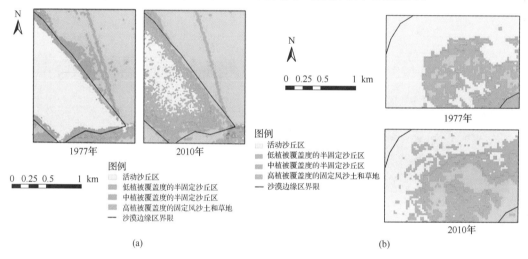

图5.14　木格滩沙漠边缘区的局部划分示意图

(a)图5.10中a处；(b)图5.10中b处

2. 四个特征参数的确定

植被-风沙侵蚀动力学模型中风沙侵蚀模数 E 是指每年单位面积上被风吹蚀的泥沙量，不计风沙搬运距离和堆积过程。植被覆盖度 V 是指单位面积上的植被覆盖面积，可衡量研究区整体的植被发育状态。木格滩沙漠化区的风蚀和植被覆盖度的资料较少。作者采用遥感影像法估算植被覆盖度，并结合实测风蚀深度估算近30年的风沙侵蚀模数。1977～2010年，木格滩沙漠边缘区风沙活动与植被发育竞争激烈，同时受植树造林和乱砍植被的影响，并受草方格、砂砾石和沙障固沙措施的作用。植树造林防风固沙、增加植被覆盖度是主要的植被正生态应力，利用固沙工程文献和实地调查获得的造林面积、造林密度、固沙植物盖度等数据进行估算。乱砍滥伐减少植被覆盖度，是植被负生态应力，采用文献和实地调查获得的面积值及植被覆盖度减少程度进行估算。草方

(a)　　　　　　　　　　　　　　　　　(b)

图 5.15　木格滩沙漠边缘处的照片

(a)沙漠边缘与农牧草场交接处；(b)沙漠边缘与沙漠核心区交接处

格、砂砾石和沙障等措施阻沙，减少风蚀量，采用工程资料和文献记载，以及对比工程实施区和未实施区的风蚀深度等方法估算风沙减蚀量。封山育林措施是采用人工封禁措施减少外界对植被的影响，有益于植被的自我繁殖发育，但未直接增加植被覆盖度和减少风沙侵蚀模数，反映在植被-风沙侵蚀动力学方程式的参数 a 中。

以校正后的多年遥感数据为基础，结合 ArcGIS 系统和 ENVI 软件估算了研究区的 NDVI 值和植被覆盖度以及各地物面积(李琳等，2008；韩海辉等，2009；马玉凤等，2011)。木格滩沙漠边缘区的风沙侵蚀发生在活动沙丘区和半固定沙丘区的迎风坡上，测量了 8 个沙丘的形状数据，获得沙丘迎风坡、背风坡和丘间地的面积比大约为 2∶1∶1。根据乔灌木侧根吹蚀暴露高度测量沙丘迎风坡的吹蚀深度。对于活动沙丘区，随机测量了 3 个沙丘迎风坡上 4 个点的吹蚀深度，获得两年吹蚀深度为 30cm 左右，年风蚀深度近似为 15cm/a。对于半固定沙丘区：①对以乔灌木植被固沙为主的半固定沙丘区，测量了 6 个沙丘迎风坡上 14 个点的吹蚀深度，获得近 5 年的吹蚀深度系列值，近似估算覆盖度为 5%～30% 半固定沙丘区的风蚀深度；②对以乔灌木和草方格联合固沙为主的半固定沙丘区，测量了 4 个沙丘迎风坡上 11 个点的吹蚀深度，获得近 4 年的吹蚀深度系列值，近似估算覆盖度为 30%～60% 半固定沙丘区的风蚀深度。

根据气象和地表数据资料回归计算 1977 年至今的年风蚀深度，沙漠边缘远离居民生活生产区，不受人类活动干扰，因此可近似认为风蚀深度仅与气候条件有关。风洞实验和野外测量表明风速和大风日数越大，风蚀深度越大(姚洪林等，2001)。风蚀量与风速成二次方关系、与土体颗粒粒径(平均粒径)存在负二次幂函数关系、与植被覆盖度成指数函数关系。采用年最大风速的平方与年平均大风日数的乘积作为代表年风力强度 $[(m^2 \cdot d)/s^2]$，建立 2006 年至今的风蚀深度与代表年风力强度的拟合关系式，如图 5.16所示。结合贵南县气象数据和图 5.16 中的拟合公式，获得 1961 年以来的风蚀深度值。结合以上测量结果估算年风沙侵蚀模数和年植被覆盖度，利用风蚀深度与迎风坡面积的乘积估算活动沙丘区和覆盖度为 5%～30% 的半固定沙丘区的风沙侵蚀量。采用 2/3 椭球体法估算草方格风沙侵蚀量，进而估算覆盖度为 30%～60% 的半固定沙丘区的风沙侵蚀量。表 5.3 给出了估算结果。

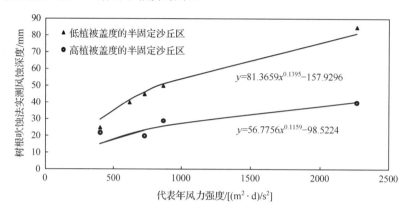

图 5.16　2006 年至今每年风蚀深度随风力强度的变化关系

表 5.3　木格滩沙漠边缘区的风沙侵蚀模数和植被覆盖度的估算结果

年 份	1977	1988	1996	2003	2005	2006	2007	2008	2009	2010
风沙侵蚀模数 /[t/(km² · a)]	100876	91513	77562	66874	56037	52747	50814	47975	48201	38214
植被覆盖度/%	7	12.87	16.77	23.47	24.38	25.76	31.3	31.87	32.59	35.88

20 世纪 70 年代末期，三北防护林工程以治沙造林和封沙育林增加木格滩沙漠边缘区的固沙面积（国家林业局三北防护林建设局，2009）。90 年代末期，开展了"九五"治沙工程以及以黄沙头地区为重点的治理示范区项目，增加了植树面积和沙障治沙面积等（王志涛等，2000）。同时对沙漠化区实施了大面积植树造林、铺设草方格和铺设沙障等措施（杨洪晓等，2006）。1998～1999 年，人们砍伐滥挖植被现象十分严重，致使固定沙丘活化起沙（拉元林等，2001，2002）。

2006 年以来，贵南县以木格滩边缘治理为主线，大力实施三北防护林、青海湖周边地区生态环境治理、防沙治沙、天然林保护等一系列林业生态建设项目，主要通过植树造林以及铺设草方格、沙障等工程措施固定沙漠边缘区的活动沙丘，同时采用封山育林等措施保护成林固沙植被。2006～2009 年，贵南县累计完成防沙治沙面积为 160km²（贵南县政府，2009）。据地方部门提供的防风固沙工程项目书等资料以及文献数据，估算了 2001～2010 年木格滩沙漠边缘区的防风固沙措施的总体概况（马建华，2006；国家林业局三北防护林建设局，2009），2001～2005 年，每年植树种草和铺设草方格的治沙面积为 20～40km²，铺设沙障等固沙措施治理风沙活动剧烈区的每年治理面积为 2～5km²；2006～2010 年，每年治沙面积为 30～40km²。

据地方部门工程资料和野外考察，近几年的防风固沙措施的实施模式基本一致，即在迎风坡铺设草方格并植树种草，草方格的边长在 1～2m，在背风坡以及丘间地植树种草。植树种草的模式主要是采用青杨、怪柳、沙棘以及乌柳等乔灌木混交，辅以点播柠条、沙蒿、披碱草等，密度为 1～4m⁻²。青杨、怪柳、沙棘以及乌柳等乔灌木的成活率可达 70%～80%，单棵覆盖度为 900～1600cm²。点播的柠条、沙蒿、披碱草等的成活率可达 50%，单棵覆盖度为 9～16cm²。由于资料不足，这里采用一定的近似估算：①20世纪 70 年代至 90 年代是以三北防护林为主的工程，治理力度变化大不（佩夫，2010），因此，采用 1997～1999 年的治理力度估算贵南县 1977～1996 年的治理力度和治理措施；②对于 20 世纪的防风固沙工程，采用工程实施模式进行估算。根据植被生态应力 V_τ、V_R 和风沙减蚀量 E_τ、E_S 的估算方法和相关数据，估算了木格滩沙漠边缘区植被生态应力和风沙减蚀量，结果见表 5.4。

表 5.4　木格滩沙漠边缘区植被生态应力和风沙减蚀量

年份	人类活动植被生态应力	人类活动风沙减蚀量
1977～1996	每年植树造林增加植被覆盖度 0.2%～0.5%	每年铺设草方格和砂砾石等固沙措施减蚀 4000～6000t/(km²·a)
1997～1999	每年植树造林增加植被覆盖度 0.2%～0.5%；人类乱砍伐固沙植被减少植被覆盖度 0.5%～1.0%	每年铺设草方格和砂砾石等固沙措施减蚀 4000～6000t/(km²·a)
2000～2005	每年植树造林增加植被覆盖度 0.2%～0.5%，	每年铺设草方格和砂砾石等固沙措施减蚀 4000～7000t/(km²·a)
2006～2010	每年植树造林增加植被覆盖度 0.5%～1.0%	每年铺设草方格和砂砾石等固沙措施减蚀 5000～8000t/(km²·a)

根据植被覆盖度、风沙侵蚀模数、植被生态应力以及草方格等措施的减蚀量等，通过植被-风沙侵蚀动力学方程试算得到木格滩沙漠植被-侵蚀动力学参数为

$$\begin{cases} a = 0.06 \\ c = 0.0000000987 \\ b = 0.125 \\ f = 16000 \end{cases} \tag{5.5}$$

图 5.17 比较了植被-风沙侵蚀动力学模型计算值与实测数据，两者符合很好，说明参数拟合合理。植被发育和风沙活动的演变过程可采用赋值后的植被-风沙侵蚀动力学模型来描述。

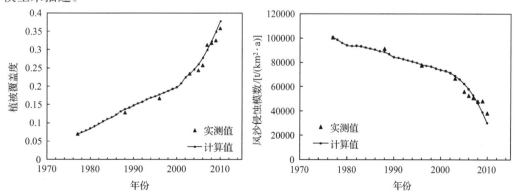

图 5.17　木格滩沙漠边缘区的植被覆盖度和风沙侵蚀模数的计算结果

3. 木格滩植被-风沙侵蚀状态图

按照王兆印等(2003b)的理论，可以利用植被-侵蚀动力学方程，作出植被-侵蚀状态图。如果没有人类的干扰和破坏，式(5.1)的右边为零，这种情况下覆盖度的变化率 $V' = \dfrac{\mathrm{d}V}{\mathrm{d}t}$ 和侵蚀率的变化率 $E' = \dfrac{\mathrm{d}E}{\mathrm{d}t}$ 等于零的解 $V' = 0$ 和 $E' = 0$ 是两条直线。在直线 $V'=0$ 两边，植被覆盖度的变化率一边为正、另一边为负；对于直线 $E'=0$ 同样如此。因此，这两条直线把植被覆盖度 V 和侵蚀率 E 为坐标的平面分成 A、B、C 三个区域：A 区——植被覆盖度降低($V'<0$)、侵蚀率增加($E'>0$)；C 区——植被覆盖度增加($V'>0$)、侵蚀率降低($E'<0$)；中间是过渡区 B 区($V'>0$，$E'>0$)或者 D 区($V'<0$，$E'<0$)。这就是植被-侵蚀状态图，可以用来预测植被和侵蚀在没有或停止人类干扰作用后的演变趋势(Wang et al.，2010)。从式(5.1)可知，将 V-E 空间划分为 3 个区的两条直线完全决定于 4 个参数 a、c、b、f：

$$\begin{cases} E = \dfrac{a}{c}V \\ E = \dfrac{f}{b}V \end{cases} \tag{5.6}$$

同样，根据式(5.5)给出的参数值，可以绘制出木格滩沙漠边缘区的植被-风沙侵蚀状态图，如图 5.18 所示。图中圆点是历史上该区植被覆盖度和风沙侵蚀模数的演变过程线，而图右上角的叉号代表木格滩尚未治理的沙漠区的植被和风沙侵蚀现状。

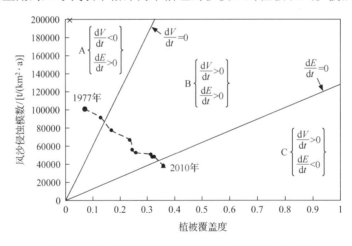

图 5.18 木格滩沙漠边缘区的植被-风沙侵蚀状态图

在木格滩沙漠边缘区的植被-风沙侵蚀状态图中，C 区较大，说明无论经历自然植被发育演替过程还是人工作用下的植被发育演替过程，当植被覆盖度超过一定值、风沙侵蚀模数降低到一定值后，植被就能自我完善，在不遭受破坏的情况下，可以自动发育为高覆盖度植被群落，长久保持良好的植被且稳定固定沙丘的状态，即使遭受少量损伤也能自我修复。从 1977~2010 年的治理过程可见，木格滩边缘区植被风沙侵蚀状态点原处于 A 区，风沙活动强度远远大于植被作用。如果没有人类干扰，该区域具植被覆盖度逐渐减小而风沙活动逐渐增强的趋势，沙漠化问题会愈演愈烈。1977 年后，贵南县开展植树造林和草方格等固沙措施后，当植被覆盖度达到 15%、风沙侵蚀模数降低到 $85000t/(km^2 \cdot a)$ 时进入 B 区，此时植被已经达到一定规模，能够在一定程度上抵抗风沙活动。20 世纪 80 年代至今，木格滩沙漠边缘区的植树造林和草方格等防风固沙工程进一步加强，并逐见成效，植被的固沙作用明显加大，植被覆盖度已增至 35%，风沙侵蚀模数降至 $40000t/(km^2 \cdot a)$，植被-风沙侵蚀状态已经进入 C 区，具有一定的自我修复能力。但是，目前沙漠边缘治理区刚刚进入 C 区，靠近 C-B 区分界线，状态仍不稳定，应继续通过人工植被措施增加植被覆盖度和减弱风沙活动。如果能使植被覆盖度超过 60% 就使植被具有了较强的自我修复能力，不必进一步人工干预了。

　　木格滩沙漠大部分地区的植被-风沙侵蚀状态如图 5.18 中叉点所示，距离 C 区很远，植树造林(状态点右移)无法使其进入 C 区。当前，必须控制风沙侵蚀，通过各种措施固定沙丘，使得状态点往下移动。当风沙侵蚀模数降低到 $100000 \sim 85000t/(km^2 \cdot a)$ 以下时，植树种草才可能使这些地区进入 C 区的状态。当固沙工程把风沙侵蚀模数降低到 $40000t/(km^2 \cdot a)$ 以下时，植树种草就应该成为主要治理方法。植被-风沙侵蚀状态图还告诉我们，沙漠治理只能从边缘开始，逐渐往沙漠内部推进。每次治理要确保把沙漠边缘一圈的植被-风沙侵蚀状态彻底带入 C 区，然后向沙漠中心区前进一步，最终可能使整个木格滩沙漠彻底绿化。

本章参考文献

陈登山. 2005. 三江源区沙漠化土地保护与合理利用//2005 青藏高原环境与变化研讨会论文摘要汇编, 桂林.

陈隆亨. 1998. 中国风砂土. 北京：科学出版社.

陈生永. 2001. 沙地植被演替研究成果综述. 山西水土保持科技, (4)：23-26.

董光荣, 李长治, 金炯, 等. 1987. 关于土壤风蚀风洞模拟实验的某些结果. 科学通报, (4)：297-301.

方小敏, 李吉均, 周尚哲, 等. 1998. 黄河源风沙沉积及意义. 沉积学报, 16(1)：40-44.

方小敏, 韩永翔, 马金辉, 等. 2004. 青藏高原沙尘特征与高原黄土堆积：以 2003-03-04 拉萨沙尘天气过程为例. 科学通报, 49(11)：1084-1090.

付必谦. 2006. 生态学实验原理与方法. 北京：科学出版社.

贵南县政府. 2009. 贵南县防沙治沙工作成效显著. 海南藏族自治州人民政府, ［2011-8-10］. http：//www. qhhn. gov. cn/html/2323/135780. html.

郭连云, 钟存, 丁生祥等. 2009. 近 50 年局地气候变化及其对共和盆地贵南县草地退化的影响. 中国农业气象, 30(2)：147-152.

郭守生, 贺连炳, 许正福. 2010. 贵南县近 50 年日照时数变化趋势分析. 安徽农业科学, 38(16)：8530-8532, 8538.

国家林业局. 2009. 中国荒漠化和沙化土地图集. 北京：科学出版社.

国家林业局三北防护林建设局. 2009. 青海省三北防护林体系建设三十周年总结的报告. 中国林业网, ［2011-9-1］. http：//www. forestry. gov. cn/portal/sbj/s/2656/content-422070. html.

Houghton J. 全球变暖. 戴晓苏, 等译. 1998. 北京：气象出版社.

韩海辉, 杨太保, 王艺霖. 2009. 近 30 年青海贵南县土地利用与景观格局变化. 地理科学进展, 28(2)：207-215.

何丙辉, 刘立志. 2007. 遂宁组紫色页岩崩解过程及坡积物特征研究. 西南大学学报(自然科学版), 29(1)：48-52.

何志斌, 赵文智. 2003. 半干旱区流沙固定初期不同植被类型的土壤湿度特征. 水土保持学报, 17(4)：164-167.

胡光印, 董治宝, 魏振海, 等. 2008. 江河源区沙漠化研究进展与展望. 干旱区资源与环境, 22(7)：41-45.

Khatelli H, Gabriels D, 王修. 1998. 突尼斯沙丘动态研究——新月形活动沙丘向撒哈拉沙漠方向移动. 水土保持科技情报，(3)：20-23.

蒋瑾. 1983. 沙坡头地区主要固沙植物生物学、生理学特性的研究. 林业科学，19(2)：113-120.

康志成，李焯芬，马蔼乃，等. 2004. 中国泥石流研究. 北京：科学出版社.

拉元林. 2002. 贵南县草原生态环境现状及治理对策. 草业科学，19(6)：1-4.

拉元林，梁珠英，班玛多杰. 2001. 贵南县高寒草地荒漠化及其控制技术与措施. 青海草业，11(1)：41-45.

李琳，谭炳香，冯秀兰. 2008. 北京郊区植被覆盖度变化动态遥感监测——以怀柔区为例. 农业网络信息，(6)：38-41.

李振山，王怡，贺丽敏. 2009. 半干旱区植被风沙动力过程耦合研究：Ⅰ. 模型. 中国沙漠，29(1)：23-30.

廖次远. 1980. 固沙植物种的选择机器特征的研究. 流沙质量研究(一). 银川：宁夏人民出版社.

林超峰，陈占全，薛泉宏，等. 2007. 青海三江源地区风沙土养分及微生物区系. 应用生态学报，28(1)：101-106.

刘虎俊，赵明，王继和，等. 2005. 库姆塔格沙漠南部的风积地貌特征. 干旱区资源和环境，(19)：130-134.

刘志民，赵晓英，刘新民. 2002. 干扰与植被的关系. 草业学报，11(4)：1-9.

马建华. 2006. 海南州贵南县九年治沙建成 18 万亩生态绿洲. 青海新闻网，[2011-8-12]. http：//news. sina. com. cn/c/2006-07-06/08449385326s. shtml.

马玉凤，严平，张登山. 2011. 基于 GIS 的青海共和盆地风水交互侵蚀格局初析. 干旱区资源与环境，25(1)：151-156.

牛占，李静，和瑞莉，等. 2006. 筛法/激光粒度仪法接序测定全样泥沙级配的调整处理. 水文，26(1)：72-75.

佩夫. 2010. 贵南草原：目睹黄沙头的变迁，[2011-03-01]. http：//news. yuanlin. com/detail/2010108170930. htm.

齐雁冰，常庆瑞，魏欣，等. 2005. 高寒地区人工植被恢复对风沙土区土壤理化性状的影响. 中国农学通报，(8)：404-408.

任振球. 1990. 全球变化. 北京：科学出版社.

石弘之. 1991. 地球环境报告. 北京：中国环境出版社.

石雪峰. 2005. 北方半干旱区风沙活动与植被条件的耦合关系. 北京：中央民族大学生命与环境科学学院硕士学位论文.

陶贞，董光荣. 1994. 末次冰期以来贵南沙地土地沙漠化与气候变化的关系. 中国沙漠，14(2)：42-48.

汪青春，周陆生. 1998. 长江黄河源地气候变化诊断分析. 青海环境，8(2)：73-77.

王费新. 2006. 植被-侵蚀动力学理论及在我国典型水土流失区的应用. 北京：清华大学博士学位论文.

王根绪，李琪，陈国栋，等. 2001. 来江河源区的气候变化特征及其生态环境效应. 冰川冻土，23(4)：346-352.

王晴. 2006. 联合国环境规划署报告：全球沙漠化威胁增大. 第一财经日报，[2011-03-27]. http：//news. qq. com/a/20060606/000073. htm.

王旭峰，马明国，姚辉. 2009. 动态全球植被模型的研究进展. 遥感技术与应用，24(2)：246-251.

王雪梅. 2006. 动态植被模型的国际发展态势解析. 科学新闻，(5)：18-20.

王兆印，王光谦，高菁. 2003a. 侵蚀地区植被生态动力学模型. 生态学报，23(1)：98-105.

王兆印，王光谦，李昌志，等. 2003b. 植被-侵蚀动力学的初步探索和应用. 中国科学(D 辑)，33(10)：1013-1023.

王兆印，郭彦彪，李昌志，等. 2005. 植被-侵蚀状态图在典型流域的应用. 地球科学进展，20(2)：149-157.

王志涛，朱春云，杨占武，等. 2000. 贵南县黄沙头流动沙地综合治理技术与经验总结. 青海农林科技，(3)：45-47.

吴正. 1987. 风沙地貌学. 北京：科学出版社.

吴正. 2003. 风沙地貌与治沙工程学. 北京：科学出版社.

徐叔鹰，徐德馥. 1983. 青海湖东岸风沙堆积. 中国沙漠，3(3)：11-17.

杨洪晓，卢琦，吴波，等. 2006. 青海共和盆地沙化土地生态修复效果的研究. 中国水土保持科学，4(2)：7-12.

杨俊平，邹立业. 2000. 中国荒漠化状况与防治对策研究. 干旱区资源与环境，14(3)：15-23.

杨学祥. 2010. 我们在重复着同一个历史悲剧. 光明网，[2011-3-27]. http：//www. 360doc. com/content/10/0327/22/1089172_20528694. shtml#.

姚洪林, 阎德仁, 胡小龙, 等. 2001. 毛乌素沙地流动沙丘风蚀积沙规律研究. 内蒙古林业科技, (1): 3-9.

叶青超. 1992. 黄河流域地表物质迁移规律与地貌研究. 北京: 地质出版社.

张登山, 石蒙沂, 杨恒华, 等. 2003. 青海高原流动沙丘快速治理研究. 认识地理过程关注人类家园. 中国地理学会 2003 年学术年会文集, 武汉.

张宏俊, 刘治国, 巩和平. 2009. 固定沙丘土壤水分时空动态变化研究. 内蒙古林业科技, 35(1): 23-26.

张永民, 赵士洞. 2008. 全球荒漠化的现状、未来情景及防治对策. 地球科学进展, 23(3): 306-311.

赵春晖. 2005. 专家称数千年前罗布泊曾是个面积广大的淡水湖. 新华网, [2011-03-27]. http://news. tom. com/ 1002/3291/2005327-1988910. html.

赵存玉, 王涛. 1999. 沙质草原沙漠化过程中植被演替研究现状和展望. 林业科学, 35(3): 103-108.

赵秀峰. 1991. 青藏公路沿线风砂堆积的成因及其环境意义. 干旱区资源与环境, 5(4): 61-69.

Abolkhair Y M S. 1986. The statistical analysis of the sand grain size distribution of AI-Ubaylah barchan dunes, northwestern Ar-Rub-Alkhali Desert, Saudi Arabia. Geo Journal, 13(2): 103-109.

Bendali F, Floret C, Le Floch E, et al. 1990. The dynamics of vegetation and sand mobility in arid regions. Journal of Arid Environments, 18: 21-32.

Buckley R. 1987. The effect of sparse vegetation on the transport of dune sand by wind. Nature, 325: 426-428.

Dai J H, Ge Q S, Wang M M. 2010. Fragile ecosystem restoration and regional sustainable development in the san-jiangyuan region-a brief introduction of most project//Gary B, Li X L, Chen G. Landscape and Environment Science and Management in the Sanjiangyuan Region. Xining: Qinghai People's Publishing House: 221-227.

Durán O, Herrmann H J. 2006. Vegetation against dune mobility. Physical Review Letters, 97(18): 1-4.

Durán O, Silva M V N, Bezerra L J C, et al. 2008. Measurements and numerical simulations of the degree of activity and vegetation cover on parabolic dunes in north-eastern Brazil. Geomorphology, (102): 460-471.

Feng J M, Wang T, Xie C W. 2004. Land degradation in the source region of the Yellow River: Northeast Qinghai-Xizang Plateau. Ecology and Environmental, 13(4): 601-604.

Hrsak V. 2004. Vegetation succession and soil gradients on inland sand dunes. Ecology, 23(1): 24-39.

Leenders J K, Sterk G, van Boxel J H. 2011. Modelling wind-blown sediment transport around single vegetation elements. Earth Surface Processes and Landforms, (36): 1218-1229.

Li Y F, Wang Z Y, Shi W J, et al. 2010. Slope debris flows in the Wenchuan earthquake Area. Journal of Mountain Science, (7): 226-233.

Luna Marco C M D M, Parteli Eric J R, Durán O, et al. 2011. Model for the genesis of coastal dune fields with vegetation. Geomorphology, (129): 215-224.

Olson R L J, Sharpe P J H, Wu H. 1985. Whole-plant modelling: A continuous-time Markov (CTM) approach. Ecological Modelling, (29): 171-187.

Pedersen B S. 1998. Modeling tree mortality in response to short- and long-term environmental stresses. Ecological Modelling, (105): 347-351.

Schenk H J. 1999. Clonal splitting in desert shrubs. Plant Ecology, (141): 41-52.

van de Ven T A M, Fryrear D W, Spaan W P. 1989. Vegetation characteristics and soil loss by wind. Journal of Soil and Water Conservation, (44): 347-349.

Walker B H, Ludwig D, Holling C S, et al. 1981. Stability of semi-arid savanna grazing systems. Journal of Ecology, (69): 473-498.

Wang T. 2004. Progress in sandy desertification research of China. Journal of Geographical Sciences, 14(4): 387-400.

Wang Z Y, Wang G Q, Li C Z, et al. 2005. A Preliminary study on vegetation-erosion dynamics and its applications. Science in China: ser. D Earth Sciences, 48(5): 689-700.

Wang Z Y，Wang G Q，Huang G H. 2008. Modeling of state of vegetation and soil erosion over large areas. International Journal of Sediment Research，23(3)：181-196.

Wang Z Y，Shi W J，Liu D D. 2010. Continual erosion of bare rocks after the Wenchuan earthquake and control strategies. Journal of Asian Earth Sciences，40(4)：915-925.

Wasson R J，Nanninga P M. 1986. Estimating wind transport sand on vegetated surface. Earth Surface Processes and Landforms，11(4)：505-514.

Wolfe S A，Nickling W G. 1993. The protective role of sparse vegetation in wind erosion. Progress on Physical Geography，(17)：50-68.

第 6 章　高原植被与侵蚀

6.1　雅鲁藏布江流域的侵蚀类型与植被发育

植被与侵蚀是相互制约、相互适应的关系，从根本上由当地的气候、地质、地形条件等因素决定。雅鲁藏布江发源于"世界屋脊"青藏高原，沿印度洋板块与欧亚板块的缝合线由西向东流，到雅鲁藏布江大峡谷后折向南，最后汇入印度洋。在中国境内穿越干旱区、半干旱区、半湿润区和湿润区，海拔由平均4600m以上降至500m左右。雅鲁藏布江高差巨大，流域地势和侵蚀类型复杂多样，加上来自东南方向的印度洋水汽自峡谷下游向上游逐渐减少，这些因素造就了雅鲁藏布江和支流各个河段丰富的植被和侵蚀类型。本章通过对雅鲁藏布江中下游流域和若干支流野外考察得到的植被、侵蚀测量结果，分析研究了雅鲁藏布江流域的典型植被的分布规律和各种侵蚀类型的特征，以及相应植被与侵蚀类型间的相互关系。

6.1.1　雅鲁藏布江流域

雅鲁藏布江起源于喜马拉雅山，是世界上海拔最高的河流之一，是我国重要的国际河流，位于西藏自治区南部，中国境内流域面积为24.6万km²，河流走向大致自东向西，在南迦巴瓦峰下折向南流，过墨脱最终进入印度(图6.1)。河源地区光照充足，干湿季节明显，年平均气温不足2℃，多年平均降雨量为136～290mm(孙明等，2010)，呈现高原宽谷地貌；中游以乃东地区为例，年平均气温为7.5℃，平均降水为443.6mm(芦海花，2008)，地貌为宽窄河谷相间；米林县派镇以下为下游段，为深切峡谷地貌，米林年平均气温为8.2℃，年降雨量为641mm(何燕，2009)；到墨脱地区海拔降已经至500m，年平均气温升为16℃，年降雨量达2300mm(侯方和王亮，2009)。总体呈现出从上游到下游，随着高程下降，降水量、气温逐渐上升的趋势，由寒冷干旱区逐渐过渡到温暖湿润区。复杂的地形地貌和气候特征，决定了雅鲁藏布江和支流各河段多样的植被与侵蚀类型。

何萍等(2005)调查发现，雅鲁藏布江上游主要的植被类型包括以禾本科、莎草科为主要建群种的高寒草原、高寒草甸，以金露梅属和锦鸡儿属为主要建群种的高寒灌丛，以及雪线附近的垫状植物群落和流石坡稀疏植物。冻融侵蚀是该区域最主要的侵蚀类型，也是雅鲁藏布江流域侵蚀面积最大的一种侵蚀类型，除江源区外，中下游高山也有分布(Miehe et al.，2006)。雅鲁藏布江中游以干旱河谷为主，是西藏农业、经济等较发达的地区，主要植被类型为灌丛草原(芦海花，2008)，在米林县附近过渡为针阔混交林或者常绿阔叶林(张剑等，2008)，主要侵蚀类型为水力和风力侵蚀。文安邦等(2000)的研究表明，中游地区林草地的土壤侵蚀强度为341～1971t/(km²·a)，植被覆盖度和坡度是决定土壤侵蚀强度的主要和次要因子。下游的峡谷植被类型有亚热带常绿阔叶林、热带雨林和季雨林等(郑维列,1999)。由于山高谷深,河流下切作用下大峡谷内崩塌、滑坡和泥石流频繁发生(Finnegan et al.,2008;赵健和李蓉,2008)。

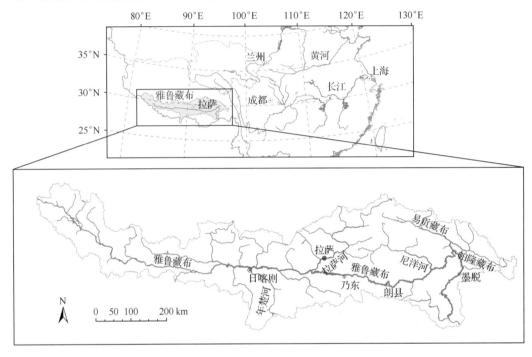

图 6.1　雅鲁藏布江流域示意图

6.1.2　主要侵蚀类型

利用 ArcGIS 软件对数字高程模型(DEM)数据进行加工,得到雅鲁藏布江河道纵剖面图和沟谷高差的沿程数据(图 6.2)。沟谷高差指河床与从河道向两侧各 10km 范围内最高点的高差。结果显示,从派镇到巴昔卡平均沟谷高差约为 2400m,从日喀则到派镇

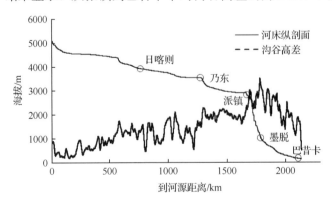

图 6.2　雅鲁藏布江河床纵剖面与沟谷高差

平均沟谷高差约为1400m，上游地区是高原宽谷，沟谷高差最小，平均约为750m。沟谷高差反映了区域内重力势能的大小。对于雅鲁藏布江流域，从派镇到巴昔卡的下游段重力势能最大，加上河流下切严重，降水充足，所以下游重力侵蚀严重。从下游向上游，沟谷高差逐渐减小，重力侵蚀现象和强度随之减少。对雅鲁藏布江典型侵蚀类型和侵蚀强度进行了调查和测量，结果见表6.1。

表 6.1　雅鲁藏布江流域主要侵蚀类型和侵蚀速率

范围	海拔/m	主要侵蚀类型	侵蚀速率/[t/(km² · a)]	备注
下游	500～3000	重力侵蚀	5000～140000	—
中游	3000-4000	水力侵蚀	2000～5000	细沟侵蚀、沟道侵蚀、泥石流侵蚀
		风力侵蚀	98000	非流域平均值，仅适用沙滩、沙丘
上游	4000～5200	冻融侵蚀	接近零	—

雅鲁藏布大峡谷内植被发育良好，物种丰富、覆盖度高、生物量大。谷内水力侵蚀和风力侵蚀受到植被的制约，侵蚀量很小。但是，峡谷内的滑坡、崩塌和泥石流现象时有发生(图6.3)。大峡谷内派镇至墨脱以及帕隆藏布下游，重力侵蚀主要形式为崩塌，墨脱以下重力侵蚀的主要形式为滑坡，易贡藏布流域重力侵蚀主要形式为滑坡(图6.4)。滑坡和崩塌发生的根本原因是河流不断下切，造成坡岸的临空并最终失稳。印度洋板块以每年50～64mm的速度向欧亚板块移动，造成西藏地区的不断抬升(程尊兰等，2009)。岩体受严重挤压，节理发育，谷岭高差大，导致了下游地区发生大规模滑坡、崩塌，单个崩滑的体积可以达到数亿立方米，历史上两次易贡藏布滑坡的体积分别达到了 5 亿 m³ 和 3 亿 m³。在暴雨的触发下，松散物质形成泥石流，沿节理、破碎带发育的河流则成为泥石流沟。根据实地调查，拉月曲自鲁朗至通麦段有泥石流支沟 33 条，帕隆藏布自波密到通麦段有泥石流沟 34 条，尤其以古乡沟泥石流沟最为著名。据相关资料，从 1953 年第一次爆发泥石流以来，之后近 60 年间，古乡沟发生大小泥石流近千次，每年产生泥石流物质 100 万～600 万 m³ (朱平一等，1999；胡凯衡等，2011)。古乡沟流域面积约为 25.2km²，假设古乡沟泥石流物质均来源于重力侵蚀堆积物，则古乡沟的重力侵蚀速率约为 14 万 t/(km² · a)。对帕隆藏布下游的崩塌与滑坡进行测量，共测得 28 处 5 年内滑坡、崩塌总方量约为 2300 万 m³，该段流域面积为 160km²，堆积物质的密度大约为 1.8t/m³，则帕隆藏布下游的重力侵蚀速率为 51750t/(km² · a)。总体而言，虽然雅鲁藏布江下游地区植被覆盖度高，但植被不能控制该地区崩塌、滑坡和泥石流的发育，地表侵蚀率能达到 50000～140000t/(km² · a)，仍然处于剧烈的地貌演变过程中。

雅鲁藏布江的中游干旱河谷地区植被覆盖度低、坡面物质疏松，冬春季干旱少雨，6～9 月降雨相对集中(图6.5)，坡面汇流产生细沟侵蚀、沟谷侵蚀，甚至触发泥石流(图6.6)。植物能够对水力侵蚀有一定的控制作用。在贡嘎上游附近选取沟道，测量沟道长度、宽度和深度，统计沟道数量，并通过沟道内生长灌木的年轮判断时间，大致估算出雅鲁藏布江中游地区水力侵蚀的速率为 2000～5000t/(km² · a)。过朗县后，植被覆盖度逐渐增加，水力侵蚀速率减小。

图 6.3　大峡谷内的崩塌(摄于 2011 年)

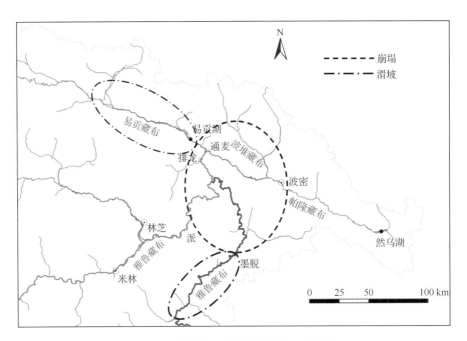

图 6.4　雅鲁藏布江下游及支流重力侵蚀形式

　　雅鲁藏布江中游宽窄河谷相间,宽谷区河床淤沙深厚,可达 400~800m(余国安等,2012)。宽谷河段的河漫滩、阶地和山坡分布有数量众多的风沙堆积地貌(杨益畴,1984)。图 6.7 为派镇上游的链状沙丘和沙洲。每年 12 月到次年的 5 月,雅鲁藏布江中游受高空西风急流的影响,区域内风力强劲(苟诗薇等,2012),又因为降水、气温等原因处于非汛期,大量沙洲出露。强风对各种沙丘、沙坡以及河滩造成了严重的风力侵

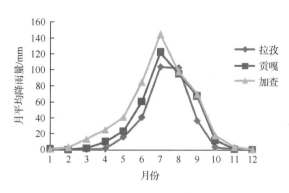

图 6.5　雅鲁藏布江中游拉孜、贡嘎、加查多年月平均降雨量(2003～2012 年)

图 6.6　干旱河谷两岸强烈的水力侵蚀(摄于 2010 年)

蚀。沙丘上生长的杨树可以指示该地的风力侵蚀强度。由于风力吹拂,原本处于地表以下的杨树根系出露,若出露树根年轮为 n 年,出露树根距现阶段地表距离为 H,则当地的风力侵蚀速率应为 $\rho_{沙} H/n$,对贡嘎附近一处种植有杨树的沙丘进行测量得到该地的风力侵蚀速率约为 9.8 万 t/(km² · a),不过该值仅对沙滩、沙丘适用,平均到整个中游流域风力侵蚀速率小于水力侵蚀速率。

河源区的高寒草甸植被覆盖度高且拥有密集的地下根系,具有很强的抗侵蚀能力,本地区地势平缓,降水和冰雪融水产生的径流流速缓慢,几乎不产生水力侵蚀。侵蚀主要为冻融侵蚀,主要表现为局部的草皮坍塌现象(图 6.8)。

图6.7　派镇附近的链状沙丘与沙洲（摄于2010年）

图6.8　米拉山口在冻融作用下坍塌的草皮

6.1.3　典型植被类型和物种组成

　　植被和侵蚀具有相互制约和相互适应的动力学关系（Wang et al.，2008）。2009~2010年，在雅鲁藏布江干流和几条主要的支流沿岸，根据景观的明显变化，选取11处典型植被进行样方调查。米拉山口的样方面积取1m×1m，其他样方面积皆取10m×10m。表6.2列出了11个样方的环境条件，各样方内出现的物种见表6.3。

　　米拉山口为拉萨河与尼洋河的分水岭，植被类型以高寒草甸为主[图6.9(a)]，土壤深厚。该地区干旱寒冷，物种主要为耐寒、低矮的草本，以莎草科的薹草属和嵩草属植物为主要物种，另外菊科、龙胆科、十字花科、毛茛科、景天科等高寒地区常见科属也有分布，如圆穗蓼、翠雀花、无心菜等。总体而言，物种丰富度较高。植物高度一般为1~5cm，但覆盖度高，这种低矮密集的种群特征，可以有效地保温和减少蒸发，适

表 6.2　雅鲁藏布江流域典型植被调查样方环境信息

植被类型	编号	地理位置	坡度/(°)	坡向	海拔/m	年降雨量/mm	立地条件
高寒草甸	S1	米拉山口 29°49′34.0″N, 92°21′19.7″E	22	SE162	4969	约250	土壤深厚，颗粒较细
干旱河谷植被	S2	拉萨河上游河谷 29°42′32.3″N, 92°17′55.5″E	25	SE112	4515	545	碎石、沙土组成的坡积物；山体岩性为花岗岩
	S3	拉萨河中游河谷 29°45′38.1″N, 91°55′39.7″E	23	NE150	3965	474	碎石、沙土组成的坡积物；山体岩性为板岩、灰岩、细砂岩等
	S4	拉萨河下游河谷 29°35′44″N, 90°59′32″E	28	SE125	3650	363	片状砾石和沙土组成的坡积物；山体岩性为板岩或千枚岩
	S5	拉萨河下游河谷 29°28′25.7″N, 90°55′58.9″E	26	NW330	3618	363	碎石、沙土组成的坡积物；山体岩性为花岗岩
	S6	雅鲁藏布江中游河谷 29°14′41.5″N, 91°40′48.4″E	15	NW330	3588	423	土石坡积物和以细沙为主的风沙沉积物；山体岩性为花岗岩、花岗闪长岩和砂岩
沙洲植被	S7 S8	拉萨河下游沙洲 29°34′07.6″N, 91°00′21.7″E	平坦	—	3609	363	河流沉积物，沙和卵石
沙丘植被	S9	拉萨河中游坡岸沙丘 29°34′19.3″N, 90°59′19.1″E	30	—	3720	363	风沙沉积的均匀细沙
大峡谷亚热带植被	S10	帕隆藏布入汇雅鲁藏布江附近峡谷右岸 30°01′31.9″N, 95°00′54.1″E	18	NW356	1971	1100	碎石坡积物，土壤发育；周围岩性以变质岩为主，包括石英片岩、石英岩、黑云母片岩、片麻岩、黑云斜长石等
干旱河谷向大峡谷过渡植被	S11	雅鲁藏布江中游米林境内 29°06′29.6″N, 93°27′04.7″E	24	NW310	2993	705	砾石坡积物，土壤发育，有少量风沙物质；山体岩为花岗岩

注：样方 S7、S8 位置接近，只测量了一个 GPS 数据。

表 6.3　雅鲁藏布江流域 11 个调查样方内出现的物种

样方编号	物种
S1	绢毛菊(*Soroseris gillii*)、龙胆科(Gentianaceae)、莎草科(Cyperaceae)两种、玉门点地梅(*Androsace brachystegia*)、翠雀花(*Delphinium grandiflorum*)、风毛菊(*Saussurea*)、尖果寒原荠(*Aphragmus oxycarpus*)、圆穗蓼(*Polygonum macrophyllum*)、蓝钟花(*Cyananthus* sp.)、景天(*Sedum* sp.)、无心菜(*Arenaria* sp.)、苔草(*Carex* sp.)、叠裂银莲花(*Anemone imbricata*)、嵩草(*Kobresia* sp.)、葶苈(*Draba* sp.)
S2	拉萨小檗(*Berberis hemsleyana*)、匍匐水柏枝(*Myricaria prostrata*)、小叶金露梅(*Potentilla parvifolia*)、紫花针茅(*Stipa purpurea*)、白草(*Pennisetum flaccidum*)
S3	羊茅(*Festuca ovina*)、毛莲蒿(*Artemisia vestita*)、拉萨小檗、纤细雀梅藤(*Sageretia gracilis*)、雪层杜鹃(*Rhododendron nivale*)、堇花唐松草(*Thalictrum diffusiflorum*)、甘遂(*Euphorbia kansui*)、狗牙根(*Cynodon dactylon*)、单叶绿绒蒿(*Meconopsis simplicifolia*)、西藏铁线莲(*Clematis tenuifolia*)、直序乌头(*Aconitum richardsonianum*)、蜜腺毛蒿(*Artemisia viscidissima*)、伏毛金露梅(*Potentilla fruticosa* var. *arbuscula*)、蒲公英(*Taraxacum* sp.)
S4	沙蒿(*Artemisia desertorum*)、砂生槐(*Sophora moorcroftiana*)、画眉草(*Eragrostis pilosa*)、狗尾草(*Setaria viridis*)、羊茅
S5	狗尾草、毛莲蒿、毛蓝雪花(*Ceratostigma griffithii*)、长芒草(*Stipa bungeana*)、秀丽水柏枝、西藏凤尾蕨(*Pteris tibetica*)、银粉背蕨(*Aleuritopteris argentea*)
S6	棘枝忍冬(*Lonicera spinosa*)、小蓝雪花(*Ceratostigma minus*)、笔直黄芪(*Astragalus strictus*)、藏布三芒草(*Aristida tsangpoensis*)、变色苦荬(*Ixeris chinensis*)、砂生槐
S7	白草(*Pennisetum flaccidum*)、沙棘(*Hippophae rhamnoides*)、小花水柏枝(*Myricaria wardii*)、刺沙蓬(*Salsola tragus*)、多花亚菊(*Ajania myriantha*)、藏白蒿(*Artemisia younghusbandii*)、青蒿(*Artemisia carvifolia*)、白刺(*Nitraria tangutorum*)
S8	秋华柳(*Salix variegata*)、小麦(*Triticum asetivum*)、青稞(*Hordeum vulgare* var. *coeleste*)、油菜(*Brassica napus*)、白茅(*Lmperata cylindrica*)
S9	砂生槐、小叶杨(*Populus simonii*)、毛莲蒿(*Artemisia vestita*)、日喀则蒿(*Artemisia xigazeensis*)、低矮菊科(Compositae)1种、鳞果虫实(*Corispermum lepidocarpum*)、毛瓣棘豆(*Oxytropis sericopetala*)
S10	尼泊尔桤木(*Alnus nepalensis*)、绣球属(*Hydrangea* sp.)、凹脉杜茎山(*Maesa cavinervis*)、泡核桃(*Juglans sigillata*)、水麻(*Debregeasia orientalis*)、西藏双药芒(*Miscanthus nudipes*)、双尖苎麻(*Boehmeria bicuspis*)、锐齿凤仙花(*Impatiens arguta*)、柳属(*Salix* sp.)、甘青蒿(*Artemisia tangutica*)、蹄盖蕨属(*Athyrium* sp.)、罗伞(*Brassaiopsis glomerulata*)、西藏土当归(*Aralia tibetana*)、毛木通(*Clematis buchananiana*)、棕鳞瓦韦(*Lepisorus scolopendrium*)、茜草(*Rubia cordifolia*)、堇菜属(*Viola* sp.)、禾本科(Poaceae)1种、波密裂瓜(*Schizopepon bomiensis*)、楔苞楼梯草(*Elatostema cuneiforme*)、细瘦悬钩子(*Rubus macilentus*)、滇北悬钩子(*Rubus bonatianus*)、细齿崖爬藤(*Tetrastigma serrulatum*)、托叶悬钩子(*Rubus foliaceistipulatus*)、绣线梅(*Neillia thyrsiflora*)、合柄铁线莲(*Clematis connata*)、大苞栝楼(*Trichosanthes dunniana*)、节节草(*Hippochaete ramosissima*)、藏蓟(*Cirsium lanatum*)、鳞毛蕨属(*Dryopteris* sp.)、六叶葎(*Galium asperuloides* subsp. *hoffmeisteri*)、无毛凤丫蕨(*Coniogramme intermedia* var. *glabra*)、芒种花(*Hypericum uralum*)、喜马拉雅醉鱼草(*Buddleja candida*)、蛇莓(*Duchesnea indica*)、黑龙骨(*Periploca forrestii*)、繁缕(*Stellaria* sp.)

续表

样方编号	物种
S11	光核桃、菊科（Compositae sp.）1 种、钝叶栒子（*Cotoneaster hebephyllus*）、秦岭槲蕨（*Drynaria sinica*）、皱叶香茶菜（*Isodon rugosus*）、康巴栒子（*Cotoneaster sherriffii*）、帚枝鼠李（*Rhamnus virgata*）、腺叶绢毛蔷薇（*Rosa sericea f. glandulosa*）、唐松草属（*Thalictrum sp.*）、三刺草（*Aristida triseta*）、淡红素馨（*Jasminum stephanense*）、小叶香茶菜（*Isodon parvifolius*）、萝卜秦艽（*Phlomis medicinalis*）、阜莱氏马先蒿（*Pedicularis fletcherii*）、厚叶碎米蕨（*Cheilosoria insignis*）、豆科（Leguminosae sp.）1 种、光萼石花（*Corallodiscus var. leiocalyx*）、绣球藤（*Clematis montana*）、草柏枝（*Phtheirospermum tenuisectum*）、西藏白苞芹（*Nothosmyrnium xizangense*）、石竹科（Caryophyllaceae）1 种

应该地区干旱低温和风力强劲的环境。为适应严酷的环境，高寒草甸植物的地下生物量较高，根系发达，发育的深度可达地下 60cm。

图 6.9　米拉山口高寒草甸（a）和米拉山口高寒草甸垂直剖面（b）

雅鲁藏布江流域内的干旱河谷主要分布在发育在雅鲁藏布江、支流拉萨河和年楚河的宽阔河谷两岸（图 6.10）。以样方 S2～S6 为代表的干旱河谷植被就分布在这些海拔

图 6.10　雅鲁藏布江在泽当地区两岸植被覆盖稀少的山坡（a）和拉萨河下游花岗岩山坡上植被（b）

3500～4000m 的河谷内。干旱河谷内的年降雨量为 300～550mm，但温度较高，蒸发量大。河谷两岸坡地坡度陡，而且土壤层较薄，一般在 10～30cm，甚至出现裸岩，植物生长在石头缝隙和风化物中。干旱河谷的植被主要为强阳生草本和小灌木。物种多样性水平较低，植被的覆盖度仅在 10% 左右。拉萨小檗和砂生槐是该地区常见的灌木种，也是灌丛群落的主要建群种。草本群落主要以禾本科的羊茅等为主要建群种。除了各种维管植物，干旱河谷内的苔藓植物在保护坡面水土流失方面，起到了一定作用（图 6.11）。

图 6.11　泽当地区生长有苔藓的山坡

　　干旱河谷地区除了上述耐旱灌草丛群落外，在河谷沙洲和坡岸沙丘上还发育耐风沙的沙洲植被和沙丘植被（图 6.12）。在雅鲁藏布江的中游和拉萨河的中下游地区，河谷内发育有广阔的沙洲。沙洲的稳定性受到河道运动和人类活动的影响。在淹没频率比较

(a)　　　　　　　　　　　　　　　(b)

图 6.12　雅鲁藏布江中游植被
(a)沙洲植被；(b)沙丘植被

低的沙洲上，逐渐自然发育出小灌木和草本植物，主要物种有藏白蒿、刺沙蓬、白草等，覆盖度一般在 20% 以下。一些沙滩因为存在人类干预活动，种植有杨、柳等树种，甚至有些已经完全稳定变成了农田，如样方 S8。雅鲁藏布江和拉萨河内的沙洲沉积物，除了部分卵砾石外，含有大量的均匀细沙。这些细颗粒枯水季节出露，在风的作用下从地面吹起，而后在两岸的山拗发生沉积，形成沙丘。沙丘上只能发育种类不多的耐风沙物种，如砂生槐、日喀则蒿、毛莲蒿、毛瓣棘豆等。总体而言，沙丘由于处于活动状态下，植被覆盖度极低，仅为 1%~5%。

从朗县到米林县，雅鲁藏布江河谷气候逐渐变得湿润，植被渐渐由耐旱多刺的砂生槐或腺叶绢毛蔷薇灌丛过渡到温带阔叶灌丛。物种丰富，蔷薇科、鼠李科、木犀科是灌丛内的主要树种，覆盖度可以达到 75%，如图 6.13 所示。

图 6.13　米林县境内雅鲁藏布江沿岸的阔叶灌丛

流域内的亚热带植被分布在雅鲁藏布江和帕隆藏布的下游峡谷内，高程范围为 800~3000m。由于来自印度洋的暖湿气流作用，此区域内降水充沛、气温较高，植被物种丰富，整体覆盖度高，主要为阔叶乔木林，且群落内垂直分层现象明显，如调查的 S11 样方内乔木层优势物种为尼泊尔桤木，灌木层优势物种为凹脉杜茎山（图 6.14）。

6.1.4　植被特征沿程变化规律

调查结果显示，样方内的物种丰富度、植被的覆盖度以及植物的平均高度随高程变化，具有一定的规律性。图 6.15 给出了样方内物种丰富度 S（即样方内物种数）随高程 E 的变化，图 6.16 给出了植被覆盖度 V_{cover} 随高程的变化。图 6.17 给出了植被的平均高度 H_V 随高程的变化。

从图 6.15 可以看出，植被的物种丰富度随着高程降低，先降低后增加。海拔最低的、平均气温和降雨最高的大峡谷地区，植物物种最丰富，100m² 的样方内物种接近

图 6.14　雅鲁藏布江下游大峡谷内的阔叶乔木林

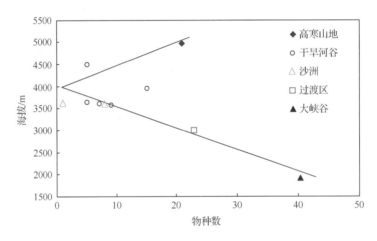

图 6.15　雅鲁藏布江沿程物种丰富度变化

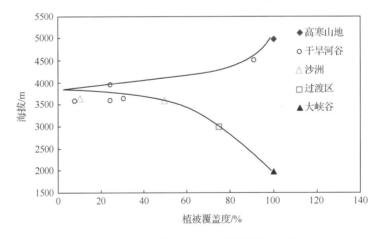

图 6.16　雅鲁藏布江沿程植被覆盖度变化

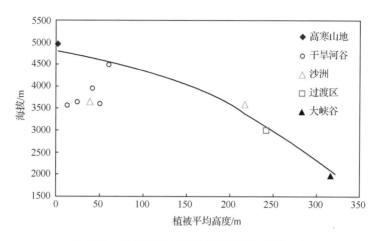

图 6.17　雅鲁藏布江沿程植被的平均高度变化

40 种，而在干旱少雨的干旱河谷地区，物种最少，100m² 的样方内物种不到 10 种。高寒草甸的植物虽然矮小，但是 1m² 的样方内出现了 21 种物种。

　　植被的覆盖度与物种丰富度具有相同的趋势，海拔 3500～4000m 的干旱河谷，植被覆盖度最低，一般不到 20%。鲁春霞等（2007）研究发现，干旱河谷地区的降水量以 20mm/100m 的梯度随着海拔的增加而增大。普宗朝等（2008）的研究则发现，干旱河谷地区的蒸发能力随着海拔下降而减小。所以，从 3500～4000m 的干旱河谷高程增加到 5000m 左右的高寒山地，植物生长的水分条件有较大改善，植被覆盖度随着海拔上升而增加。高寒草甸植被低矮密集，覆盖度可达到近 100%。由于印度洋暖湿气团沿雅鲁藏布大峡谷向上游运动，低海拔的大峡谷地区雨量充沛、热量充足，所以从干旱河谷向大峡谷方向，植被覆盖度随着高程降低而增大，趋于 100%。水分是物种丰富度和植被覆盖度的主要影响因子。

　　植被的平均高度计算方法如式（6.1）所示

$$H_V = \frac{\sum_{i=1}^{n} f_i h_i}{\sum_{i=1}^{n} f_i} \tag{6.1}$$

式中，n 为植物个体总数；f_i 为第 i 个植株的覆盖面积；h_i 为第 i 个植株的高度。

　　经过计算，发现从高寒山地到大峡谷，随着海拔降低，植被的平均高度不断增加。位于海拔 5000m 左右高寒草甸平均高度仅 1～3cm，2000m 左右的植被的平均高度达到 3m。

　　由平均覆盖度的计算公式（6.1）可知，该值一定程度上反映了群落内地上生物量的大小。植物的平均高度与物种数、植被覆盖度变化趋势不同，说明影响植物平均高度的最主要因素不是水分。由高海拔向低海拔地区温度逐渐上升，所以影响植被的平均高度的主要是积温条件，温暖地区的植物有效积温高，光合作用速率高，海拔高地区有效积温低，光合作用速率低、生物量小，因而植被平均高度小。

6.2　易贡藏布大滑坡的植被修复

6.2.1　易贡大滑坡

西藏波密县易贡乡扎木弄沟为易贡藏布左岸支流，近垂直在海拔 2190m 高度汇入易贡藏布(邢爱国等，2010)，距离通麦约 18km。易贡藏布河谷地区受印度暖湿气流的影响，属于温带湿润高原季风气候，年平均气温为 11.4℃，年均降雨量 960mm，5～9 月降雨量占全年降雨量的 78%，具有雨热同期的特点(薛果夫等，2000)。

1900 年和 2000 年 4 月 9 日，扎木弄沟内两次发生大规模山体滑坡，并且形成坝体堵塞易贡藏布。据估计，1900 年滑坡产生堆积物质体积约为 5 亿 m³，形成的堰塞坝不久后自然溃决，在上游形成易贡湖，现在只在扎木弄沟沟口左岸保留有一些滑坡物质，沟内被 2000 年的滑坡物质所覆盖(图 6.18)。2000 年堰塞坝在人工排险后有控制的泄流(刘宁，2000)，除扎木弄沟内保留大量堆积体外，滑坡对岸即易贡藏布的右岸也保留有部分滑坡残余。2000 年滑坡物质体积为 2.8 亿～3 亿 m³，滑坡堆积物质以灰岩、泥岩、砂岩的细颗粒为主(朱博勤和聂跃平，2001)。

图 6.18　从易贡藏布右岸拍摄到的易贡滑坡沟口堆积

6.2.2　滑坡体中期修复植被

在易贡藏布右岸 2000 年滑坡残余的前缘堆积物质上(30°10′33.0″N，94°56′11.3″E，海拔 2317m)，选取 4 个 5m×5m 样方进行植物样方调查(图 6.19)。经过鉴定统计 100m² 滑坡堆积体上共发现乔木和灌木 12 种，多年生草本 9 种，一年生草本 5 种，共计 26 种物种(表 6.4)。

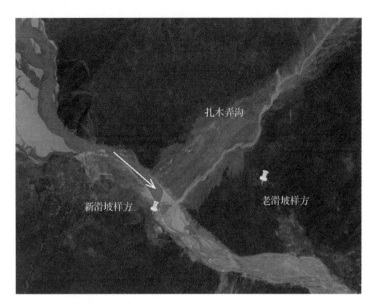

图 6.19　易贡滑坡植物样方调查位置示意图

来源：Google Earth，箭头指示易贡藏布水流方向

表 6.4　2000 年滑坡体上出现的物种（100m² 内）和各层内重要值

分层	物种（Ⅳ）
乔木层	尼泊尔桤木（*Alnus nepalensis*）(9.77)、长叶杨*（*Populus wuana*）(90.23)
灌木层	辉叶紫菀（*Aster fulgidulus*）(0.47)、波密桦（*Betula bomiensis*）(0.84)、圆叶栒子（*Cotoneaster rotundifolius*）(0.22)、圆锥山蚂蝗（*Desmodium elegans*）(4.65)、伞房溲疏（*Deutzia corymbosa*）(1.09)、高山松（*Pinus densata*）(0.90)、长叶杨*（*Populus wuana*）(86.1)、西康蔷薇（*Rosa sikangensis*）(1.73)、裸柱头柳（*Salix psilostigma*）(3.53)、毛枝榆（*Ulmus androssowii*）(0.32)、蓝黑果荚蒾（*Viburnum atrocyaneum*）(0.19)
草本层（多年生草本）	野棉花（*Anemone vitifolia*）(20.43)、假苇拂子茅（*Calamagrostis pseudophragmites*）(0.25)、薹草*（*Carex sp.*）(42.94)、头蕊兰（*Cephalanthera longifolia*）(0.04)、菊科 1（Compositae sp.）(0.06)、飞蓬（*Erigeron sp.*）(11.72)、西南草莓（*Fragaria moupinensis*）(1.18)、异叶千里光（*Senecio diversifolius*）(0.61)、山苦荬（*Ixeris chinensis*）(2.18)
草本层（一年生草本）	菊科 2（Compositae sp.）(0.01)、十字花科 1（Cruciferae sp.）(1.78)、禾本科 1（Gramineae sp.）(4.60)、禾本科 2（Gramineae sp.）(2.27)、抱茎獐牙菜（*Swertia franchetiana*）(11.85)

注：由于调查季节所限，一些物种尤法鉴定到种。

＊物种表示该层的优势物种。

从群落组成看，出现的科有菊科（Compositae）、蔷薇科（Rosaceae）、禾本科（Gramineae）、杨柳科（Salicaceae）、桦木科（Betulaceae）、榆科（Ulmaceae）、松科（Pinaceae）、十字花科（Cruciferae）、莎草科（Cyperaceae）、忍冬科（Caprifoliaceae）、毛茛科（Ranunculaceae）、龙胆科（Gentianaceae）、兰科（Orchidaceae）、虎耳草科（Saxifragaceae)和豆科(Leguminosae)共计 15 科，出现物种比较多的科为菊科(5 种)、蔷薇科(3 种)、禾本科(3 种)、杨柳科(2 种)和桦木科(2 种)，其余各科各有 1 种。

4 个样方植被覆盖率分别为 17.8%、34.1%、62.5%和 5.6%，平均值为 30.0%。

为计算群落优势物种，对 4 个样方内所有物种按乔木、灌木和草本分别进行重要值计算，以树高大于 3m 或胸径大于 5cm 为乔木。灌木层、草本层重要值计算方法见式(6.2)，乔木层重要值计算方法如下：

$$IV = (D_r + B_r + P_r)/3 \tag{6.2}$$

式中，D_r 为相对密度，$D_r = 100 \times N_i/N$，N_i 为某一种的个体数，N 为全部种的个体数；B_r 为相对优势度，$B_r = 100 \times A_i / \sum_{i=1}^{n} A_i$，$A_i$ 为某一种的基面积；P_r 为相对频度，$P_r = 100 \times F_i / \sum_{i=1}^{n} F_i$，$F_i$ 为某一种在所有样方中出现的次数。

计算得到的重要值结果见表 6.3，结果显示，长叶杨是乔木层和灌木层的优势物种，薹草是草本层的优势物种，另外灌木层中的圆锥山蚂蝗、裸柱头柳、西康蔷薇，草本层的抱茎獐牙菜、野棉花和飞蓬也是滑坡上的常见重要物种。

6.2.3　滑坡体长期修复植被

在 1900 年易贡滑坡残余堆积体上(30°10′55.1″N，94°57′45.3″E，海拔 2332m)取 4 个 5m×5m 样方进行植物调查。经过鉴定统计 100m² 内出现乔木和灌木 15 种，木质藤本 1 种，多年生草本 7 种，一年生草本 6 种，蕨类植物 6 种，总共 35 种。

从群落组成看，出现了蔷薇科、豆科、禾本科、菊科、毛茛科、石竹科(Caryophyllaceae)、水龙骨科(Polypodiaceae)、五加科(Araliaceae)、天南星科(Aracear)、唇形科(Lamiaceae)、凤尾蕨科(Pteridaceae)、胡颓子科(Elaeagnaceae)、金星蕨科(Thelypteridaceae)、蕨科(Pteridiacear)、木通科(Lardizabalaceae)、木犀科(Oleaceae)、茜草科(Rubiaceae)、忍冬科(Caprifoliaceae)、瑞香科(Thymelaeaceae)、伞形科(Umbelliferae)、莎草科、松科、铁角蕨科(Aspleniaceae)、小檗科(Berberidaceae)、樟科(Lauraceae)，共计 25 科。出现物种最多的科是蔷薇科(4 种)，豆科、禾本科、菊科、石竹科、水龙骨科和五加科各有 2 种物种，其余各科各有 1 种物种。

按式(6.2)计算乔木层、灌木层和草本层各物种重要值，藤本归入灌木层计算，蕨类植物归入草本层计算，计算得到重要值见表 6.5。经过 100 多年的自然发育，高山松、蓝黑果荚蒾和毛轴蕨分别成为乔木层、灌木层和草本层的优势物种。轮伞五加、长瓣瑞香是乔木层的亚优势物种。

6.2.4　滑坡体的物种演替和物种多样性

经过 11 年的自然恢复，易贡滑坡体上形成了长叶杨-薹草群落，平均覆盖面积达到 30%左右(图 6.20)。形成对比的是，经过大约 111 年的自然恢复，滑坡体上形成高山松-蓝黑果荚蒾-毛轴蕨群落，平均覆盖度接近 100%(图 6.21)。由于气候、地理位置和物质来源基本一致，可以认为 1900 年滑坡堆积体上的植被将是 2000 年滑坡堆积体上植被演替的方向。

表 6.5　1900 年易贡滑坡堆积体上出现的物种(100m² 内)和各层内重要值

分层	物种(Ⅳ)
乔木层	轮伞五加(*Acanthopanax verticillatus*)(11.05)、波密小檗(*Berberis gyalaica*)(24.08)、长瓣瑞香(*Daphne longilobata*)(23.13)、高山松*(*Pinus densata*)(29.75)、绢毛蔷薇(*Rosa sericea*)(4.84)、鲜卑花(*Sibiraea laevigata*)(7.14)
灌木层	波密小檗(*Berberis gyalaica*)(12.42)、合柄铁线莲(*Clematis connata*)(0.53)、长瓣瑞香(*Daphne longilobata*)(15.82)、圆锥山蚂蝗(*Desmodium elegans*)(0.83)、牛奶子(*Elaeagnus umbellata*)(0.17)、鸡骨柴(*Elsholtzia fruticosa*)(3.69)、尼泊尔常春藤(*Hedera nepalensis*)(6.36)、八月瓜(*Holboellia latifolia*)(0.15)、矮探春(*Jasminum humile*)(0.64)、四川新木姜子(*Neolitsea sutchuanensis*)(0.33)、弓茎悬钩子(*Rubus flosculosus*)(1.35)、鲜卑花(*Sibiraea laevigata*)(21.63)、蓝黑果荚蒾*(*Viburnum atrocyaneum*)(38.88)
草本层(多年生草本)	草玉梅(*Anemone rivularis*)(0.44)、云南土圞儿(*Apios delavayi*)(0.11)、一把伞南星(*Arisaema erubescens*)(0.21)、薹草(*Carex* sp.)(15.24)、西南草莓(*Fragaria moupinensis*)(4.06)、天胡荽(*Hydrocotyle* sp.)(20.05)、草地早熟禾(*Poa pratensis*)(4.24)、铁角蕨(*Asplenium* sp.)(0.07)、瓦韦(*Lepisorus* sp.)(0.12)、星毛紫柄蕨(*Pseudophegopteris levingei*)(0.12)、毛轴蕨*(*Pteridium revolutum*)(27.37)、凤尾蕨(*Pteris nervosa*)(0.09)、毡毛石韦(*Pyrrosia drakeana*)(0.14)
草本层(一年生草本)	菊科 2(Compositae sp.)(0.08)、八仙草(*Galium asperlium*)(14.98)、竹叶草(*Oplismenus compositus*)(9.33)、繁缕(*Stellaria media*)(0.06)、白毛繁缕(*Stellaria patens*)(3.19)、黄鹌菜(*Youngia japonica*)(0.09)

*植物表示该层的优势物种。

图 6.20　经过 11 年自然修复后滑坡体上发育出的植被(拍摄于 2011 年)

图 6.21　1900 年滑坡堆积体上自然恢复的植被(拍摄于 2011 年)

调查中发现，2000 年样地中长叶杨不仅是乔木层优势种，也是灌木层优势种，长叶杨在灌木层的重要值远远大于第二位的圆锥山蚂蝗，幼苗数量众多，可见在今后较长一段时间内，长叶杨都会是该地的优势建群种。长叶杨在 11 年后成为滑坡体上的建群种可以用该物种种子量大质轻、生长速度快的特点来解释。由于种子量大质轻，所以长叶杨种子应该是最早散播到滑坡堆积体上的物种。经过 11 年发育，最快个体已经长成为 3.5m 左右高的乔木。高山松的种子质量较大，在滑坡体上的定居时间一般会晚于长叶杨，密度也小于长叶杨。调查中，2000 年滑坡样地中已经出现高山松，高度基本在 1.5m 左右。但在 1900 年滑坡堆积体上的样地内，乔木层优势种为高山松，波密小檗和长瓣瑞香是乔木层的亚优势物种，长叶杨在群落中完全消失。这是群落内物种竞争的结果。根据《西藏植物志》记载，长叶杨可成长至 30m 高，一般分布于林缘或溪边，林中偶见；高山松也可成长至 30m 高，经常组成纯林，但是长叶杨耗水量高于高山松。距相关研究，杨属物种的蒸腾耗水量可达到松属物种耗水量的 1.4～2.1 倍(胡振华等，2007)，长叶杨的单日单株耗水量科达到 3.33m³(袁得润和徐先英，2010)。在植被恢复的初期，由于定居植物数量少，高耗水的长叶杨生长不受水分胁迫，但随着时间推移，植物增多，各物种为争夺生存资源激烈竞争，相较于耗水量较少的高山松，长叶杨处于竞争的不利地位。同时，长叶杨属于短寿命乔木，杨属年龄一般在 30 年左右(张锦春等，2000)，而高山松年龄可达到 110 年以上(王立勤和季发秀，1980)。两个因素共同作用导致了长叶杨在群落中逐渐消失。易贡滑坡的事实表明，滑坡体上的植被演替可能会经历上百年的时间。

随着时间的增长，堆积体上的植物种类和所属总科数均增加(表 6.6)。分层计算样方内乔木、灌木和草本层的 Shannon-Wiener 指数 H 和 Pielou 均匀性指数 E，计算结果见表 6.7，发现在乔木层和草本层两者均增加，尤其是乔木层的 Shannon-Wiener 指数和 Pielou 均匀性指数增加幅度明显。灌木层的 Shannon-Wiener 指数略有上升，但 Pielou 均匀性指数稍有下降。

表 6.6　两次易贡滑坡堆积体上样方内发现物种数和科数

项目	乔灌木本	藤本	多年生草本(包含蕨类)	一年生草本	科数
2000 年堆积体样方	12	0	9	5	15
1900 年堆积体样方	15	1	13	6	25

表 6.7　新老滑坡上群落分层多样性变化

项目	Shannon-Wiener 指数			Pielou 指数		
	乔木层	灌木层	草本层	乔木层	灌木层	草本层
11 年自然恢复后	0.139	1.249	1.404	0.206	0.521	0.532
111 年自然恢复后	1.595	1.291	1.881	0.890	0.503	0.639

6.3　颗粒侵蚀及治理

滑坡、崩塌、采矿采砂或者过度放牧等活动都会造成裸露的新鲜岩面。若岩石表面结构破碎或者质地软弱，在阳光暴晒和热胀冷缩作用下，可能会发生颗粒侵蚀现象。颗粒侵蚀在青藏高原高寒山区广泛分布(张元才等，2008)。本章总结了颗粒侵蚀的危害，分析了颗粒侵蚀产生的机理，指出只有控制侵蚀面上的颗粒剥落才能从根本上控制颗粒侵蚀，并通过野外试验证实了用苔藓植物来治理颗粒侵蚀是一种行之有效的方法。

6.3.1　颗粒侵蚀的特点

颗粒侵蚀指岩石表面因风化形成的颗粒，脱离母岩后，沿坡面滚落在坡脚堆积的现象(王兆印等，2009)，也有学者将这种现象称作"溜砂坡"(罗德富等，1995；张元才等，2008)。颗粒侵蚀是重力侵蚀的一种，不同于短时间内发生的滑坡和崩塌，颗粒侵蚀过程可以持续几个月甚至几十年，一次滑坡或崩塌涉及的物质量可以从几十立方米到几亿立方米不等，颗粒侵蚀却是单个颗粒间歇性地从岩面剥离滚落。颗粒侵蚀现象是包含了物质的风化剥离、搬运和堆积三个部分的统一完整过程。

一个颗粒侵蚀体一般包括了颗粒侵蚀面、颗粒流段和堆积段三个组成部分(图 6.22)。颗粒侵蚀发生的物质基础是易风化、裂隙较为发育的岩石，岩性可为花岗岩、泥质砂岩、粉砂岩、千枚岩、泥岩、玄武岩和灰岩等(吴国雄等，2006)。不同母岩产生的颗粒类型不同，花岗岩、泥质砂岩、冲洪积、砾石层产生的颗粒类型多为沙粒、碎屑，千枚岩、页岩、泥岩产生的颗粒多为片状碎屑，玄武岩、凝灰岩、白云岩等产生的颗粒多为块状碎石，不论哪种，粉粒、黏粒含量都很少(赵欣，2009)。这些裸露岩面在冻融作用和阳光辐射造成的热胀冷缩作用下，风化不断加深形成新的颗粒，因此，颗粒侵蚀多见于高寒山区和强构造作用带地区，如青藏、新疆、甘陕地区和云南小江地区(阚云，2004)。由于颗粒侵蚀面取决于岩石的抗风化强度，所以侵蚀面的倾角变化范围较大。颗粒流段可从 0 到几百米长，取决于颗粒侵蚀面相对于可堆积面的高度。受到岩面的凹凸限制，剥落的颗粒长期沿相对固定的路线滚落，与坡面发生撞击，形成明显的

"沟槽"。最终颗粒在堆积段堆积，形成松散的碎屑堆积体，由于颗粒侵蚀产生的颗粒一般粒径比较均匀，当达到一定临界条件，堆积段很容易发生失稳破坏（阙云等，2003；蒋良潍等，2004；常旭等，2006）。

颗粒侵蚀面

颗粒流段

堆积段

图 6.22　颗粒侵蚀体的三个组成部分：颗粒侵蚀面、颗粒流段和堆积段

6.3.2　颗粒侵蚀在西南地区的分布

　　西南地区构造活动强烈，为颗粒侵蚀的发生提供了一定的物质基础，西藏、川西、云南干旱河谷等地区颗粒侵蚀现象分布广泛。图 6.23 为小江流域查箐沟阴坡和阳坡照片，阴坡显示主要为水力侵蚀，阳坡为颗粒侵蚀。小江流域颗粒侵蚀发生的主要原因是日光辐射导致的热胀冷缩作用。岩层表面快速的温度变化会导致较高的温度应力。由于日光辐射，裸露岩石的最高温度可能远高于空气温度，使岩石在日际冷暖交替中经历较快的温度变化（朱立平等，2000）。南非德拉肯斯堡山脉一处海拔 1920m 的观察站观察到，即使是冬季，当地玄武岩表面平均最高温度可以达到 30℃，砂岩可以达到 25℃，而平均最高气温只有 16.9℃，夏季玄武岩、砂岩表面和气温的平均最高气温分别为42.4℃、36.0℃和 23.9℃（Sumner and Nel，2006）。刘丹丹（2010）对小江支流蒋家沟的5～6 月岩石表面温度进行了野外测量，发现白天阳光暴晒可以使岩石表面温度达到60℃，夜晚迅速降到 20℃以下，昼夜温差超过 40℃。因此小江流域的阳坡较阴坡颗粒侵蚀现象发育充分。在川西、西藏地区，除了阳光暴晒，冻融作用也是颗粒侵蚀发生的主要原因，当温度达到冰点以下时，水汽在岩石的微孔和缝隙中生成冰，冻胀作用促使岩石破裂（Matsuoka，1990，2008）。图 6.24 为川藏公路波密段的一处颗粒侵蚀体。据

统计，川藏公路沿线类似的大型颗粒侵蚀体有 22 处，累计危害公路长度约 15km，每年川藏公路因堆积段失稳等因素造成公路中断行车至少 3 个月（巫建晖等，2008）。图 6.25 显示九寨沟地区一处宾馆附近森林植被为颗粒侵蚀破坏的情况，根据工作人员介绍，这处颗粒侵蚀体已经存在约 30 年。

(a)　　　　　　　　　　　　　　　　　(b)

图 6.23　云南小江流域查箐沟阴阳两坡对应不同的侵蚀类型
(a)阳坡的颗粒侵蚀；(b)阴坡的水力侵蚀

图 6.24　川藏公路波密段的颗粒侵蚀

与滑坡、崩塌相比，颗粒侵蚀的侵蚀速度慢，持续时间长。国外对阿尔卑斯山一处颗粒侵蚀体的观察发现，侵蚀面片麻岩面平均剥落速度达到 0.1mm/a，而此项观察已经持续了 12 年（Matsuoka，2008）。总体而言，西南地区的颗粒侵蚀较水力侵蚀、崩塌、滑坡等侵蚀形式总量小很多。以云南小江流域为例，颗粒侵蚀面积大约只有流域面积的 2%。崩塌、滑坡发生后的崩塌、滑坡面有可能转变为颗粒侵蚀面。例如，汶川地震中形成了大量崩塌、滑坡，震后岩石节理较为发育的地区的崩塌、滑坡面迅速转化为颗粒侵蚀面。

图 6.25　四川九寨沟的一处颗粒侵蚀(颗粒粒径在 10cm 左右)和受破坏的山坡森林植被

　　汶川地震后，颗粒侵蚀面主要分布于岷江中上游和支流的干旱河谷地区，该地区干旱少雨，蒸发量大，地质结构疏松，土壤与植被发育困难，地震前就处于生态脆弱状态(刘彬等，2008)。震后，在阳光强烈照射下，该地区的崩塌、滑坡面大部分进入颗粒侵蚀状态，尤其是草坡隧道上下游 10km 范围内，颗粒侵蚀现象尤为严重，另外绵远河等流域也有少量颗粒侵蚀分布[图 6.26、图 6.27(a)]。2009 年 7 月对岷江沿岸的颗粒侵蚀进行了调查测量，结果见表 6.8。

图 6.26　汶川地震后岷江沿岸迅速出现的颗粒侵蚀体(摄于 2009 年 3 月)

(a)　　　　　　　　　　　(b)

图 6.27　绵远河上游颗粒侵蚀造成的灾害

(a)小木岭附近的一处颗粒侵蚀体；(b)颗粒侵蚀堆积物在暴雨激发下形成的边坡泥石流

表 6.8　汶川地震后一年内的颗粒侵蚀速率

地理位置	海拔/m	坡度/(°)			颗粒侵蚀速率/(cm/a)
		侵蚀面	颗粒流段	堆积段	
31°20′08.5″N，103°29′16.1″E	1221	45	—	36	13.9
31°18′42.1″N，103°28′20.8″E	1172	49	40	34	52.8
31°25′40.1″N，103°32′25.8″E	1300	52	39	35	15.9
31°23′36.7″N，103°30′59.4″E	1267	57	—	35	11
31°21′53.2″N，103°30′02.4″E	1236	48	39	34	7.5
31°23′31.0″N，103°31′12.9″E	1280	49	—	31	2.6
31°26′04.8″N，103°32′40.5″E	1310	53	—	25	5.3
31°27′38.0″N，103°33′57.1″E	1330	47	—	34	11.8
31°27′26.5″N，103°33′30.1″E	1307	48	—	39	33

注："—"表示颗粒流段很短以至于无法用激光测距仪测量坡度。

　　对 21 个颗粒侵蚀体用激光测距仪测量侵蚀面、颗粒流段和堆积段角度，结果显示，岷江沿岸的颗粒侵蚀面倾角为 25°~60°，主要集中在 45°~55°，流通段倾角主要集中在 45°~55°，堆积段坡度一般为 35°±4°。针对其中 9 处测量侵蚀面面积和堆积的颗粒侵蚀物质体积，分析颗粒侵蚀面侵蚀速率与颗粒粒径。由于颗粒侵蚀产生的颗粒与崩塌产生的颗粒相比，粒径较细且均匀，所以通过对堆积段开挖可以得到颗粒侵蚀产生物质在堆积段的厚度 h；将颗粒侵蚀面分为若干三角形，用激光测距仪得到三角形各顶点相对于观测者的方位角、倾角和距离，则可以得各三角形的面积，各三角形面积之和即为颗粒

侵蚀面面积；另外测得堆积段的底边长和斜长，可计算得堆积段的表面面积，则颗粒侵蚀面的侵蚀速度为

$$E = \frac{l_1 l_2 h}{2A} = \frac{l_1 l_2 h}{2\sum a_i} \tag{6.3}$$

式中，l_1、l_2 如图 6.28 所示，分别为堆积段的底边长和斜长，斜长为多次测量取平均值。计算结果显示，堆积段颗粒的 D_{50} 从 0.5cm 以下到 20cm 不等，地震后第一年颗粒侵蚀面的平均年侵蚀速率为 17.08cm/a，远远高于小江流域的 4.2cm/a，颗粒侵蚀形势比较严重。但是由于颗粒侵蚀面的易蚀层逐渐削减，颗粒侵蚀面的侵蚀率将逐渐随之衰减。

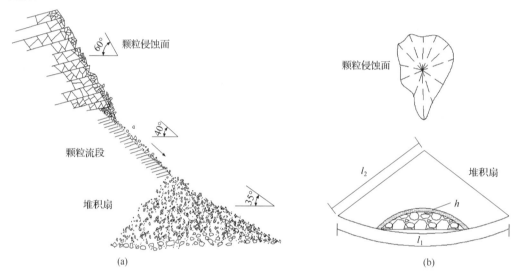

图 6.28　颗粒侵蚀示意图(a)和颗粒侵蚀面侵蚀速度计算示意图(b)

　　由于颗粒侵蚀产生的粒径相对均匀，堆积段坡面常处于临界状态。侵蚀面颗粒脱离岩面后的滚落过程，洪水冲刷堆积段坡脚，公路开挖或者其他环境变化，都可能触发堆积段表面的大规模物质滑动，造成危害。颗粒侵蚀的危害主要有 3 种类型：①堆积段失稳，颗粒进入河道改变河流水沙平衡、影响水生生态；②石块从侵蚀面脱落，击伤、击倒或者埋没沿途植物，对下方活动的人类、牲畜安全造成威胁(梁光模等，2003；张元才等，2008)；③堆积段在暴雨作用下形成坡面泥石流。后两种与人类的生产生活关系密切。在西南地区，公路往往沿河谷修建，如岷江上游河谷和绵远河上游河谷沿岸都修有公路，汶川地震发育的颗粒侵蚀体对公路的安全与通畅造成了较大威胁。震后，汶川县银杏乡境内的彻底关大桥(31°18′05.9″N，103°27′59.1″E)附近，岷江右岸长期发生小规模落石现象。对绵远河上游的调查显示，地震后绵远河上游发育的颗粒侵蚀体在日降雨量 30mm 条件下就会形成坡面泥石流，低速运动较短距离后以 10°~15° 坡度停止，由于运动速度低，流动性差，这种泥石流的破坏力有限。

6.3.3　颗粒侵蚀的治理

　　目前，在公路系统广泛使用的颗粒侵蚀防治对策主要是针对堆积段部分，包括修建挡砂墙、挡沙护路明硐、排导渡砂槽工程和采用格梁、锚杆及花管微型桩加土工网植草固砂护坡。但堆积段上的人工植被，对于溜砂可能起到促进或者遏制两种作用（吴国雄等，2006）：植物的根系能够固定沙砾，防止坡面物质下滑；植物的蒸腾作用也有可能使表面砂石水分减少，颗粒间摩擦力下降从而易于触发群体运动，植物遇到大风容易连根拔起，反而破坏溜砂坡的稳定。针对堆积段的治理不能遏制颗粒侵蚀面的颗粒剥离过程，因此该措施是被动的、是治标不治本的。要想治理颗粒侵蚀，就必须停止侵蚀面的剥蚀，其根本措施是控制岩面的温差变化。在小江地区观察到，苔藓可以起到一定的遏制颗粒剥离的作用，如图 6.29 所示，对于同样的强烈破碎带岩石，有苔藓生长的部分没有成为颗粒侵蚀面。苔藓没有真正的根系且质量很轻，不会继续破坏质地软弱的岩面，但是苔藓的生长却能够维持一定的湿度，降低岩石表面和内部的温度变化幅度，减轻温度应力，从而起一定的保护作用（Carter and Viles，2002）。

图 6.29　没有生长苔藓的新鲜颗粒侵蚀面（图左）和生长有苔藓的岩面（图右）

　　基于苔藓可以减轻阳光暴晒和夜晚热辐射造成的岩面温差变化这个事实，在四川绵远河小木岭的一个颗粒侵蚀体（GPS 位置为 $31°34'58.8''N$，$104°06'36.6''E$，海拔 950m）上进行了苔藓控制颗粒侵蚀的治理试验。用黏土和清水配制泥浆（比重 1.14g/mL），使泥浆在黏土浓度尽量低的情况下保持一定的挂壁能力，加入当地采集到的成熟苔藓孢蒴，并从高处喷洒于颗粒侵蚀面上。一个月后，颗粒侵蚀面上苔藓孢子已经萌发。图 6.30为试验前和试验后一个月、两个月小木岭的照片，两个月时生长出的苔藓已经能对岩石面产生保护作用，控制颗粒的剥蚀。一旦侵蚀面受到控制，更多的草本植物将能够在下方的堆积段定居。

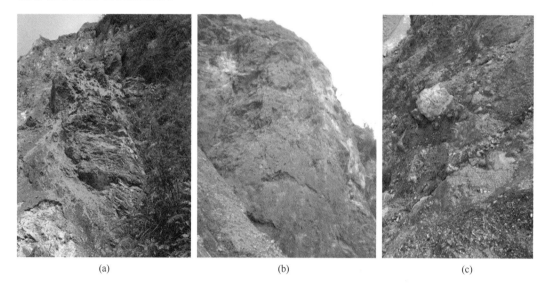

(a)　　　　　　　　　　　　　　(b)　　　　　　　　　　　　　　(c)

图 6.30　小木岭颗粒侵蚀面治理试验

(a)颗粒侵蚀面上喷洒混有苔藓孢蒴的泥浆；(b)一个月后发育形成苔藓层；

(c)两个月后侵蚀面变绿，较好地控制了颗粒侵蚀的发展

总而言之，阳光辐射造成的热胀冷缩和冻融作用是颗粒侵蚀面物质呈颗粒状脱离的主要原因，因此颗粒侵蚀体治理的关键在于控制颗粒侵蚀面的岩石表面温度变化。试验表明，可喷洒带有苔藓孢蒴的稀泥浆到颗粒侵蚀面上，苔藓生长后减弱阳光暴晒和夜晚热辐射造成的岩面温差变化，使得颗粒剥落速率减小。

本章参考文献

常旭, 吴国雄, 郭迁. 2006. 溜砂坡形成机理及防治措施研究. 公路, (01)：89-91.

程尊兰, 田金昌, 张正波, 等. 2009. 西藏江河堵溃灾害及成灾环境分析. 灾害学, 24(01)：26-30.

苟诗薇, 伍永秋, 夏冬冬, 等. 2012. 青藏高原冬、春沙尘暴频次时空分布特征及其环流背景. 自然灾害学报, 21(5)：135-143.

何萍, 郭柯, 高吉喜, 等. 2005. 雅鲁藏布江源头区的植被及其地理分布特征. 山地学报, 23(03)：267-273.

何燕. 2009. 林芝地区米林县农业经济结构现状和发展对策. 西藏科技, 10：9-11, 28.

侯方, 王亮. 2009. 墨脱县野生兰科植物资源及开发利用. 中国林副特产, (05)：77-80.

胡凯衡, 崔鹏, 游勇, 等. 2011. 物源条件对震后泥石流发展影响的初步分析. 中国地质灾害与防治学报, 22(1)：1-6.

胡振华, 王电龙, 呼起跃. 2007. 雁北沙地樟子松、油松和小叶杨生长规律及蒸腾特性研究. 山西农业大学学报(自然科学版), 27(3)：245-249.

蒋良潍, 姚令侃, 蒋忠信, 等. 2004. 溜砂坡动力学特性试验及防治. 山地学报, 22(1)：97-103.

梁光模, 王成华, 张小刚. 2003. 川藏公路中坝段溜砂坡形成与防治对策. 中国地质灾害与防治学报, 14(04)：33-38.

刘彬, 吴福忠, 张健, 等. 2008. 岷江干旱河谷-山地森林交错带震后生态恢复的关键科学技术问题. 生态学报, 28(12)：5892-6898.

刘丹丹. 2010. 干旱河谷颗粒侵蚀及其治理研究. 北京：清华大学硕士学位论文.

刘宁. 2000. 科学制定西藏易贡滑坡堵江减灾预案. 中国水利, (07)：37-38.

芦海花. 2008. 西藏乃东县土地利用/土地覆被变化及其环境效应研究. 北京：首都师范大学硕士学位论文.

鲁春霞，王菱，谢高地，等. 2007. 青藏高原降水的梯度效应及其空间分布模拟. 山地学报, 25(06)：655-663.

罗德富，毛济周，朱平一，等. 1995. 川藏线路南线（西藏境内）山地灾害与防治对策. 北京：科学出版社.

普宗朝，张山清，李景林，等. 2008. 乌鲁木齐河流域参考作物蒸散量时空变化特征. 沙漠与绿洲气象, 2(01)：41-45.

阙云. 2004. 溜砂坡形成机理及防治技术初步研究. 重庆：重庆交通学院硕士学位论文.

阙云，王成华，张小刚. 2003. 川藏公路典型溜砂坡形成机理与整治. 山地学报, 21(5)：595-598.

孙明，沈渭寿，李海东，等. 2010. 雅鲁藏布江源区风沙化土地演变趋势. 自然资源学报, 25(07)：1163-1171.

王立勤，季发秀. 1980. 滇西北高山针叶林中高山松生长情况的探讨. 云南林业调查规划, 3：8-12.

王兆印，刘丹丹，施文婧. 2009. 汶川地震引发的颗粒侵蚀及其治理. 中国水土保持科学, 7(6)：1-8.

文安邦，刘淑珍，范建容，等. 2000. 雅鲁藏布江中游地区土壤侵蚀的～(137)Cs 示踪法研究. 水土保持学报, 14(04)：47-50.

巫建晖，张正波，田金昌，等. 2008. 川藏公路山地灾害特征及对西藏可持续发展的影响. 水土保持研究, 15(4)：142-144.

吴国雄，曾榕彬，王成华，等. 2006. 溜砂坡的形成诱发因素及失稳破坏条件. 中国铁道科学, 27(5)：7-12.

邢爱国，徐娜娜，宋新远. 2010. 易贡滑坡堰塞湖溃坝洪水分析. 工程地质学报, 18(01)：78-83.

薛果夫，刘宁，蒋乃明，等. 2000. 西藏易贡高速巨型滑坡堵江事件的调查与减灾措施分析//第六次全国岩石力学与工程学术大会，武汉.

杨益畴. 1984. 雅鲁藏布江河谷风沙地貌的初步观察. 中国沙漠, 4(3)：12-16.

余国安，王兆印，刘乐，等. 2012. 新构造运动影响下的雅鲁藏布江水系发育和河流地貌特征. 水科学进展, 23(2)：163-169.

袁得润，徐先英. 2010. 民勤沙区 6 种防护树种液流特征及其生态需水量估算. 甘肃科技, 26(17)：172-175, 150.

张剑，覃家理，邓莉兰，等. 2008. 西藏雅鲁藏布江中游陆生植被调查与评价. 林业资源管理, (04)：118-123.

张锦春，汪杰，李爱德，等. 2000. 民勤绿洲杨树林带生长特性及更新年龄初探. 甘肃林业科技, 25(4)：1-6.

张元才，傅荣华，黄润秋. 2008. 天山公路溜砂坡动力学特性及分形特征试验研究. 防灾减灾工程学报, 28(2)：219-222.

赵健，李蓉. 2008. 雅鲁藏布江流域土壤侵蚀区域特征初步研究. 长江科学院院报, 25(03)：42-45.

赵欣. 2009. 公路溜砂坡灾害形成机理研究. 公路交通技术, (3)：29-33.

郑维列. 1999. 雅鲁藏布江大拐弯地区蕨类植物科属区系特征分析. 云南植物研究, 21(01)：43-50.

朱博勤，聂跃平. 2001. 易贡巨型高速滑坡卫星遥感动态监测. 自然灾害学报, (03)：103-107.

朱立平，王家澄，彭万巍，等. 2000. 寒冻条件下热力作用对岩石破坏的模拟实验及其分析. 地理研究, 19(04).

朱平一，何子文，汪阳春. 1999. 川藏公路典型山地灾害研究. 成都：成都科技大学出版社.

Carter N E A, Viles H A. 2002. Experimental investigations into the interactions between moisture, rock surface temperatures and an epilithic lichen cover in the bioprotection of limestone//Annual Meeting of the Stone-Weathering-and-Air-Pollution-Network (Swapnet). Oxford, England: Pergamon-Elsevier Science Ltd.

Finnegan N J, Hallet B, Montgomery D R, et al. 2008. Coupling of rock uplift and river incision in the Namche Barwa-Gyala Peri massif, Tibet. Geological Society of America Bulletin, 120(1-2)：142-155.

Matsuoka N. 1990. The rate of bedrock weathering by frost action-field measurement and a predictive model. Earth Surface Processes and Landforms, 15(1)：73-90.

Matsuoka N. 2008. Frost weathering and rockwall erosion in the southeastern Swiss Alps: Long-term (1994-2006) observations. Geomorphology, 99(1-4)：353-368.

Miehe G, Miehe S, Schlutz F, et al. 2006. Palaeoecological and experimental evidence of former forests and woodlands in the treeless desert pastures of Southern Tibet (Lhasa, AR Xizang, China). Palaeogeography Palaeoclimatology

Palaeoecology，242(1-2)：54-67.

Sumner P D，Nel W. 2006. Surface-climate attributes at Injisuthi Outpost，Drakensberg，and possible ramifications for weathering. Earth Surface Processes and Landforms，31(11)：1445-1451.

Wang Z，Wang G，Huang G. 2008. Modeling of state of vegetation and soil erosion over large areas. International Journal of Sediment Research，23(3)：181-196.

第7章　高原河流水生态

7.1　三江源大型底栖动物群落特征研究

长江、黄河源区位于青藏高原腹地，是世界上江河、冰川、雪山最集中的地区，素有"中华水塔"之称，是亚洲最重要的水源涵养区(陈克龙等，2008)。印度洋板块以5cm/a的速度向北推进，且与欧亚板块相撞，因而导致了青藏高原逐渐隆起，这种地质活动使得青藏高原及其边缘区域的河流比较活跃和独特。河源区具有水源涵养与调节、生物多样性保护、保障流域生态安全等生态功能，故研究两河源区河流的生态现状具有重要意义。在淡水生态系统中，全部或大部分时间生活于水体底部的水生动物群被称为底栖动物。在通常的研究中，底栖动物的范围限定于无脊椎动物，将个体大于$500\mu m$的成员称为大型底栖动物，主要由寡毛类、软体动物和昆虫及其幼虫(稚虫)等组成。它们在物质循环和能量流动中起着重要作用，而且它们寿命较长，迁移能力有限，且包括敏感种和耐污种，故常被作为环境长期变化的指示生物(梁彦龄和王洪铸，1999；熊晶等，2010；Pan et al.，2011)。因此，研究底栖动物群落对河流管理有着重要意义。然而，至今尚没有关于长江源和黄河源大型底栖动物群落的系统报道。作者于2009年8月和2010年7月分别对黄河源和长江源开展了系统的生态调查，目的是阐释两区域大型底栖动物群落特征，为河流管理提供科学资料。

7.1.1　长江源与黄河源底栖动物采样

长江、黄河源区平均海拔在4500m以上，地势由西向东逐渐降低，年降水262.2～772.8mm，年蒸发730～1700mm；源区内河流纵横，湖泊众多，水资源极其丰富(陈克龙等，2008)。本书研究的长江源区地理位置为33°43′56″N～35°34′57″N，92°07′05″E～94°01′27″E。黄河源区地理位置为33°46′01″N～36°33′16″N，97°45′22″E～101°33′40″E，面积达131420km²。黄河水约有49%来自于该区域。研究区域及样点设置如图7.1所示。

水深采用测深锤测量，水的流速用L形毕托管流速仪测定。在样点深度的表、底层取混合水样，带回室内分析。泥沙含量用烘干法测定，电导率用DDS-11A数字电导率仪测定，总氮的测定方法是碱性过硫酸钾消解紫外分光光度法(GB 11894—89)，总磷的测定方法是钼氨酸紫外分光光度法(GB 11893—89)。长江源和黄河源采样点的环境参数见表7.1。

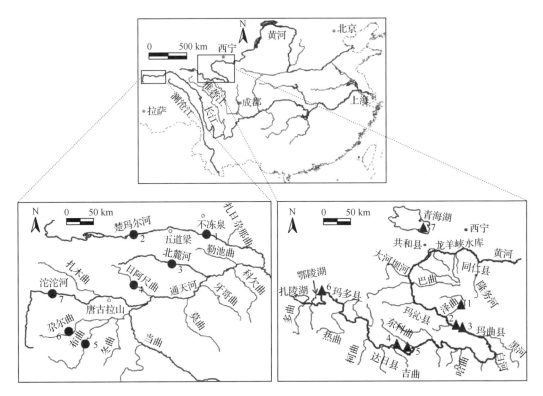

图 7.1　长江源和黄河源样点设置图

表 7.1　长江源和黄河源采样点的环境参数

样点环境条件	长江源	黄河源
水深/m	0.4±0.2	0.4±0.2
流速/(m/s)	0.38±0.05	0.26±0.15
泥沙含量/(mg/L)	351.6±84.5	59.3±39.3
电导率/(μS/cm)	2257±838	487±12
总氮/(mg/m³)	1967±347	2940±540
总磷/(mg/m³)	37±17	8±1

　　底栖动物用适于山区河流底栖动物采样的孔径为 420μm 的踢网（kick net，面积 1m²）采集。采样时都是分别选取 3 处有代表性的底质条件，各处采样面积均为 1/3m²，总采样面积为 1m²。泥样经孔径为 420μm 的铜筛筛洗后，置于白色解剖盘中分拣动物标本，分拣出的底栖动物样本用 75% 的酒精固定，带回实验室进行镜检分类、计数，一般鉴定到科或者属级水平（Morse et al.，1994；Duan et al.，2009）。湿重的测定方法是：先用滤纸吸干水分，然后在电子天平上称量。生物量采用干重（其中软体动物为去壳干重）衡量，其值根据相关文献（阎云君和梁彦龄，1999）计算得到。底栖动物功能摄食类群划分标准参照有关资料（Morse et al.，1994；梁彦龄和王洪铸，1999），如果某动物有几种可能的归属，则均分到相关类群。

软件 CANOCO 4.53 用于样本的除趋势对应分析(detrended correspondence analysis，DCA)，这是一种间接排序方法，能够将分析对象在二维和三维空间加以排列，使排列结果能够客观地反映分析对象间的相似关系。其排序轴的长度反映生态梯度，即长度越大，样点差异性越高(Hill and Gauch，1980；杨宝珍和孔德珍，1991；张金屯，2004；贾晓妮等，2007)。为消除量纲的影响，分析前数据经过了 $\lg(x+1)$ 处理。

7.1.2　底栖动物种类组成

表 7.2 给出了长江源和黄河源大型底栖动物的种类名录，计 66 种，隶属于 28 科 57 属。其中环节动物 2 科 5 属 8 种，软体动物 2 科 2 属 5 种，节肢动物 23 科 49 属 52 种，其他动物 1 科 1 属 1 种。黄河源大型底栖动物 48 种，隶属于 24 科 44 属。相比而言，长江源大型底栖动物种类较少，仅 29 种，隶属于 11 科 24 属。种类组成上，节肢动物占绝对优势，在长江源和黄河源分别占总种数的 86.2%、77.1%。

表 7.2　长江源和黄河源的大型底栖动物种类组成

种类组成	长江源	黄河源
线虫动物门(Nematoda)		
线虫一种		+
环节动物门(Annelida)		
仙女虫科(Naididae)		
双凸杆吻虫[*Stylaria lacustris* (Linnaeus)]		+
颤蚓科(Tubificidae)		
巨毛水丝蚓(*Limnodrilus grandisetosus* Nomura)		+
霍甫水丝蚓(*Limnodrilus hoffmeisteri* Claparède)	+	
深栖水丝蚓(*Limnodrilus profundicola* Verrill)	+	
水丝蚓一种	+	+
多毛管水蚓[*Aulodrilus pluriseta* (Piguet)]		+
坦氏泥蚓[*Ilyodrilus templetoni* (Southern)]	+	
苏氏尾鳃蚓(*Branchiura sowerbyi* Beddard)		+
软体动物门(Mollusca)		
椎实螺科(Lymnaeidae)		
狭萝卜螺[*Radix lagotis* (Schrank)]		+
卵萝卜螺[*Radix ovata* (Draparnaud)]		+
椭圆萝卜螺[*Radix swinhoei* (H. Adams)]		+
扁蜷螺科(Planorbidae)		
尖口圆扁螺[*Hippeutis cantori* (Benson)]		+
大脐圆扁螺[*Hippeutis umbilicalis* (Benson)]		+
节肢动物门(Arthropoda)		
端足目(Amphipoda)		

续表

种类组成	长江源	黄河源
端足目一种	+	+
蜱螨目(Acarina)		
蜱螨目一种		+
蜉蝣目(Ephemeroptera)		
细蜉(*Caenis* sp.)		+
四节蜉(*Baetis* sp.)	+	+
微动蜉(*Cinygmula* sp.)		+
扁蜉(*Heptagenia* sp.)	+	
小蜉(*Ephemerella* sp.)		+
细裳蜉(*Leptophlebia* sp.)	+	
毛翅目(Trichoptera)		
纹石蛾科(*Hydropsychidae*)一种		+
褐石蛾(*Setodes* sp.)		+
短石蛾(*Brachycentrus* sp.)		+
襀翅目(Plecoptera)		
短尾石蝇科(Nemouridae)一种	+	
带襀科(Taeniopterygidae)一种	+	
鞘翅目(Coleoptera)		
龙虱科(Dytiscidae)一种		+
长角泥甲科(Elmidae)一种	+	+
半翅目(Hemiptera)		
潜水蝽科(Naucoridae)一种		+
划蝽科(Corixidae)一种		+
鳞翅目(Lepidoptera)		
螟蛾科(Pyralidae)一种		+
广翅目(Megaloptera)		
泥蛉科(Sialidae)一种	+	
双翅目(Diptera)		
大蚊科(Tipulidae)一种	+	+
蚋属(*Simulium* sp.)一种		+
蚊科(Culicidae)一种		+
水蝇科(Ephydridae)一种		+
菱跗摇蚊(*Clinotanypus* sp.)		+
前突摇蚊(*Procladius* sp.)		+
环足摇蚊(*Cricotopus* sp.)	+	+

种类组成	长江源	黄河源
环足摇蚊(*Cricotopus patens* Hirvenoja)	+	
林间环足摇蚊 *Cricotopus sylvestris* (Fabricius)	+	
真开氏摇蚊(*Eukiefferiella* sp.)		+
异三毛突摇蚊(*Heterotrissocladius* sp.)	+	
摇蚊科(*Chironomidae*)一种	+	
沼摇蚊(*Limnophyes* sp.)	+	
直突摇蚊(*Orthocladius* sp.)	+	+
拟真开氏摇蚊(*Parakiefferiella* sp.)	+	
拟麦捶摇蚊(*Parametriocnemus* sp.)		+
刀突摇蚊(*Psectrocladius* sp.)		+
流水环足摇蚊(*Rheocricotopus* sp.)	+	
特维摇蚊(*Tvetenia* sp.)	+	+
摇蚊(*Chironomus* sp.)		+
柔枝长跗摇蚊(*Cladotanytarsus* sp.)		+
隐摇蚊(*Cryptochironomus* sp.)		+
二叉摇蚊(*Dicrotendipes* sp.)		+
内摇蚊(*Endochironomus* sp.)		+
小摇蚊(*Microchironomus* sp.)	+	
拟摇蚊(*Parachironomus* sp.)		+
拟长跗摇蚊(*Paratanytarsus* sp.)	+	+
多足摇蚊(*Polypedilum* sp.)	+	+
流水长跗摇蚊(*Rheotanytarsus* sp.)		+
齿斑摇蚊(*Stictochironomus* sp.)	+	
长跗摇蚊(*Tanytarsus* sp.)一种	+	
异摇蚊(*Xenochironomus* sp.)		+
种类合计	29	48

图 7.2 显示了长江源和黄河源调查样点的除趋势对应分析排序情况。其中,第一轴解释了 13.0% 的种类信息,第二轴解释了 10.0% 的种类信息。由图可见,长江源和黄河源的动物组成在一定程度上分化明显,换而言之,物种组成存在明显的差异。

7.1.3　底栖动物密度和生物量

表 7.3 给出了长江源和黄河源大型底栖动物各种类类群的密度和生物量。大型底栖动物的总密度上,长江源仅为黄河源的 1/6;总生物量上,长江源约为黄河源的 1/15。节肢动物在两区域均占绝对优势,密度上,在长江源和黄河源分别占总量的 86.4%、

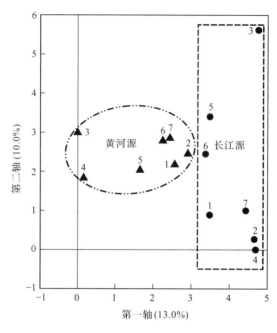

图 7.2　调查样点的除趋势对应分析排序图

85.1%；生物量上，在长江源和黄河源分别占总量的 95.8%、93.5%。

表 7.3　长江源和黄河源大型底栖动物各种类类群的密度和生物量

多样性指标	类群	长江源	黄河源
密度 /(个/m²)	环节动物	8±3	2±1
	软体动物	0±0	9±8
	节肢动物	51±32	314±97
	其他	0±0	43±43
	合计	59±32	369±120
生物量 /(干重 g/m²)	环节动物	0.0013±0.0005	0.0005±0.0002
	软体动物	0.0000±0.0000	0.0287±0.0165
	节肢动物	0.0294±0.0216	0.4227±0.1728
	其他	0.0000±0.0000	0.0001±0.0001
	合计	0.0307±0.0217	0.4520±0.1794

　　表 7.4 给出了长江源和黄河源大型底栖动物各功能摄食类群的密度和生物量。由表可见，长江源中直接收集者和撕食者为优势类群，密度上分别占总量的 62.7%、28.8%，而生物量上分别占总量的 50.5%、40.7%。黄河源中撕食者占绝对优势，分别占总密度和总生物量的 66.1%、87.2%。

表 7.4　长江源和黄河源大型底栖动物各功能摄食类群的密度和生物量

多样性指标	摄食类群	长江源	黄河源
密度 /(个/m²)	撕食者	17±13	244±93
	过滤收集者	4±4	18±12
	直接收集者	37±19	34±6
	刮食者	1±1	19±10
	捕食者	1±1	55±53
生物量 /(干重 g/m²)	撕食者	0.0125±0.0113	0.3940±0.1847
	过滤收集者	0.0003±0.0003	0.0040±0.0023
	直接收集者	0.0155±0.0119	0.0122±0.0029
	刮食者	0.0023±0.0018	0.0347±0.0165
	捕食者	0.00007±0.00004	0.0070±0.0042

在大型底栖动物类群组成上，长江源和黄河源以水生昆虫为主，河流中下游的动物组成也有类似的特点(Xie et al.，1999；潘保柱，2009；赵伟华，2010)。就物种而言，长江源和黄河源与中下游具有明显的特点，即具有较多的流水性和冷水性种类。流水性种类，如身体呈流线型或扁平化的蜉蝣(*Ephemeroptera*)、腹部尾端具吸盘的蚋科幼虫、摇蚊幼虫，如流水长跗摇蚊(*Rheotanytarsus*)、齿斑摇蚊(*Stictochironomus*)及异摇蚊(*Xenochironomus*)等水生昆虫。冷水性种类，如双凸杆吻虫(*Stylaria lacustris*)、巨毛水丝蚓(*Limnodrilus grandisetosus*)及深栖水丝蚓(*Limnodrilus profundicola*)等。两区域河流的水源于雪融水，水温较低，冷水性种类的存在与此有关。

以往研究表明，受人类干扰弱的河流内，河流本身的生境条件决定着动物群落结构(Quinn and Hickey，1990；Armitage et al.，2001；Brooks et al.，2005)。长江源和黄河源人类活动弱，河流的水体、底质条件决定着动物组成及丰度。本书研究表明，长江源大型底栖动物总种数、总密度和总生物量分别为黄河源的 3/5、1/6 和 1/15。动物资源量的差异缘于两区域生境条件的差异，其中尤为突出的表现是长江源河流泥沙含量(351.6mg/L)6 倍于黄河源(59.3mg/L)。泥沙颗粒会磨损藻类细胞壁，抑制藻类生长(Allan and Castillo，2007)，由此，泥沙含量高的河流内动物的食物来源短缺，这是长江源动物资源量低的一个重要原因。另外，高含量的泥沙对水生植物生长具有光抑制，而水生植物对大型底栖动物的生存具有积极的作用，既能增加生态位，扩大动物生存空间(Brönmark，1989；Jeppesen et al.，1998)，又能直接或间接为动物提供食物来源(Newman，1991)。此外，调查区域内长江源滨河湿地面积少于黄河源，这也是本书研究结果中长江源动物资源量低的一个原因。近 40 年来，长江源区和黄河源区湿地面积分别减少了 28.9%、13.6%(王根绪等，2009)，长江源区湿地退化速率较大。

与历史资料比较，长江源大型底栖动物群落特征与干流差别极大。Xie 等(1999)研究表明，长江上、中、下游大型底栖动物密度分别为 6488 个/m²、2738 个/m²、1181 个/m²，远高于长江源底栖动物密度。赵伟华(2010)研究表明长江干流大型底栖动物密度和生物量分别为 377 个/m²、0.8530 干重 g/m²，干流动物密度是长江源的 6 倍，生物量约为长江源的 28 倍。可见，长江源河流大型底栖动物现存量远低于干流，主要原因有两个：①长江源河流泥沙含量 351.6mg/L 远高于干流的 29.6mg/L（赵伟华，2010），关于泥沙对动物生存的负面影响已在上面阐述；②与在固定河槽中流动的干流相比，长江源区河流自由摆荡，生境稳定性差，不利于河床动物生存。

与历史资料比较，黄河源大型底栖动物群落特征与干流略有差别。中国科学院水生生物研究所于 2008 年夏季（5～6 月）和秋季（9～10 月）对黄河刘家峡以下干流河段的调查表明大型底栖动物密度和生物量（干重）分别为 599 个/m²、0.1210 干重 g/m²（赵伟华，2010），干流动物密度略高于黄河源；而因种类组成的差异，干流动物生物量却低于黄河源。虽然赵伟华（2010）中调查的典型干流河段泥沙含量达 5936.7mg/L，远高于黄河源，但因调查样点多分布于岸边，水深较浅（0.3～1.6m），且多在卵石加沙的河床内进行采集，卵石形成的微生境有利于动物生存（Cobb et al.，1992；Beisel et al.，2000），因此，所调查的干流河段内的大型底栖动物密度略高于黄河源。

近年来，在长江源由于草地退化、森林退缩，加上水力、风力和冻融侵蚀的加剧，导致水土流失严重，河流内泥沙含量剧增。研究表明青海省境内长江平均年输沙量 1232 万 t，年侵蚀模数为 650.6t/km²，有变成"第二条黄河"的危险（罗小勇和唐文坚，2003）。从生态环境的可持续发展角度出发，建设河源区生态屏障尤为重要，这就需要实施天然林保护工程，因地制宜地开展乔灌草植被建设，防止草地退化和沙化，减缓土壤侵蚀速率，减少河流输沙量，维系河流生态健康。

7.2　雅鲁藏布江的底栖动物

雅鲁藏布江流域内河流具有众多低海拔河流所不具有的特殊地貌及生态条件。高原河流水源的时空变异性大，使得其生态系统明显区别于其他山区河流（Milner et al.，2010）。研究该流域底栖动物多样性分布特征及其影响因子，是科学评价该区域河流生态健康状况、保障生态安全、实现资源可持续开发利用的基础。西藏地区生态安全屏障项目开展以来主要关注植被生态系统及其在水土保持中的功能（畅益锋，2005；Liu et al.，2009），对于水生生态系统，目前有针对湿地生态功能评价方面的研究（黄裕婕等，2000；张天华等，2005），针对河流、湖泊等生态状况的研究甚少，迫切需要开展此类研究。

作者采用底栖动物作为指示物种研究雅鲁藏布江高原河流生态系统区域多样性特征。底栖动物在物质循环和能量流动中起着重要作用，因此被作为指示生物广泛应用于河流生态评价中（Plafkin et al.，1989；Smith et al.，1999；Karr，1999）。对欧洲特拉山海拔 1700～2200m 范围内的高原湖泊中底栖动物群的研究表明：底栖动物物种数随高程降低呈现明显的增加趋势（Čiamporová-Zat'ovičová et al.，2010）。对冰川河流中底栖动物群落与环境因子的关系研究表明：河流的最高水温以及河道的稳定性对底栖动物的组成起决定性作用（Milner et al.，2010）。依赖冰川补给流量的流域中生活的水生生物多为喜低温物种，对环境变化极为敏感（Skjelkvåle and Wright，1998）。对于雅鲁藏布江干支流局部河段的底栖动物组成虽有初步调查（赵伟华和刘学勤，2010），然而，雅鲁藏布江流域上下游海拔落差数千米，底栖动物群在海拔梯度上的变化尚不明确。此外，雅鲁藏布江流域滑坡泥石流阻河，形成了大量堰塞湖，河湖生态系统中底栖动物组成差异也不明确。

本书着重从流域尺度研究雅鲁藏布江流域河流底栖动物群，进而对雅鲁藏布江的生态状况进行评价。主要研究目标为：①通过底栖动物群落多样性评价雅鲁藏布江流域各采样断面的生态状况；②比较底栖动物群落沿高程梯度上的变化，分析高程对高原河流底栖动物群的影响机制；③比较高原河流与低海拔地区河流底栖动物多样性的差异；④识别影响雅鲁藏布江流域河流底栖动物群的最主要的环境因子。

7.2.1 雅鲁藏布江底栖动物采样

西藏地处念青唐古拉山脉与喜马拉雅山脉之间，境内地势北高南低，岭谷高差大，坡度陡；加之青藏高原抬升运动，地表形成大小河流数百条，再加上季节性间歇河流，总数在千条以上。这些河流几乎均为下切型河流，岸坡稳定性差，易发生崩塌、滑坡、泥石流。河流的水源主要为雨水、冰雪融水和地下水；径流时空分布不均：夏季高于冬季，藏东南高于藏西北。由于地势高，近地面气温低，且多发源于冰川、雪山，该区内河流水温低，受人类活动干扰少，河流生态系统几乎处于自然状态。

通过 2009～2010 年对雅鲁藏布江干支流水系的考察与测量，选择适宜的采样断面进行底栖动物采样。14 个采样断面分布在雅鲁藏布江干、支流的不同河型、不同底质和水流条件的河段(图 7.3)。采样断面最大高差近 1500m，水温，滨岸植被均存在较大梯度，大多数高海拔的地方水温低，滨岸植被差，水生植物少；低海拔位置的水温一般较高，滨岸植被和水生植被都发育良好。各采样断面环境要素见表 7.5。底栖动物采样工具为适于山区河流底栖动物采样的踢网。样本采集及分析鉴定参考 7.1 节中描述的方法。

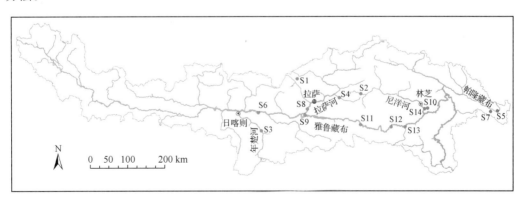

图 7.3　研究区及采样点

采用广泛使用的 Alpha 及 Beta 生物多样性指数分别指示局部采样河段及全区域的底栖动物多样性。其中，Alpha 生物多样性指数：物种丰度 S、改进 Shannon-Wiener 多样性指数 B；Beta 生物多样性指数 β 分别描述如下。

表7.5　各采样点的环境参数

采样断面	H/m	D₅₀/mm	h/cm	V/(m/s)	DO/(mg/L)	T/℃	河型	滨岸植被	季节
扎曲河 S1	4484	40	0~20	0.3~0.5	8.4	1.3	阶梯-深潭河段	冠层高度1~5cm高原草甸，覆盖率100%	冬
尼洋河 S2	4228	100	10~40	0.83	8.1	3.5	山区稳定型河流	冠层高度1~5cm高原草甸，覆盖率100%	冬
年楚河 S3	4014	50	0~25	0.3~0.5	7.9	4.7	分汊河道，底质具大型藻类	堤岸渠化，水位变动区草本覆盖小于5%	冬
墨竹玛曲 S4	3916	5	0~15	0.1~0.3	6.15	10.5	分汊通河湿地，底质具腐殖质	冠层高度5~20cm高原草甸，覆盖率100%	冬
然乌湖 S5	3901	5	20~40	0.1	7.9	3	河道型堰塞湖	水位变动区5m范围之内没有植被	夏
雅鲁藏布江干流 S6	3768	10	0~30	0.1	9.6	17.4	多汊卵石河段	水位变动区5m范围之内没有植被	冬
米堆冰川 S7	3752	300	10~30	0.2~0.5	8.5	2	山区卵石河流	水位变动区灌木覆盖10%	夏
拉萨河 S8	3598	150	0~50	0.2~0.8	10.3	10.5	宽河谷、急流分汊卵石、水草	冠层高20~500cm、草、禾、木本覆盖率100%	冬
雅鲁藏布江干流 S9	3566	200	0~50	0.1	7.7	12.4	宽河谷、分汊浮泥碎石河段	水位变动区5m范围之内没有植被	冬
尼洋支流 S10	3514	500	0~40	0.3~0.5	8.1	7.2	阶梯-深潭稳定河段	堤岸渠化，水位变动区草本覆盖率小于5%	冬
雅鲁藏布江干流 S11	3237	1000	50~150	0.5~1.5	8	8.0	阶梯-深潭稳定急流河段	水位变动区5m范围之内没有植被	夏
雅鲁藏布江干流 S12	2993	800	10~50	0	6.7	13	静水河湾	水位变动区5m范围之内没有植被	夏
里龙普曲 S13	2959	300	20~40	0.3~2	7.8	8.0	雅鲁藏布江之大流量支流	冠层高度5~200cm高原草甸，覆盖率50%	夏
尼洋河 S14	2948	30	30~100	0.3~1.5	7.5	15	高原流水湿地	冠层高度1~10cm草灌木，覆盖率80%	夏

注：H为高程；D₅₀为底质中值粒径；h为水深；V为流速；DO为溶解氧；T为水温；季节为采样季节。

物种丰度 S：指采样面积内的生物物种数，本书指的是各样点的底栖动物种类数。S 越高，底栖动物群生物多样性越高，河流生态越好。

改进 Shannon-Wiener 多样性指数：

$$B = -\ln N \sum_{i=1}^{S} P_i \ln P_i \qquad (7.1)$$

式中，$P_i = n_i/N$，表示第 i 种个数占样本总数 N 的比例。B 越高，河流生态越好。

Pielou 均匀度指数（Pielou，1975）：

$$J = B/B_{\max} = B/\ln S \qquad (7.2)$$

式中各参数同上，该指数表示实测多样性与最大多样性之比，J 越大，均匀度越高。

密度 D：单位面积内的底栖动物个体总数（个/m²）。

生物量 W：单位面积内底栖动物个体总湿重（g/m²）。

Beta 多样性指数：

$$\beta = \frac{M}{\dfrac{1}{S}\sum_{i=1}^{S} m_i} \qquad (7.3)$$

式中，M 为研究区域中选择的采样断面数量；m_i 为出现第 i 个物种的采样断面数。在对不同流域的差异性进行比较时，一般选择采样断面数量相同，且采样方法和强度相近的流域来计算 β 值。β 值越高，研究区域的底栖动物群的差异性越大（Wang et al.，2010）。

此外，本节也对各样点中的底栖动物组成进行了除趋势对应分析（该方法的介绍参见 7.1 节），通过样点的聚类特征来辨识影响高原河流生态的主要因素。

7.2.2　底栖动物种类组成与多样性

14 个采样断面共采集到底栖动物 110 种，隶属 57 科 102 属（表 7.6），其中涡虫纲（Turbellaria）1 种、线虫纲（Nematoda）1 种、寡毛纲（Oligochaeta）16 种、蛭纲（Hirudinea）4 种、腹足纲（Gastropoda）6 种、双壳纲（Bivalvia）1 种、蛛形纲（Arachnida）1 种、甲壳纲（Crustacea）1 种、昆虫纲（Insecta）79 种。其中，某些物种是在平原河流中很少甚至从未采到的，如图 7.4 所示的昆虫纲的 1 种和蛭纲的 1 种。雅鲁藏布江流域内底栖动物以水生昆虫为主，其次为寡毛纲、腹足纲，其中寡毛纲占 14.5%、蛭纲占 3.6%、腹足纲占 5.5%、昆虫纲（Insecta）超过 70%。此结果与雅鲁藏布江流域江雄村河段测量到的情况相比（赵伟华和刘学勤，2010），总物种数为后者的 2.3 倍，寡毛纲及腹足纲的比例均高于后者，而昆虫纲的比例则低于后者。两者间的差异反映雅鲁藏布江全流域内底栖动物多样性及差异性均高于局部河段。

表 7.7 给出了各采样断面的 Alpha 多样性指数，以及整个研究区域的 Beta 多样性指数。S7 处的物种丰度 S 最高为 36，而 S10 处的改进 Shannon-Wiener 指数 B 最高，为 20.4。S5 处的 S 和 B 均最低，分别为 8 和 3.1。雅鲁藏布江干流物种丰度最高为 29，平均为 19；支流年楚河物种丰度为 17，低于干流；支流拉萨河、尼洋河、帕隆藏布物种丰度最高分别为 25、33、36，平均分别为 21、21、22，基本都高于干流。因此，中下游支流中底栖动物群 Alpha 多样性均高于干流。

表7.6　各采样点底栖动物组成

门 (Phylum)	科 (Family)	采样点编号													
		S1	S2	S3	S4	S5	S6	S7	S8	S9	S10	S11	S12	S13	S14
扁形动物 (Platyhel- minthes)	涡虫纲(Turbellaria)一科	0	ud	0	0	0	0	ud	0	0	ud	0	0	0	0
线虫动物 (Nematoda)	线虫纲(Nematoda)一科	0	0	0	0	0	ud	0	0	ud	ud	0	0	0	0
环节动物 (Annelida)	扁蛭科(Glossiphonidae)	0	0	1	0	0	1	0	0	0	0	0	0	0	0
	舌蛭科(Glossiphoniidae)	0	0	0	1	0	0	0	0	0	0	0	0	0	0
	鱼蛭科(Piscicolidae)	0	0	0	0	0	2	0	0	0	0	0	0	0	0
	颤蚓科(Tubificidae)	0	0	0	1	2	2	5	2	2	1	0	2	1	2
	带丝蚓科(Lumbsriculidae)	0	0	0	0	1	0	0	0	1	0	0	0	0	1
	线蚓科(Enchytraeidae)	0	0	0	0	1	0	0	0	0	0	0	0	0	0
	仙女虫科(Naididae)	0	0	0	0	0	7	7	4	1	0	0	0	0	0
软体动物 (Mollusca)	椎实螺科(Lymnaeidae)	0	0	0	1	0	1	0	2	2	0	2	2	0	0
	扁卷螺科(Planorbidae)	0	0	0	0	0	2	0	0	0	0	0	1	0	0
	膀胱螺科(Physidae)	0	0	0	0	0	0	0	1	0	0	0	0	0	1
	瓶螺科(Ampullariidae)	0	0	0	0	0	0	0	0	0	0	0	1	0	0
	球蚬科(Sphaeriidae)	0	0	0	1	0	0	0	0	0	0	0	0	0	0
节肢动物 (Arthropoda)	钩虾科(Gammaridae)	1	0	0	0	0	1	0	1	1	0	0	0	0	0
	水壁蝨科(Hydrachnidae)	1	0	1	0	0	1	0	1	1	1	1	1	0	1
	四节蜉科(Baetidae)	2	2	2	0	2	0	1	2	0	2	1	2	2	2
	扁蜉科(Heptageniidae)	0	2	0	0	0	0	2	0	0	2	0	0	1	0
	小蜉科(Ephemerellidae)	0	0	0	1	0	0	0	0	0	1	0	0	0	0
	细裳蜉科(Leptophlebiidae)	0	0	0	0	0	0	0	0	0	1	0	0	0	1
	短丝蜉科(Siphlonuridae)	0	0	0	0	0	0	0	1	0	1	0	0	0	0
	蜻科(Libellulidae)	0	0	0	0	0	0	0	0	0	0	0	0	0	0
	蟌科(Coenagrionidae)	0	0	0	1	0	0	0	0	0	0	0	0	0	0
	箭蜓科(Gomphidae)	0	0	0	0	0	0	0	0	0	0	0	1	0	0
	石蝇科(Perlidae)	1	0	1	0	0	1	1	0	0	0	0	0	1	0
	绿襀科(Chloroperlidae)	1	1	0	0	0	0	0	0	0	0	0	0	0	0
	短尾石蝇科(Nemouridae)	0	1	0	0	0	0	1	0	0	1	0	0	1	0
	黑襀科(Capniidae)	0	0	0	0	0	0	0	0	0	1	0	0	0	0
	大襀科(Pteronarcidae)	0	1	0	0	0	0	0	0	0	0	0	0	0	0
	网襀科(Perlodidae)	0	0	0	0	0	0	1	0	0	1	0	0	1	0
	卷襀科(Leuctridae)	0	0	0	0	0	0	1	0	0	0	0	0	0	0

续表

门 (Phylum)	科 (Family)	采样点编号													
		S1	S2	S3	S4	S5	S6	S7	S8	S9	S10	S11	S12	S13	S14
节肢动物 (Arthropoda)	划蝽科(Corixidae)	0	0	0	1	0	0	0	0	0	0	0	0	0	0
	水蛉科(Sisyridae)	0	0	0	0	0	0	0	0	0	1	0	0	0	0
	纹石蛾科(Hydropsychidae)	1	0	1	0	0	1	0	1	0	1	0	0	0	0
	原石蛾科(Rhyacophilidae)	0	<u>2</u>	0	<u>1</u>	0	0	<u>1</u>	0	0	<u>2</u>	<u>2</u>	0	0	0
	沼石蛾科(Limnephilidae)	0	1	0	0	0	0	0	0	0	1	0	0	0	0
	长角石蛾科(Leptoceridae)	0	0	0	0	0	0	0	0	0	0	0	1	1	1
	石蛾科(Phryganeidae)	0	0	0	0	0	0	1	0	0	0	0	0	0	0
	管石蛾科(Psychomyiidae)	0	0	1	0	0	1	0	0	0	0	1	0	0	0
	细翅石蛾科(Molannidae)	1	0	0	0	0	0	0	0	0	0	0	0	0	0
	短石蛾科(Brachycentridae)	1	1	0	0	0	0	0	0	0	1	0	0	0	1
	螯石蛾科(Hydrobiosidae)	1	0	0	0	0	0	0	0	0	1	0	0	0	0
	舌石蛾科(Glossosomatidae)	0	0	0	0	0	0	0	0	0	1	0	0	0	0
	等翅石蛾科(Philopotamidae)	0	0	0	0	0	0	1	0	0	0	0	0	0	0
	长角泥甲科(Elmidae)	1	0	0	0	0	0	0	0	0	0	0	0	0	0
	叶甲科(Chrysomelidae)	0	0	0	0	0	0	0	0	0	0	0	0	1	0
	长跳目(Entomobryomorpha) 一科	0	ud	0	0	0	0	0	0	0	0	0	0	0	0
	大蚊科(Tipulidae)	<u>4</u>	<u>2</u>	<u>4</u>	0	0	0	<u>1</u>	0	<u>2</u>	<u>4</u>	<u>1</u>	0	0	0
	蚋科(Simuliidae)	0	0	0	0	1	0	0	0	0	1	1	0	1	0
	蠓科(Ceratopogonidae)	0	0	0	1	1	0	1	0	0	1	1	0	0	1
	毛蠓科(Psychodidae)	0	0	0	0	0	0	0	0	0	1	0	0	0	0
	长足虻科(Dolichopodidae)	0	0	0	1	0	0	0	0	0	0	0	0	0	0
	舞虻科(Empididae)	0	1	1	0	0	0	0	0	0	0	0	0	0	0
	水虻科(Stratiomyiidae)	0	0	0	0	0	0	0	0	0	0	0	0	1	0
	网蚊科(Blephariceridae)	0	1	0	0	0	0	0	0	0	0	0	0	0	0
	蝇科(Muscidae)	0	0	0	0	1	0	0	0	0	0	0	0	0	0
	摇蚊科(Chironomidae)	<u>6</u>	<u>3</u>	<u>5</u>	<u>3</u>	<u>1</u>	<u>8</u>	<u>9</u>	<u>8</u>	<u>7</u>	<u>5</u>	<u>7</u>	<u>4</u>	<u>5</u>	<u>8</u>

注：ud 表示没有鉴定到科或者属；带下划线的表示鉴定到属，带下划线的数据是属数。

表 7.7 同时给出了 Beta 多样性指数 β 的结果，其计算方法为：选择 14 个采样断面中差异性最大的 8 个断面(即 $M=8$)计算 β，其结果为 3.96，该值远高于微地貌条件相似的平原地区的山区河流的 β 值，如采样方法和采样强度相似的北京郊区拒马河流域的 β 值约为 2.50。说明雅鲁藏布江底栖动物区域差异性高于平原河流，保护雅鲁藏布江生物多样性应从全流域出发，不能限于局部河段。

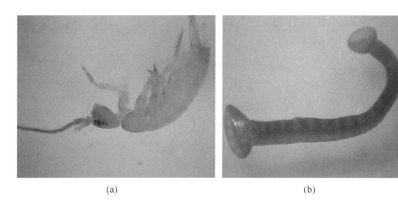

(a)　　　　　　　　　　　　　　(b)

图 7.4　昆虫纲的一种，采自 S2(a)；蛭纲的一种，采自 S6(b)

表 7.7　各样点生物多样性指数

采样断面	Alpha 多样性指数						Beta 多样性指数
	$S(t)$	$S(I)$	$S(o)$	B	J	D	β
S1	21	19	2	13.4	4.4	620	—
S2	21	20	1	14.5	4.77	672	—
S3	17	15	2	10.1	3.57	375	—
S4	17	11	6	10.5	3.69	186	—
S5	8	5	3	3.1	1.5	192	—
S6	29	11	18	14.1	4.2	346	—
S7	36	23	13	15.7	4.37	326	—
S8	25	13	12	17.4	5.41	830	—
S9	17	9	8	12.2	4.3	2440	—
S10	33	29	4	20.4	5.85	1513	—
S11	18	15	3	13.1	4.52	279	—
S12	14	7	7	9.5	3.61	680	—
S13	16	15	1	7.2	2.58	46	—
S14	20	15	5	10.4	3.45	2415	—
雅鲁藏布江平均	21	15	6	12.3	4.02	780	3.96
拒马河平均	25	18	7	14.4	0.7	754	2.98

注：$S(t)$、$S(I)$、$S(o)$ 分别表示样本中总物种丰度、水生昆虫物种丰度、其他类群物种丰度。

7.2.3　不同海拔高程的底栖动物

如图 7.5(a)所示，在海拔 2900～3500m 范围内，各样点总物种丰度 $S(t)$，水生昆虫物种丰度 $S(I)$ 及其他类群物种丰度 $S(o)$ 均呈现随高程增加而增加的趋势，在 3500～3800m 内达到最大，在海拔超过 3800m 后，又恢复了较低水平。可见，许多物种喜好海拔 3500～3800m 的范围。巴西东南部地区的研究也表明，河流底栖动物群物种丰度随海拔升高而增加（Henriques-Oliveira and Nessimian，2010）。对海拔在 1700～2200m 范围内的高原湖泊中的底栖动物群的研究却发现：总物种丰度、水生昆虫物种丰度，以及其他类群物种丰度均随海拔升高而降低（Čiamporová-Zaťovičová et al.，2010）。静水湖泊和流水溪流中不同的水流条件可能是造成结果不同的原因之一。图 7.5(b)所示，改进 Shannon-Wiener 指数 B 及均匀度指数 J 随高程呈现相似的波动趋势，在海拔 3500m 左右达到最高，在海拔 3000m 及 4000m 处达到最低。

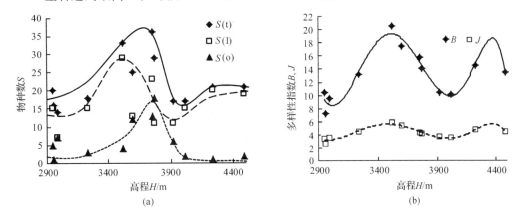

图 7.5　物种数 S(t)、S(I)及 S(o)随高程 H 的变化(a)和改进 Shannon-Wiener 指数 B 及均匀度指数 J 随高程 H 的变化(b)

图 7.6 表示采样断面累计物种数 s_n 与高程的关系。采样断面累计物种数 s_n 是指：从高程最高的采样断面 S1 计数出现的新物种的累计为 s_1，高程降至 S2 时，出现的新物种为 ds_2，则 S2 时的累计物种数 $s_2 = s_1 + ds_2$，依此类推：当高程降至采样断面 Sn 的高程时，其累计物种数 $s_n = s_{n-1} + ds_n$。如图 7.6 所示，随着采样断面高程的降低，新物种逐渐出现，累计物种数 s_n 随高程的降低而增加，且在高程为 3800～4100m 范围内，增加的速率快；高程低于 3800m 或高于 4100m 时，新物种增加的速率慢。地貌学上的研究表明，在海拔 3500～4000m 范围内，地球地貌发生了突变（Lu et al.，2011），可能也是造成生物多样性突变的一个原因，两者间的关系需进一步研究探讨。

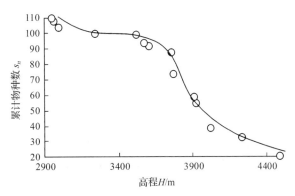

图 7.6　累计物种数 s_n 随高程的变化

图 7.7 为各采样断面的节肢动物(Arthropoda)、软体动物(Mollusca)、环节动物(Annelida)及其他类群的密度组成。各断面底栖动物总密度随高程波动。在所有断面处，节肢动物均为优势类群。对于干流中的断面：环节动物所占的比例表现为上游明显高于中下游；对于中、下游支流断面：底栖动物总密度随高程增加而降低，且下游支流中软体动物或环节动物所占比例基本都高于上、中游及中、下游支流。

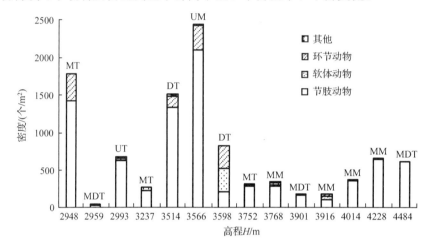

图 7.7 底栖动物密度随高程的变化

UM：上游干流；MM：中游干流；UT：上游支流；MT：中游支流；MDT：中、下游支流；DT：下游支流

图 7.8 为各断面底栖动物功能摄食类群(FFG)：捕食者(prd)、撕食者(shr)、刮食者(scr)、滤食收集者(c-f)、牧食收集者(c-g)的密度组成。各断面底栖动物基本均包含4个功能摄食类群。中游支流主要有捕食者、滤食收集者、刮食者及撕食者。且撕食者主要分布在 2900～3600m 及 4000～4400m 海拔范围内，而刮食者主要分布在 3500～4500m 范围内。捕食者及牧食收集者在所有海拔内都有分布。此外，中下游支流中：捕食者的比例随着海拔增加而增加；中游支流中：牧食收集者的比例随着海拔的增加而

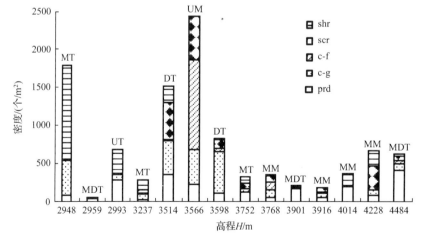

图 7.8 各样点各功能摄食类群密度组成

降低。滤食收集者偏好 3500～3900m 的海拔范围内的雅鲁藏布江干流河段。有研究指出牧食收集者、撕食者以及刮食者相对丰度与海拔之间存在明显的相关关系，这可能是由于温度变化、太阳辐射，以及遮盖物随海拔变化引起的，且认为海拔及河流纵向上的位置变化是引起底栖动物功能摄食类群变化的重要原因之一（Tomanova et al.，2007）。但另一研究指出底栖动物均匀度及密度随高程并不明显相关，且功能摄食类群组成也不随海拔发生明显的变化，这与本书的结果存在差异（Čiamporová-Zatʼovičová et al.，2010）。

图 7.9 为各断面底栖动物组成除趋势对应分析的排序图，轴 1 和轴 2 上的特征值分别为 0.685 和 0.481，且前两轴对物种的解释率为 26.3%。根据样本的聚类特征及表 7.5 中采样断面的环境因子对应分析可知：水温低于 10℃ 及高于 10℃ 的样本点分别分布在轴 2 的左侧及右侧；且河床结构及河型均影响样本点的分布。具有阶梯-深潭结构的样本点分布在轴 2 的左边，分汊河道的样本点分布在轴 2 的右边。水流流速也影响样本点沿轴 2 的分布：流速适宜度高的样本点[0.3～1.0m/s 的流速范围为适宜度高的流速范围（Duan et al.，2009；段学花等，2010）]一般分布在轴 2 的 0 点附近或小于 0 的范围内，而流速不适宜的样点[流速过低（<0.3m/s）或过高（>1.0m/s）]一般分布在轴 2 大于 0 的范围内。滨岸条件也影响样本点的分布，如 S3 虽也为分汊河道，具有卵石底质及适宜的流速，但其渠化的混凝土堤岸使得该断面底栖动物组成与其他断面显著差异。

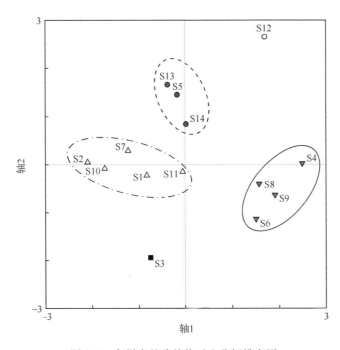

图 7.9 各样点的除趋势对应分析排序图

总而言之，雅鲁藏布江流域河流底栖动物分布具以下特征：采样河段局部多样性不高，底栖动物物种丰度为 8.36，改进 Shannon-Wiener 指数为 3.20。干流上游物种丰度高于中游；上游支流年楚河物种丰度低于干流；中游支流拉萨河、尼洋河、帕龙藏布物种丰度普遍高于干流。因此，雅鲁藏布江流域河流生态状况表现为：干流上游优于中游，上游支流差于干流，中游支流优于干流。支流及干流的平均物种丰度相差不大，但各河段的物种差异性大，密度和群落结构组成均相差较大，底栖动物 Beta 多样性指标明显高于平原地区的山区河流。雅鲁藏布江流域内底栖动物群组成与高程有关，高程在 3500～3800m 内的断面物种丰度普遍高于 2900～3500m 及 3800m 以上的断面。且随着高程降低，新物种逐渐出现，区域内累计出现的物种数逐渐增加，在高程为 3800～4100m 范围内，增加速率最快。底栖动物功能摄食类群也随高程发生变化，撕食者、刮食者及滤食收集者对高程范围具明显的选择性，牧食收集者及捕食者能适应各种高程。水流条件（如水温、流速）、河道条件（如河床结构、河流形态），以及滨岸条件（如堤岸形态、滨岸植被）等都对塑造雅鲁藏布江流域底栖动物群落结构起着重要作用。保持稳定的阶梯-深潭结构、自然的堤岸形态及适宜的水流条件是保持雅鲁藏布江流域良好河流生态的重要条件。

7.3　废弃河道的水生态

在三江源地区，河道动态演变活跃（第 3 章中已作阐述），产生大量废弃河道，主要包括牛轭湖、古河道、牛尾湖、滨河湿地 4 种类型，其根本成因是河流裁弯取直、改道、凌洪破堤和河道运动。废弃河道是世界上独特的景观之一，在水生态系统中起着重要作用。

牛轭湖形成于河流的裁弯取直。当弯曲河流的弯曲幅度增大，洪水时发生自然裁弯。蜿蜒部分从原河中分离出来，形成了牛轭湖。牛轭湖并不是完全与主河道分割，会在洪水时与主河道相互连通。连通时，由于湖中的水流非常缓慢，细泥沙会在湖中沉积。因此，牛轭湖的底层沙比一般的河道细很多。牛轭湖也可由人工裁弯形成。人工裁弯形成的牛轭湖通常与河流隔离，使洪水不能进入牛轭湖，故其底质保持与主河道类似的沙质。

牛尾湖形成于网状河流的河床演变（Wang et al.，2010）。在中国东北地区，一些河流为自南向北流，当北部河流结冰时南部的上游河流依然北流。北部河段形成的冰坝阻碍了河流的前行，上游河水冲开河堤在洪泛平原上形成新河道，洪泛平原上多处被冲出新的河道构成网状河流。网状河流并不稳定，最终可以形成数个废弃河道和单个常年流水河道相连的水系。废弃河道的下部与原主河道保持着联系，并且形成似牛尾巴状的湖与主河道连接。

古河道是河流改道的产物。河流改道的英文"avulsion"是 Allen 于 1965 年提出（Allen，1965），并对这种河道演变进行了系统研究。河流改道是泥沙沉积的结果，因此与水流所携带的泥沙数量有密切关系。河流改道在河床面高过河漫滩的情况下易于发生。对于黄河，改道成为冲积扇和三角洲形成的主要驱动力。

很多滨河湿地是由河道运动引起。在一些情况下，分汊河道的一汊发展成为主汊，另一汊和浅滩一起变成了湿地，它与主河道保持连接，但并不成为主要的航运与输沙河道。由于滨河湿地内流速较缓，利于水生植物生长，直接与河流相通，提供多样化的栖息地，对维持整个水生态系统的生物多样性起着重要作用。

底栖动物常被作为环境长期变化的指示生物(van den Brink et al.，1994；Smith et al.，1999)，因此，研究底栖动物群落特征对废弃河道的保护和管理有着重要意义。以往关于废弃河道底栖动物的研究主要集中于牛轭湖区域，且内容大多涉及群落特征的描述(Richardot-Goulet et al.，1987；Brock and van der Velde，1996；潘保柱等，2008)。关于其他类型的废弃河道中底栖动物群落影响因素的研究比较少，因此，有必要开展废弃河道内底栖动物群落和环境参数之间关系的研究。以往研究表明废弃河道中底栖动物群落的主导因素为水文连通度及相关因素(van den Brink and van der Velde，1991；Amoros and Bornette，2002)。中度水文干扰时水体内底栖动物 α 多样性最高(Obrdlik and Fuchs，1991；Tockner et al.，1999；Ward et al.，1999)。水文连通度主要通过改变底质来影响底栖动物，而底质对底栖动物的影响作用主要体现在粒径大小、稳定性和异质性层面上。其中粒径大小反映底质的密实程度，一般来讲，底栖动物的多样性和数量是随着中值粒径的增加而增加的(Minshall and Minshall，1977；Wise and Molles，1979)，但也有研究表明超过卵石大小的大石块底质中多样性有下降趋势(Resh and Rosenberg，1984；Xu et al.，2012)。底质的稳定性对底栖动物群落结构起着重要作用，不稳定的底质(如沙)中底栖动物种类和数量较低，归因于这类底质中食物来源贫瘠，且不能为动物提供一个安全可被庇护的生存空间(Verdonschot，2001)。稳定的底质(如卵石)中底栖动物种类和数量较高(Bunn and Davies，1990)。研究表明，底栖生境异质性高(即底质类型多样化)能支持较多的种类生存(Erman and Erman，1984)。废弃河道中生长的水生植被也被认为是一种底质类型，它们不仅直接或间接为动物提供食物，且增加了空间异质性(Brönmark，1989)，对栖息地多样性的贡献是不可忽视的(Wang et al.，2008)。

2006~2009 年，作者选择包括牛轭湖在内的 3 种不同类型的废弃河道及其相邻干流河道开展了系统的生态调查。研究的目标如下：①系统阐明废弃河道与干流底栖动物群落结构的差异；②分析影响废弃河道底栖动物群落的主导因素；③探讨废弃河道的保护性管理策略。

7.3.1 典型废弃河道及采样分析

本书所调查水体位于黄河源、松花江流域及东江流域。黄河源湿地总面积约为 38000km² ，主要包括河流、滨河水域、湖泊和沼泽(Brierley and Chen，2010)。松花江长 2309km，始于嫩江止于黑龙江，松花江集水面积为 5.568×10^6 km² 。松花江流域主要特点是具有较多的网状河流及牛尾湖(Liu et al.，2008)。东江是珠江流域第三大水系，发源于江西寻乌县，全长 562km，集水面积 35340km² ，每年泥沙输移 2.96×10^6 t，泥沙输移时间集中在 6~7 月汛期(Wang et al.，2008)。

样点设置及调查样点的水文、环境特征分别如图 7.10 和表 7.8 所示。对黄河源、松花江流域及东江流域的调查时间分别为 2006 年 7 月、2009 年 8 月及 2009 年 9 月。样点底质带回实验室内用激光衍射粒度分析仪(型号 MS-2000)测定粒径分布。各样点底质

表 7.8　采样点的水文参数和环境参数特征

	样点	代码	位置	连通频率 (one inter-connection)/(月/s)	底质类型	流速 /(m/s)	水深 /m
黄河 流域	柯生牛轭湖	YOB	34°12′4″N，101°33′40″E	36.0	黏土和淤泥、水草	0.0	0.3~1.0
	柯生黄河干流	YR	34°12′3″N，101°33′39″E	—	淤泥、沙和卵石	0.1~1.0	0.1~1.0
松花江 流域	哈尔滨牛尾湖	SOT1	45°47′1″N，126°23′25″E	10.0	淤泥和细沙、水草	0.0	0.1~1.5
	万宝牛尾湖	SOT2	45°47′58″N，126°32′18″E	120.0	淤泥和细沙	0.0	0.1~1.5
	依兰松花江	SR	45°47′5″N，126°36′37″E	—	沙和砾石	0.1~0.8	0.1~3.0
	小五家牡丹江牛尾湖	MOT	45°49′5″N，126°44′4″E	9.0	黏土和淤泥	0.0	0.1~0.6
	小五家牡丹江干流	MR	45°49′4″N，126°43′59″E	—	沙和砾石	0.3~0.8	0.1~1.5
东江 流域	东江故道	EOB	23°3′23″N，114°25′34″E	∞	细沙	0.0~0.1	0.0~3.0
	东江滨河湿地	ERW	23°27′1″N，113°54′8″E	0.0	黏土、淤泥和沙、水草	0.0~0.5	0.0~3.0
	上屏水东江	ER1	24°34′15″N，115°29′46″E	—	卵石、水草	0.2~1.0	0.1~0.5
	宜都东江	ER2	24°17′36″N，115°7′49″E	—	卵石	0.2~1.5	0.2~1.0

颗粒粒径分布如图 7.11 所示。在每一样点上底栖动物采集 3 次，采样方法视生境情况而异，在卵石-砾石底质为主的河道内用孔径为 $420\mu m$ 的踢网采集样本，在沙-淤泥底质为主的河道内则用彼得逊采泥器($1/16m^2$)采集。样本处理及分析方法参见 7.1 节。底栖动物多样性采用 Shannon-Wiener 指数进行评价。该指数运用物种数量和物种相对丰度的分布来反映群落的物种多样性。Krebs(1978)定义该指数如式(7.4)所示。

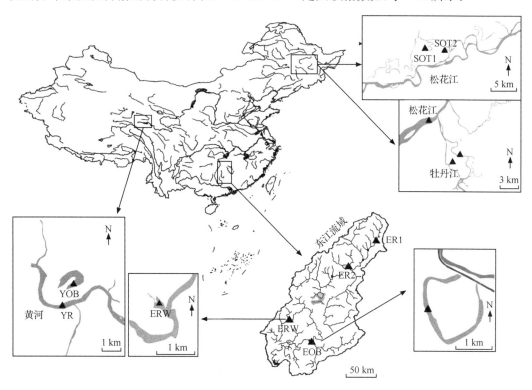

图 7.10　采样点设置图

图中代码见表 7.8

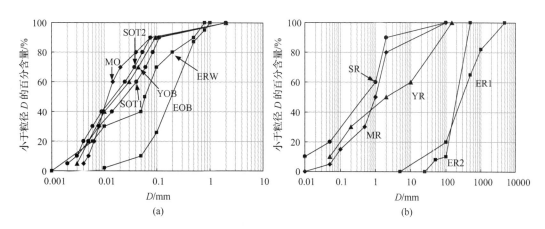

图 7.11　采样点底质粒径分布

$$H' = -\sum_{i=1}^{S} \frac{n_i}{N} \ln\left(\frac{n_i}{N}\right) \tag{7.4}$$

式中，S 为总种数；N 为总个体数；n_i 为第 i 种的数量。

STATISTICA 6.0用于简单相关，为使数据正态分布，分析前进行了 $\lg x$ 转换。

7.3.2　底栖动物种类组成与多样性

调查期间共采到底栖动物 93 种，隶属于 51 科 88 属，其中环节动物 13 种，软体动物 17 种，节肢动物 61 种，其他动物 2 种。东江滨河湿地底栖动物种类数和 Shannon-Wiener 多样性指数均最高，分别为 30 和 2.57。仅 10%～30% 的物种共同出现于废弃河道及其毗邻河流干流中，由此说明废弃河道具有较多的特有种。例如，淤泥底质的牛尾湖中寡毛类种类丰富，水草密集的牛轭湖和滨河湿地中则较多的附草螺类存在。

物种多样性也可以用 K-优势曲线来评估，这个方法综合物种多样性的两个方面（即物种丰富性和均匀性），通过对群落内的各个物种（按优势度从大到小排列）相应的累积密度百分数作图。如果某一曲线上的所有点都位于另一曲线之下，说明曲线代表的群落具有更多的物种且物种分布较均匀，也就是说物种多样性较高。图 7.12 显示了废弃河道与毗邻河流干流底栖动物的 K-优势曲线。可见，东江滨河湿地底栖动物多样性最高。

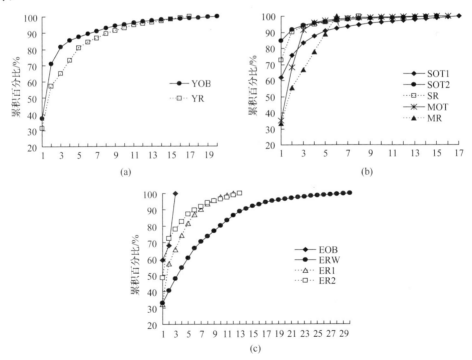

图 7.12　废弃河道（实线）与毗邻河流主河道（虚线）底栖动物的 K-优势曲线

图 7.13 显示了废弃河道与毗邻河流主河道底栖动物各种类类群的密度和生物量比较。底栖动物总密度上，牡丹江牛尾湖最高，此处以摇蚊科（Chironomidae）和颤蚓科

（Tubificidae）占优。底栖动物总生物量上，东江滨河湿地最大，此处以软体动物占优。底质为淤泥的废弃河道（如黄河牛轭湖、松花江牛尾湖）底栖动物现存量高于底质为沙的主河道，而底质为沙的废弃河道（如东江牛轭湖）底栖动物现存量低于卵石河床的主河道。

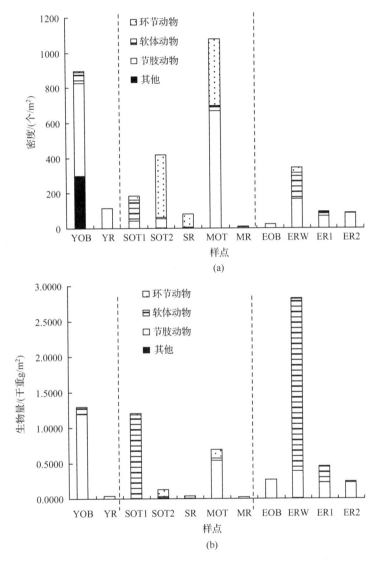

图 7.13   废弃河道与毗邻河流主河道底栖动物各种类类群的密度和生物量

图 7.14 显示了废弃河道与毗邻河流主河道底栖动物各功能摄食类群的密度和生物量比较。可以看出，总密度最高的牡丹江牛尾湖中底栖动物以直接收集者占优，而总生物量最大的东江滨河湿地中底栖动物以刮食者占优。

图 7.15 显示了废弃河道与毗邻河流主河道底质的中值粒径与底栖动物种数、密度和生物量的关系。鉴于废弃河道与主河道底质中值粒径有所差别，回归关系分开来进行分析。由图 7.15（a）可以看出，废弃河道和主河道的底质中值粒径与底栖动物种数都呈

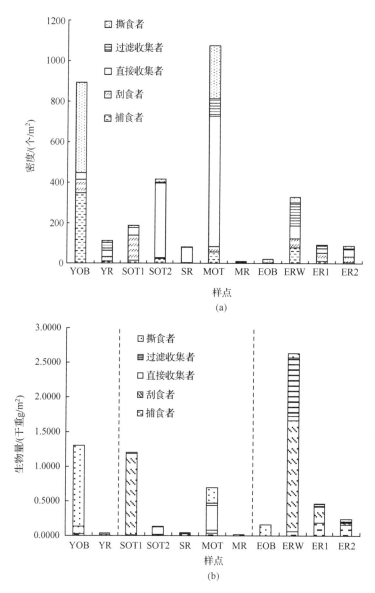

图 7.14　废弃河道与毗邻河流主河道底栖动物各功能摄食类群的密度和生物量

先上升后下降的趋势；由图 7.15(b)可以看出，废弃河道底质的中值粒径与底栖动物密度呈下降趋势，主河道底质的中值粒径与底栖动物密度呈先上升后下降的趋势；由图 7.15(c)可以看出，废弃河道底质的中值粒径与底栖动物生物量呈先上升后下降的趋势，主河道底质的中值粒径与底栖动物生物量呈上升趋势。

7.3.3　废弃河道的利用与管理

在底栖动物的类群组成上，废弃河道兼具非通江湖泊和河流的特点。废弃河道中喜好软泥生境的直接收集者(如颤蚓科寡毛类和摇蚊幼虫)占较大比例，这与非通江湖泊类似。但就物种而言，废弃河道还有河流的特点，即有较多的流水性种类。流水性种类如

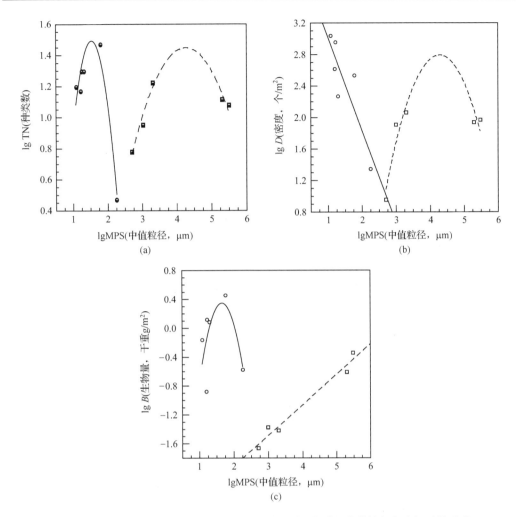

图 7.15　废弃河道（实线）与毗邻河流主河道（虚线）底质的中值粒径与底栖动物种数、
密度和生物量的关系

细赏蜉属（*Leptophlebia* sp. ）、微动蜉（*Cinygmula* sp. ）、短石蛾（*Brachycentrus* sp. ）、低头石蚕（*Neureclipsis* sp. ）、水虻科（Stratiomyiidae）、大蚊科（Tipulidae）、虻科（Tabanidae）、蚋属（*Simulium* sp. ）一种、齿斑摇蚊（*Stictochironomus* sp. ）等。这与废弃河道及干流有一定的水交换有关，因为水交换会导致营养物质和生物的交换（Ward et al. ，1999）。

　　由于废弃河道水文条件特殊，诸多在主河道中不能生存的种类可以在废弃河道中生存，这些独特的种类是整个河流生态系统生物多样性的重要补充。例如，在废弃河道水草密集的区域内，较多附草性和捕食性种类存在，这主要归因于水草为这些种类直接或间接地提供了丰富的食物来源（Allan and Castillo，2007）。

　　废弃河道底质粒径范围及中值粒径显著区别于主河道（图 7.15），这要归因于废弃河道与主河道的水文连通度差异。废弃河道距主干道的距离和连通频率直接决定着水文连通度水平的高低。废弃河道底质的中值粒径较小的原因如下：与主河道距离较长，连通时水流较缓，利于细颗粒物质的沉积；且通江频次较高利于更多的泥沙沉积（Schwarz et al.，1996）。

底质是保障底栖动物生存的首要条件，不同的底质会支持不同的动物类群，底质主要通过其粒径大小（反映密实度高低）、稳定性和异质性对动物产生影响，这在野外的实验研究中已得到了证实（Angradi，1999）。图7.15显示了底质中值粒径与底栖动物种数、密度和生物量的关系。其中，滨河湿地中底栖动物种数最高，原因有两个：①中度的水文干扰导致了高的生境异质性，即底质类型多样化（Obrdlik and Fuchs，1991；Tockner et al.，1999；Ward et al.，1999；Amoros and Bornette，2002）；②缓流区生长有水生植被，增加了空间生态位，为更多的种类提供生存空间（Brönmark，1989）。牡丹江牛尾湖中底栖动物密度最高，其中以直接收集者占优，这要归因于富含有机质的软泥底质适于大量的此类动物生存（Strayer，1985）。滨河湿地中底栖动物生物量最大，其中以刮食者[主要是环棱螺（*Bellamya* sp.）]和过滤收集者[主要是河蚬（*Corbicula fluminea*）]占优，淤泥底质适于环棱螺生存，而沙质底质为河蚬所喜好类型。沿着底质中值粒径的梯度上，废弃河道和主河道中底栖动物多样性和现存量的6种响应模式中有4种是先上升后下降的趋势。图7.15(b)中废弃河道底栖动物密度呈下降趋势，这要归因于富有机质的淤泥底质聚集了大量的寡毛类和摇蚊幼虫；图7.15(c)中主河道底栖动物生物量呈上升趋势，这要归因于卵石上常有个体较大的刮食者存在。

废弃河道作为一种独特的水体类型，在动物的类群组成上具有一些特有种类，故需合理地保护和利用此类水体。废弃河道底栖动物群落特征之所以有独特之处，主要归因于它特有的水文条件，通江程度的强弱程度决定着沉积作用的大小，而沉积作用的大小影响着底质条件的改变。以往研究表明保护废弃河道动物资源需恢复其自然水文体制（Paillex et al.，2007；Gallardo et al.，2008）。本书中，生境为淤泥底质，且水草丰富的废弃河道中底栖动物多样性及现存量高于粗沙质底质的干流，而细沙泥底质的废弃河道中底栖动物多样性及现存量低于卵石底质的干流。自由通江的废弃河道（如东江滨河湿地）底栖动物多样性最高、生物量最大，以往研究也表明中度水文连通的水体内底栖动物的多样性最高（Obrdlik and Fuchs，1991；Tockner et al.，1999；Ward et al.，1999；Amoros and Bornette，2002）。因此，维持整个河流生态系统丰富的生物资源需保护和合理利用废弃河道，恢复废弃河道的自由通江状态。

废弃河道主要包括古河道、牛轭湖、牛尾湖、滨河湿地4种类型，其根本成因是河流改道、裁弯取直、凌洪破堤和河道运动，其中后三者为水生态系统的重要组成部分。废弃河道水文条件特殊，故支持着较多独特动物种类，这些种类是整个河流生态系统物种资源的重要补充。淤泥底质的废弃河道内底栖动物现存量高于沙质底质的干流河道，而沙质底质的废弃河道内底栖动物现存量低于卵石河床的干流河道。自由通江的废弃河道（如东江滨河湿地）底栖动物多样性最高、生物量最大，以往研究也表明中度水文连通的水体内底栖动物的多样性最高。因此，维持整个河流生态系统丰富的生物资源需保护和合理利用废弃河道，恢复废弃河道的自由通江状态。

本章参考文献

畅益锋. 2005. 水利工程与西藏水保生态建设. 中国水利,(4):47-48.

陈克龙,李双成,李迪强,等. 2008. 长江源区和黄河源区生态系统功能变化的对比研究. 生态经济,11:32-35.

段学花,王兆印,徐梦珍. 2010. 底栖动物与河流生态评价. 北京:清华大学出版社.

黄裕婕,张增祥,周全斌. 2000. 西藏中部的生态环境综合评价. 山地学报,18(4):318-321.

贾晓妮,程积民,万惠娥. 2007. DCA、CCA 和 DCCA 三种排序方法在中国草地植被群落中的应用现状. 中国农学通报,23(12):391-395.

梁彦龄,王洪铸. 1999. 第十章底栖动物//刘建康. 高级水生生物学. 北京:科学出版社.

罗小勇,唐文坚. 2003. 长江源生态环境问题及其防治对策. 长江科学院院报,20(1):47-49.

潘保柱. 2009. 长江泛滥平原水体底栖动物的宏观生态格局研究. 武汉:中国科学院博士学位论文.

潘保柱,王海军,梁小民,等. 2008. 长江故道底栖动物群落特征及资源衰退原因分析. 湖泊科学,20(6):806-813.

王根绪,李娜,胡宏昌. 2009. 气候变化对长江黄河源区生态系统的影响及其水文效应. 气候变化研究进展,5(4):202-208.

熊晶,谢志才,张君倩,等. 2010. 傀儡湖大型底栖动物群落与水质评价. 长江流域资源与环境,19(Z1):132-137.

阎云君,梁彦龄. 1999. 水生大型无脊椎动物的干湿重比的研究. 华中理工大学学报,27(9):61-63.

杨宝珍,孔德珍. 1991. 湖南南岭草地植被类型的数量分类、排序及其合理利用. 自然资源学报,6(2):153-169.

张金屯. 2004. 数量生态学. 北京:科学出版社.

张天华,陈利顶,普布丹巴,等. 2005. 西藏拉萨拉鲁湿地生态系统服务功能价值估算. 生态学报,25(12):3176-3180.

赵伟华. 2010. 中国河流底栖动物宏观格局及黄河下游生态需水研究. 武汉:中国科学院博士学位论文.

赵伟华,刘学勤. 2010. 西藏雅鲁藏布江雄村河段及其支流底栖动物初步研究. 长江流域资源与环境,19(3):281-286.

Allan J D, Castillo M M. 2007. Stream Ecology:Structure and Function of Running Waters. AA Dordrecht:Springer:

Allen J R L. 1965. A review of the origin and characteristics of recent alluvial sediments. Sedimentology,5:89-101.

Amoros C,Bornette G. 2002. Connectivity and biocomplexity in water bodies of riverine floodplains. Freshwater Biology,47:761-776.

Angradi T R. 1999. Fine sediment and macroinvertebrate assemblages in Appalachian streams:A field experiment with biomonitoringapplications. Journal of the North American Benthological Society,18:49-66.

Armitage P D, Lattmann K, Kneebone N, et al. 2001. Bank profile and structure as determinants of macroinvertebrate assemblages-seasonal changes and management. Regulated Rivers:Research and Management,17:543-556.

Beisel J N, Usseglio-Polatera P, Moreteau J C. 2000. The spatial heterogeneity of a river bottom:A key factor determining macroinvertebrate communities. Hydrobiologia,422/423:163-171.

Brierley G, Li X L, Chen G. 2010. Landscape and Environment Science and Management in the Sanjiangyuan Region. Xining:Qinghai People's Publishing House:93-104.

Brock T C M, van der Velde G. 1996. Aquatic macroinvertebrate community structure of a Nymphoides peltata-dominated and macrophyte-free site in an Oxbow Lake. Netherlands Journal of Aquatic Ecology,30(2-3):151-163.

Brooks A J, Haeusler T I M, Reinfelds I, et al. 2005. Hydraulic microhabitats and the distribution of macroinvertebrate assemblages in riffles. Freshwater Biology,50:331-344.

Brönmark C. 1989. Interactions between epiphytes, macrophytes and freshwater snail:A review. Journal of Molluscan Study,55:299-311.

Bunn S E, Davies P M. 1990. Why is the stream fauna of southwestern Australia so impoverished. Hydrobiologia,194:169-176.

Cobb D G, Galloway T D, Flannagan J F. 1992. Effects of discharge and substrate stability on density and species composition of stream insects. Canadian Journal of Fisheries and Aquatic Sciences, 49: 1788-1795.

Ciamporová-Zaťovicová Z, Hamerlik L, Šporka F, et al. 2010. Littoral benthic macroinvertebrates of alpine lakes (Tatra Mts) along an altitudinal gradient: A basis for climate change assessment. Hydrobiologia, 648(1): 19-34.

Duan X H, Wang Z Y, Xu M Z, et al. 2009. Effect of streambed sediment on benthic ecology. International Journal of Sediment Research, 24(3): 325-338.

Erman D C, Erman N A. 1984. The response of stream invertebrates to substrate size and heterogeneity. Hydrobiologia, 108: 75-82.

Gallardo B, Garcia M, Cabezas Á, et al. 2008. Macroinvertebrate patterns along environmental gradients and hydrological connectivity within a regulated river-floodplain. Aquatic Science, 70: 248-258.

Henriques-Oliveira A L, Nessimian J L. 2010. Aquatic macroinvertebrate diversity and composition in streams along an altitudinal gradient in Southeastern Brazil. Biota Neotropica, 10(3): 115-128.

Hill M O, Gauch H G Jr. 1980. Detrended correspondence analysis: An improved ordination technique. Plant Ecology, 42(1-3): 47-58.

Jeppesen E, Søndergaard M A, Søndergaard M O, et al. 1998. The Structuring Role of Submersed Macrophytes in Lakes. New York: Springer.

Karr J R. 1999. Defining and measuring river health. Freshwater Biol, 41(2): 221-234.

Krebs C J. 1978. Ecology: The Experimental Analysis of Distribution and Abundance. 4th Edition. New York: Harper and Row.

Liu Q, Ge X J, Chen W L, et al. 2009. Grass (Poaceae) richness patterns across China's nature reserves. Plant Ecology, 201(2): 531-551.

Liu R P, Liu H J, Wan D J, et al. 2008. Characterization of the Songhua River sediments and evaluation of their adsorption behavior for nitrobenzene. Journal of Environmental Sciences, 20: 796-802.

Lu X X, Zhang S R, Xu J C, et al. 2011. The changing sediment loads of the Hindu Kush-Himalayan rivers: An overview//Proceedings of the ICCE Workshop held at Hyderabad, India. IAHS Publication.

Milner A M, Brittain J E, Brown L E, et al. 2010. Water sources and habitat of alpine streams // Bundi U. Alpine Waters. The Handbook of Environmental Chemistry, 6: 175-191.

Minshall G W, Minshall J N. 1977. Microdistribution of benthic invertebrates in a rocky mountain (U. S. A.) stream. Hydrobiologia, 55: 231-249.

Morse J C, Yang L F, Tian L X. 1994. Aquatic Insects of China Useful for Monitoring Water Quality. Nanjing: HohaiUniversity Press.

Newman R M. 1991. Herbivory and detritivory on freshwater macrophytes by invertebrates: A review. Journal of the North American Benthological Society, 10: 89-114.

Obrdlik P, Fuchs U. 1991. Surface water connection and the macrozoobenthos of two types of floodplains on the Upper Rhine. Regulated Rivers: Research and Management, 6: 279-288.

Paillex A, Castlella E, Carron G. 2007. Aquatic macroinvertebrate response along a gradient of lateral connectivity in river floodplain channels. Journal of the North American Benthological Society, 26(4): 779-796.

Pan B Z, Wang H J, Liang X M, et al. 2011. Macrozoobenthos in Yangtze floodplain lakes: Patterns of density, biomass and production in relation to river connectivity. Journal of the North American Benthological Society, 30(2): 589-602.

Pielou E C. 1975. Ecological Diversity. New York: Wiley.

Plafkin J L, Barbour M T, Porter K D, et al. 1989. Rapid bioassessment protocols for use in streams and rivers. EPA444/4-89-001. Washington: Environmental Protection Agency.

Quinn J M, Hickey C W. 1990. Magnitude of effects of substrate particle size, recent flooding, and catchment development on benthic invertebrates in 88 New Zealandrivers. New Zealand Journal of Marine and Freshwater Research, 24: 411-427.

Resh V H, Rosenberg D M. 1984. The Ecology of Aquatic Insects. New York: Praeger Scientific.

Richardot-Goulet M, Castella E, Castella C. 1987. Clarification and succession of former channels of the French upperRhone alluvial plain using mollusca. Regulated Rivers: Research and Management, 1: 111-127.

Schwarz W L, Malanson G P, Weirich F H. 1996. Effect of landscape position on the sediment chemistry of abandoned-channelwetlands. Landscape Ecology, 11(1): 27-38.

Skjelkvåle B L, Wright R F. 1998. Mountain lakes: sensitivity to acid deposition and global climate change. Ambio, 27(4): 280-286.

Smith M J, Kay W R, Edward D H D, et al. 1999. AusRivAS: Using macroinvertebrates to assess ecological condition of rivers in Western Australia. Freshwater Biology, 41(2): 269-282.

Strayer D. 1985. The benthic micrometazoans of Mirror Lake, New Hampshire. Archiv für Hydrobiologie, 72: 287-426.

Tockner K, Schiemer F, Baumgartner C, et al. 1999. The Danube restoration project: Species diversity patterns across connectivity gradients in the floodplain system. Regulated Rivers: Research and Management, 15: 245-258.

Tomanova S, Tedesco P A, Campero M, et al. 2007. Longitudinal and altitudinal changes of macroinvertebrate functional feeding groups in neotropical streams: A test of the river continuum concept. Fundamental and Applied Limnology (Archiv für Hydrobiologie), 170(3): 233-241.

van den Brink F W B, van der Velde G. 1991. Macrozoobenthos of floodplain waters of the rivers Rhine and Meuse in the Netherlands: A structural and functional analysis in relation to hydrology. Regulated Rivers: Research and Management, 6: 265-277.

van den Brink F W B, Beljaards M J, et al. 1994. Macrozoobenthos abundance and community composition in three lower Rhine floodplain lakes with varying inundation regimes. Regulated Rivers: Research and Management, 9: 279-293.

Verdonschot P F M. 2001. Hydrology and substrates: determinants of oligochaete distribution in lowland streams (The Netherlands). Hydrobiologia, 463: 249-262.

Wang Z Y, Lee J H W, Joseph H W, et al. 2008. Benthic invertebrates investigation in the East River and habitat restoration strategies. Journal of Hydro-environment Research, 2: 19-27.

Wang Z Y, Lee J H W, Melching C S. 2010. Integrated river management. Beijing: Tsinghua University: 333-334.

Ward J V, Tockner K, Schiemer F. 1999. Biodiversity of floodplain river ecosytems: Ecotones and connectivity. Regulated Rivers: Research and Management, 15: 125-139.

Wise D H, Molles M C. 1979. Colonization of artificial substrates by stream insects: Influence of substrate size anddiversity. Hydrobiologia, 65: 69-74.

Xie Z C, Liang Y L, Wang J, et al. 1999. Preliminary studies of macroinvertebrates of the mainstream of the Changjiang (Yangtze) River. Acta Hydrobiologica Sinica, 23(Supplement): 148-157.

Xu M Z, Wang Z Y, Pan B Z, et al. 2012. Distribution and species composition of macroinvertebrates in the hyporheic zone of bed sediment. International Journal of Sediment Research, 27(2): 129-141.